Edelsteine

W0264327

Florian Neukirchen

Edelsteine

Brillante Zeugen für die Erforschung der Erde

Florian Neukirchen
mail@riannek.de
www.riannek.de

Springer Spektrum
ISBN 978-3-8274-2921-6   ISBN 978-3-8274-2922-3 (eBook)
DOI 10.1007/978-3-8274-2922-3

Die Deutsche Nationalbibliothek verzeichnet diese Publikation in der Deutschen Nationalbibliografie; detaillierte bibliografische Daten sind im Internet über http://dnb.d-nb.de abrufbar.

Planung und Lektorat: Merlet Behncke-Braunbeck, Dr. Meike Barth
Redaktion: Projektmanagement & Verlagslösungen Dr. Rainer Aschemeier
Einbandabbildung: Aquamarin aus Pakistan © Mineralientage München
Einbandentwurf: wsp design Werbeagentur GmbH, Heidelberg

Gedruckt auf säurefreiem und chlorfrei gebleichtem Papier

Springer Spektrum ist eine Marke von Springer DE. Springer DE ist Teil der Fachverlagsgruppe Springer Science+Business Media.
www.springer-spektrum.de

„Damit unserem unternommenen Werke nichts fehle, sind noch
die Edelsteine übrig: die gleichsam ins Kleine gebrachte Herrlich-
keit der Natur, welche viele im Kleinen noch bewundernswürdiger
finden.“

Plinius der Ältere, Naturalis Historia, Buch XXXVII.

Vorwort

Ein Buch über Edelsteine, ganz ohne bunte Bilder? Bestimmungsbücher und Bildbände gibt es bereits einige. Mir geht es um das, was in diesen Büchern fehlt, um das Wissen, das die moderne Forschung zusammengetragen hat und das weit über die übliche Aufzählung von Zusammensetzung, Härte und Fundorten hinausgeht. In diesem Sinn kann dieses Buch als eine Ergänzung zu den vorhandenen Mineralienführern gesehen werden.

Wie entstehen Edelsteine? In der Antike glaubte man noch, dass Kristalle entweder durch Wärme verdickte Feuchtigkeit seien oder aber eine besondere Form von Eis. Nach Plinius dem Älteren spricht für die zweite These, dass sie häufig in den kältesten Regionen der Gebirge gefunden werden. Unsere Theorien haben sich natürlich weit von Plinius entfernt. So vielfältig die Welt der Edelsteine ist, so unterschiedlich sind auch die Prozesse ihrer Entstehung. Bei aller Vielfalt werden uns bestimmte Zutaten und Prozesse mehrfach begegnen, was den erstaunlichen Edelsteinreichtum mancher Regionen erklärt.

Ein weiterer Aspekt dieses Buches ist das Wissen, das wir manchen Edelsteinen verdanken: Wie eine Kapsel bewahren sie einmalige Informationen über den unerreichbar tiefen Erdmantel, über die Frühzeit der Erde und sogar über die Tiefen des Weltalls in sich auf.

Um nicht allzu weit ausholen zu müssen, setze ich ein gewisses geologisches Allgemeinwissen voraus. Wer mit den Grundzügen der Plattentektonik nicht vertraut ist oder mit Begriffen wie Subduktionszonen, Erdmantel, Magma und Metamorphose noch nichts anfangen kann, der sollte zunächst nach einem Buch greifen, das in die Geologie einführt. In diesem Fall kann ich die Einführung in meinem Buch *Bewegte Bergwelt* empfehlen. Einen Eindruck hiervon können Sie mit einzelnen Probeseiten unter www.springer.com/978-3-8274-2753-3 gewinnen. Einige Begriffe finden sich im Glossar am Ende des Buches erläutert.

Im Text selbst sind nur ausgewählte Quellen angegeben, um den Lesefluss zu verbessern. Weiterführende Literatur ist, nach Kapiteln sortiert, im Anhang zu finden. Der Schwerpunkt liegt dabei auf aktuellen Studien, nicht auf einer wissenschaftshistorischen Dokumentation.

Herzlich danke ich Dr. Sebastian Staude (Universität Tübingen), dessen Kommentare zur Verbesserung des Manuskripts beigetragen haben. Hilfreich waren auch Dr. Melanie Kaliwoda (Museum Reich der Kristalle München) und Wibke Kowalski (Universität Freiburg). Für die gute Zusammenarbeit danke ich Merlet Behncke-Braunbeck und Dr. Meike Barth (Spektrum Akademischer Verlag) und Dr. Rainer Aschemeier für das sorgfältige Lektorat.

Berlin, September 2011

Inhalt

1
Edelsteine und ihre Eigenschaften

Seit jeher bezaubern Edelsteine die Menschen. Wir bewundern ihre Brillanz, ihre Farben und ihre strenge Form. Magische Kräfte werden ihnen zugesprochen, sie schmücken und dienen als Statussymbole. Wissenschaftler werfen einen etwas anderen Blick auf Diamant und Rubin, Smaragd und Zirkon. Sie untersuchen Variationen in der Zusammensetzung, mikroskopisch kleine Einschlüsse und andere Details, denken über die Entstehung der Edelsteine nach und stellen fest, dass die Kristalle uns erstaunliche Geschichten erzählen. Darunter sind Geschichten aus unerreichbarer Tiefe oder von einer fernen Vergangenheit. Um diese Ergebnisse dreht sich der Hauptteil dieses Buches. Ich möchte jedoch zwei einführende Kapitel voranstellen, die sich mit den Eigenschaften und Vorkommen von Edelsteinen beschäftigen und ihren Wert, den Handel und ihre Geschichte beleuchten.

Was sind eigentlich Edelsteine und was macht sie so wertvoll? Das Edle ist ja keine Eigenschaft, die den Steinen als solche anhaftet. Vielmehr sind es die spezifischen Eigenschaften ganz unterschiedlicher Minerale, die diese für Menschen begehrenswert machen. Somit ist das Wort keine wissenschaftliche Kategorie, sondern ein Schlagwort der Schmucksteinindustrie. Früher galten nur eine Handvoll Minerale als „richtige" Edelsteine, wobei die Abgrenzung zum Rest relativ willkürlich war. Im weiten Sinn bezeichnet der Begriff alle Minerale, die als Schmuckstein

Verwendung finden. Sie sollten schön sein, nicht leicht zerkratzen und am besten auch noch selten sein. Wenn sie jedoch zu selten sind, schaffen sie es kaum, sich einen Namen zu machen und werden nur von einigen Sammlern gekauft. Die Bekanntheit spielt also auch eine Rolle. Einige Edelsteine haben zudem besondere optische Eigenschaften, die sie zum Beispiel funkeln lassen oder für die Technik interessant machen.

Früher hat man weniger wertvolle Edelsteine als Halbedelsteine bezeichnet. „Halbedel" ist ein ziemlich unglücklicher Begriff, der nichts Bestimmtes aussagt, aber die durchaus schönen Minerale in den Augen der Käufer herabsetzt. Zudem gab es keine klare Definition, die „halbedel" von „edel" trennt. Dieser abwertende Begriff wird daher heute nicht mehr benutzt. Ähnlich schwierig ist das schwammige Wort „Schmuckstein", mit dem oft ebenfalls weniger wertvolle Steine gemeint sind: Ich verwende es als Synonym für Edelsteine. Das Wort „Juwel" wird manchmal für geschliffene Edelsteine benutzt; üblicherweise bezeichnet es ein Schmuckstück, in dem Edelsteine in Edelmetall gefasst sind.

Der Wert von Edelsteinen lässt sich nicht so einfach verfolgen wie Kursschwankungen an einer Börse. Wer mit Edelmetallen wie Gold, Silber oder Platin handelt, kann leicht den exakten Wert nachschlagen, den eine Unze des Metalls gerade hat. Bei Edelsteinen ist das nicht möglich, weil sich neben dem Gewicht noch weitere Faktoren auf den Wert auswirken. Es ist sogar unmöglich zu sagen, ob im Allgemeinen etwa ein Diamant, ein Rubin oder ein Smaragd wertvoller ist: Es kommt auf die Qualität des Einzelstücks an. Es gibt unzählige Institute, die nur damit beschäftigt sind, die Qualität von Edelsteinen und damit ihren Wert einzuschätzen. Diese Einschätzung ist durchaus subjektiv und kann bei mehrfachen Versuchen zu unterschiedlichen Ergebnissen führen. Entsprechend ist das Zertifikat, ein Stück Papier, das die ermittelte Qualitätsklasse angibt, für den Wert fast so wichtig wie der Edelstein selbst. Übrigens wird man selbst mit einem Zertifikat selten einen Edelstein zum selben Preis verkaufen können, zu dem man ihn kurz zuvor gekauft hat: Für Juweliere ist „secondhand" nur interessant, wenn es sich um außergewöhnlich hochwertige Stücke handelt.

Die wichtigsten Faktoren, die sich auf den Wert eines Edelsteins auswirken, sind die „vier C", wie es im Englischen heißt: *color*, *clarity*, *cut* und *carat*, also Farbe, Reinheit, Schliff und Gewicht. Schauen wir uns diese vier Punkte einmal genauer an.

Bei farbigen Edelsteinen sind Farbton, Helligkeit und Farbsättigung von erster Bedeutung. Je schöner die Farbe, desto wertvoller ist der Edelstein. Eine Farbe, die niemand tragen will, wird sich hingegen kaum verkaufen. Schönheit ist natürlich etwas sehr Subjektives und tatsächlich wirkt sich die jeweilige Mode stark auf den Preis aus. Falls eine beliebte Farbe auch noch selten ist, kann sich der betreffende Edelstein zu einem regelrechten Star entwickeln. Ein Beispiel ist der neonblaue Paraíba-Turmalin, der vor 20 Jahren auf den Markt kam und offensichtlich genau den modernen Zeitgeist traf – er ist so beliebt und selten, dass es selbst für Händler schwierig ist, einen am Markt zu bekommen. Ein anderes Beispiel ist Amethyst, der heute relativ günstig ist: In Zeiten, in denen Violett beliebter war als heute, zählte er noch zu den teuersten Edelsteinen.

Da sich schon kleine Variationen stark auf den Preis auswirken, wird für die Beschreibung der Farbe ein differenziertes Vokabular verwendet. Die beste Farbe, die ein Rubin haben kann, wird etwas befremdlich als „Taubenblutrot" bezeichnet, womit ein Rot mit leichtem Blaustich gemeint ist. Beim Saphir ist Kornblumenblau besonders gefragt. Andere Edelsteine haben der idealen Farbe gleich ihren Namen gegeben: Aquamarinblau und Smaragdgrün.

Bei Diamanten sind vollkommen farblose Kristalle am gefragtesten. Es gibt jedoch auch intensiv gefärbte gelbe, braune, grüne, rote, blaue und pinke Diamanten. Mehrere berühmte Diamanten sind farbig: etwa der grüne *Dresdner* und der blaue *Hope*. Braun ist die häufigste und am wenigsten begehrte Farbe. Um den Markt anzukurbeln, werden braune Diamanten als „cognacfarben" bezeichnet. Gelb kommt ebenfalls relativ häufig vor. Die anderen Farben sind sehr selten und erzielen hohe Preise, die den Wert farbloser Diamanten um ein Vielfaches übersteigen können. Im Englischen heißen sie *fancy diamonds*.

Viele Minerale können sehr unterschiedlich gefärbt sein; die Farbe ist daher kaum als Bestimmungsmerkmal eines Minerals geeignet. Die unterschiedlich gefärbten Varietäten tragen oft einen anderen Namen, obwohl sich die Zusammensetzung und das Kristallgitter nicht unterscheiden. Rubin und Saphir sind Farbvarietäten des Minerals Korund, beide haben die Zusammensetzung Al_2O_3. Smaragd und Aquamarin sind Farbvarietäten des Minerals Beryll, das die Zusammensetzung $Be_3Al_2[Si_6O_{18}]$ hat. Quarz (SiO_2) wird je nach Farbe als Bergkristall, Rauchquarz, Morion, Amethyst, Prasiolith, Citrin, Rosenquarz oder Aventurin bezeichnet und diese Liste kann mit den mikrokristallinen Quarzvarietäten fortgesetzt werden: Chalcedon, Achat, Karneol, Jaspis, Onyx und Chrysopras.

Diese unterschiedlichen Namen für Farbvarietäten sind natürlich viel älter als die moderne Wissenschaft. Sie stammen aus einer Zeit, in der die Zusammensetzung der Minerale noch nicht bekannt war und die unmittelbar sichtbaren Eigenschaften als Kriterium für die Klassifizierung dienen mussten. Von allen Eigenschaften sticht die Farbe am meisten ins Auge. An zweiter Stelle dürfte die Härte gestanden haben, also der Widerstand, den die Steine dem Schleifen entgegensetzen. Daraus ergibt sich, dass man antike und mittelalterliche Schriften nicht ganz beim Wort nehmen darf, wenn sie von Smaragd, Saphir, Karfunkel oder Topas sprechen. Gemeint war ein grüner, blauer, roter beziehungsweise goldgelber Edelstein, der jedoch nicht unbedingt dem heutigen Sinn des Wortes entsprechen muss. Der Karfunkel (lateinisch Carbunculus) als Bezeichnung für rote Edelsteine ist weitgehend aus dem Sprachgebrauch verschwunden, wir kennen das Wort am ehesten noch aus Märchen.

Es gibt eine ganze Reihe von Ursachen der Färbung. Manche Minerale haben eine Eigenfarbe, die kaum variieren kann. Bei diesen wird die Färbung durch eines ihrer Hauptelemente ausgelöst. Ein Beispiel ist Olivin, der unter dem Namen Peridot als Edelstein verkauft wird. Olivin ist eines von vier Mineralen, aus denen das Gestein des Erdmantels, der Peridotit, aufgebaut ist. Er macht also einen guten Teil der gesamten Erde aus. Zum Glück gelangen manchmal Stücke aus dem Erdmantel an die Oberfläche: Bei der Kollision zweier Kontinente können riesige Späne des Mantels in das Gebirge eingebaut werden. An manchen Vulkanen sind Laven mit kleineren Mantelfragmenten zu finden. Olivin ist zudem das erste Mineral, das bei der Kristallisation von Basaltmagma gebildet wird.

Die grüne Farbe verdankt Olivin dem Eisengehalt. Seine Zusammensetzung kann als $(Mg, Fe^{2+})_2 SiO_4$ angegeben werden, wobei das Komma zwischen Magnesium und Eisen bedeutet, dass es sich um eine Mischungsreihe handelt: Magnesium-Ionen und zweiwertiges Eisen haben einen sehr ähnlichen Radius und der entsprechende Platz im Kristallgitter kann nach Belieben mit beiden aufgefüllt werden. Es gibt also ein Magnesium-Endglied und ein Eisen-Endglied, zwischen denen die Zusammensetzungen variieren. Das reine Magnesium-Endglied kann in Marmor vorkommen und ist farblos. Im intensiv grünen Olivin des Erdmantels kommt auf neun Magnesium-Ionen ein Eisen-Ion. Aus einem Magma kristallisierter Olivin ist oft etwas eisenreicher und daher gelblich.

In der Regel geht die Farbe von Mineralen nicht auf ein Hauptelement zurück, sondern auf Spurenelemente, die quasi als Verunreinigung in winzigen Mengen in das Kristallgitter eingebaut sind und eine Fremdfärbung hervorrufen. Diese Spurenelemente ersetzen entweder eines der Hauptelemente auf einem Gitterplatz oder sie befinden sich als Gitterdefekte zwischen den normalen Gitterplätzen. Prinzipiell ist der Einbau von Ionen unterschiedlicher Wertigkeit so gekoppelt, dass elektrische

Neutralität erhalten bleibt. In einigen Mineralen geht die Farbe auf ein einziges Metall-Ion zurück, auf Cr^{3+}, V^{3+}, Fe^{2+}, Cu^{2+} oder andere. Die äußeren Elektronen dieser Ionen haben alle dieselbe Energie, sie befinden sich in 3d-Orbitalen. Durch den Einbau in ein Kristallgitter geht die Symmetrie der Orbitale verloren, die Elektronen werden auf unterschiedliche Energieniveaus verteilt, die von den benachbarten Anionen abhängig sind. Das sichtbare Licht hat die benötigte Energie, um diese Elektronen auf ein anderes Energieniveau zu heben. Die Wellenlänge, die der benötigten Energie entspricht, wird dabei absorbiert. Unsere Augen nehmen ein Licht, dem bestimmte Wellenlängen fehlen, als farbig wahr. Die ausgebildeten Energieniveaus sind von Kristallgitter zu Kristallgitter unterschiedlich. Daher führt jedes der Ionen in unterschiedlichen Mineralen auch zu unterschiedlichen Farben. Ein Beryll wird durch Cr^{3+} grün gefärbt (Smaragd), ein Korund hingegen rot (Rubin).

Ein Sonderling ist Alexandrit, die chromhaltige Varietät des Chrysoberylls. Wie ein Chamäleon wechselt er unter verschiedenen Lichtquellen seine Farbe: Bei Sonnenlicht ist er grün, beim Licht einer Kerze oder einer Glühbirne rot. Weniger ausgeprägt wird der Alexandrit-Effekt auch in manchen Granaten und selten bei Korund beobachtet. Die wichtigste Rolle spielt hierbei die sogenannte Farbtemperatur des Lichtes. Das Licht einer Glühbirne ist reicher im roten und gelben Bereich des Spektrums und wirkt wärmer. Sonnenlicht ist reicher im blauen Bereich und wirkt kühler. Alle Objekte zeigen bei unterschiedlicher Beleuchtung eine kleine Farbverschiebung, die man jedoch kaum wahrnimmt: Der Unterschied wird teilweise von unserem Gehirn ausgeglichen. Fotografen kennen den Unterschied jedoch, sie müssen einen entsprechenden Weißabgleich vornehmen. Das besondere am Alexandrit ist, dass die absorbierten Wellenlängen so liegen, dass sie sich unterschiedlich auf warmes und auf kühles Licht auswirken. Er hat sozusagen im Spektrum des sichtbaren Lichts zwei Fenster: das eine im grünen, das andere im roten Bereich, und die jeweiligen Lichtquellen leuchten fast nur durch eines der beiden Fenster hindurch.

Nicht immer wird die Färbung durch ein einziges Metall-Ion verursacht. Oft sind zwei benachbarte Metall-Ionen in unterschiedlichen Oxidationsstufen beteiligt, zum Beispiel die Kombination von Fe^{2+} und Fe^{3+} oder Ti^{3+} und Ti^{4+}. Das Licht kann dabei ein Elektron von einem zum anderen Ion bewegen. Dabei wird rotes Licht absorbiert, was eine blaue oder grüne Färbung bewirkt. Derselbe Effekt funktioniert sogar zwischen benachbarten Titan- und Eisen-Ionen. Die blaue Färbung von Saphir wird zum Beispiel durch den Ladungstransfer zwischen Fe^{2+} und Fe^{3+} und zwischen Eisen- und Titan-Ionen ausgelöst.

Die Kombination der benachbarten, aber unterschiedlichen Metall-Ionen wirkt als Farbzentrum. Oft gibt es in einem einzigen Kristall unterschiedliche Farbzentren, deren Mischung als Farbe wahrgenommen wird.

Da in Diamanten keine Metall-Ionen eingebaut werden können, muss bei farbigen Diamanten etwas anderes verantwortlich sein. Das einzige Element, das gut in das Diamantgitter passt und fast immer zwischen 0,001 % und 0,3 % der Kohlenstoffatome ersetzt, ist Stickstoff. Im Periodensystem steht Stickstoff rechts neben Kohlenstoff und hat entsprechend ein zusätzliches Valenzelektron. Allerdings hat Stickstoff die Eigenheit, dass in der Regel nur drei Elektronen eine kovalente Bindung eingehen, während zwei als einsames Paar zusammenbleiben, ohne eine Bindung einzugehen. Ein Stickstoffatom kann sich daher nur mit drei Kohlenstoffatomen verbinden und der Einbau erfolgt zwangsläufig in Kombination mit einer benachbarten Leerstelle, also einem unbesetzten Gitterplatz. Bei den Kohlenstoffatomen, die diese Leerstelle umgeben, gibt es ungepaarte Elektronen, die nicht an einer Bindung beteiligt sind und eine Färbung auslösen können. Eine Rolle spielt auch, ob der Stickstoff im Kristall chaotisch verteilt oder in Aggregaten angeordnet ist: An einer Leerstelle, die von mehreren Stickstoffatomen umgeben ist, sind weniger ungepaarte Elektronen vorhanden. In frisch kristallisiertem Diamant ist der Stickstoff chaotisch verteilt, was eine schwache pinke Färbung hervorrufen kann. Die Aggregate werden häufiger, je länger der Kristall einer relativ hohen Temperatur ausgesetzt ist. Am häufigsten ist ein Aggregat von drei Stickstoffatomen, das eine Leerstelle umgibt. Dieses Farbzentrum kann eine starke gelbe Färbung hervorrufen. Der Aggregatzustand kann verwendet werden, um die Zeit abzuschätzen, den ein Diamant bei hoher Temperatur im Erdmantel verbracht hat.

Ein weiteres Element, das in Diamant vorhanden sein kann, steht im Periodensystem links vom Kohlenstoff: Bor. Manche Diamanten enthalten winzige Spuren von Bor, was eine blaue Färbung verursacht.

Eine braune Färbung kann bei Diamant durch Gitterdefekte verursacht werden, die bei mechanischer Beanspruchung durch Deformation des Kristalls entstanden sind.

Bei manchen Mineralen wird eine Färbung hingegen durch ionisierende Strahlung hervorgerufen, die durch den Zerfall von radioaktiven Elementen entsteht. Diese Strahlung kann Defekte im Kristallgitter verursachen. Farbgebende Gitterdefekte gehen oft auf bereits vorhandene Spurenelemente zurück. In Quarz (Lehmann & Bambauer 1973) sind Spuren von Al^{3+} die häufigste Verunreinigung (unter 0,1 %), die jedoch zunächst keine Färbung verursacht. Durch Bestrahlung kann an den Aluminiumionen ein Elektron abgespalten werden. Dieser Elektronendefekt wirkt als Farbzentrum, das in diesem Fall zu einer braunen Färbung führt: Es entsteht Rauchquarz. Je mehr Gitterdefekte vorhanden sind, desto dunkler wird er.

Manchmal enthält Quarz stattdessen Spuren von Fe^{3+}. Das beschränkt sich prinzipiell auf Kristalle, die in relativ oberflächennahen Bereichen der Erdkruste gewachsen sind, wo das Eisen entsprechend oxidiert war, denn nur dreiwertiges Eisen passt halbwegs in das Kristallgitter. Es kann sowohl als Ersatz für Silizium (Tetraeder-Position), als auch im leeren Raum zwischen den Gitterplätzen eingebaut werden. Zwei benachbarte Fe^{3+}-Ionen, von denen das eine auf einem Tetraeder-Gitterplatz sitzt und das andere auf einem Zwischengitterplatz, können beim Bestrahlen mit Gamma- oder Röntgenstrahlen reagieren: Das erste wird zu einem Fe^{4+} oxidiert, das zweite zu einem Fe^{2+} reduziert. Durch das ungewöhnliche Fe^{4+} wird eine violette Färbung hervorgerufen: Wir haben einen Amethyst. Übrigens sollte man Amethyst möglichst im Dunklen aufbewahren, da das Sonnenlicht die Reaktion rückgängig macht und den Amethyst langsam ausbleicht.

Bei Diamant kann eine durch Strahlung erzeugte Fehlstelle eine blaue oder grüne Farbe hervorrufen. Ein Turmalin kann durch Strahlung pink werden, Topas und Zirkon entweder blau oder rotbraun. Die fortschreitende Einwirkung von Strahlung kann dazu führen, dass das Kristallgitter fast völlig zerstört ist. Dieser Zustand wird als metamikt bezeichnet. Bei Zirkon passiert das häufig, weil das Mineral etwas Uran und Thorium enthält und sich daher selbst bestrahlt. Ein Zirkon mit zerstörtem Kristallgitter ist trüb und hat eine rötlich-braune Farbe.

Die entsprechende Färbung kann durch Bestrahlen auch künstlich hervorgerufen oder verstärkt werden, was gerade bei weniger hochwertigen Stücken regelmäßig gemacht wird. Besonders intensiv gefärbter Amethyst oder schwarzbrauner Rauchquarz hat nur selten seine Farbe auf natürliche Weise erhalten. Oft handelt es sich um Stücke, die ohne Behandlung so wertlos waren, dass sie auf die Halde gewandert wären. Auch bei Beryll, Katzenaugen-Chrysoberyll, Diamant, Granat, Kunzit, Perlmutt und Zuchtperlen, Rubin, Saphir, Topas, Turmalin und Zirkon wird diese Methode benutzt, um die Farbe zu „verbessern". Künstlich bestrahlte Steine müssen im Handel allerdings als solche gekennzeichnet werden – zumindest wenn der Händler etwas auf sich hält und die Richtlinie der CIBJO, der internationalen Vereinigung der Juweliere, umsetzt.

Es gibt noch weitere Methoden, mit denen Edelsteine behandelt werden. Das „Brennen" steht an erster Stelle, bei manchen Edelsteinen ist es sogar Standard. Dabei werden die Steine einer großen Hitze ausgesetzt, wobei die Temperatur und Dauer der Behandlung bei verschiedenen Mineralen unterschiedlich ist. Das Brennen führt zu Veränderungen im Kristallgitter, so können beispielsweise Gitterfehler verheilen und Spurenelemente umsortiert werden.

Aquamarin wird fast immer gebrannt; das intensive Aquamarinblau, das für diesen Edelstein so typisch ist, wird oft erst dadurch hervorgerufen. Grauer Saphir kann in intensiv blauen verwandelt werden. Citrin, die gelbe Varietät von Quarz, ist in der Natur sehr selten, und im Handel findet man überwiegend gelb gebrannten Amethyst: Das Fe^{3+} wird aus dem Kristallgitter ausgeschieden und sammelt sich als winzige Fe_2O_3-Einschlüsse an. Blauer Zirkon ist sehr gefragt und in der Natur sehr selten, die meisten wurden durch Brennen von relativ wertlosem rötlich-braunen Zirkon erzeugt. Bernstein, der meistens durch kleine Lufteinschlüsse trüb und wolkig ist, wird durch Brennen transparent, weil die Luft entweichen kann. Die Liste lässt sich beliebig fortsetzen. Diese Methode ist sehr alt, in Indien wurde sie schon im Altertum angewandt. Gebrannte Minerale müssen nicht als behandelt gekennzeichnet werden.

Manchmal werden Edelsteine mit Öl, Wachs oder Kunstharz imprägniert, um den Glanz zu erhöhen, die Farbe zu verstärken und um Risse zu verstecken. Diese Methode wurde schon im antiken Rom meisterlich beherrscht. Die behandelten Steine müssen auch heute nicht gekennzeichnet werden.

Schließlich können manche Steine auch gefärbt werden. Das ist bei leicht porösen Steinen wie Achat sehr effektiv und die Kunst des Färbens wurde schon von den Römern entwickelt. In Idar-Oberstein wurde diese Methode im 19. Jahrhundert perfektioniert. Die knallig-bunten Achatscheiben, die auf manchen Märkten zu sehen sind, sind alles andere als natürlich. Meistens stammen sie aus Brasilien, wo große Mengen von langweilig grauen bis schwach bläulichen Achaten gefunden werden. In Scheiben geschnitten werden sie in Plastikcontainer gelegt, die mit einer Lösung aus Alkohol und Farbstoff gefüllt sind. Traditionell werden mineralische Farbpigmente benutzt, es kommen aber auch immer häufiger organische Farben zum Einsatz. Anschließend werden sie unter Wasser abgewaschen. In Brasilien landet das Abwasser oft ungeklärt in Bächen, die daher ebenso bunt gefärbt werden. Diese Problematik wurde bereits zu einem eigenen Forschungsthema (Pizzolato et al. 2002): Abgesehen von den Auswirkungen auf das Ökosystem sind manche Farben kanzerogen oder lösen Allergien aus. Man sucht daher nach Reaktionen, mit denen die Farbstoffe wieder aus den Bächen entfernt werden können.

Doch kehren wir zur Natur zurück. Auch die Interferenz von Licht, das an dünnen Schichten gestreut wird, ruft Farben hervor. In diesem Fall kommt es zu einem farbigen Schillern. Die dünnen Schichten können Zwillingslamellen, Entmischungen, Risse, Einschlüsse oder Bereiche mit unterschiedlicher Zusammensetzung sein. Je nach Art des Schillerns spricht man von Adularisieren (beim Mondstein, einem Alkalifeldspat), Labradorisieren (bei Labradorit, einem Plagioklas), Opalisieren (Opal) oder Irisieren (Feueropal, Perlmutt, bei Perlen spricht man von „Orient").

Als letzte Möglichkeit der Farbgebung sind eingeschlossene Minerale zu nennen, die so klein und fein verteilt sein können, dass sie mit bloßem Auge nicht zu sehen sind. Rosenquarz zum Beispiel verdankt seine Farbe mikroskopisch kleinen Fasern eines Bor-Minerals (Goreva et al. 2001, Ma et al. 2002), das eine ähnliche Struktur und Zusammensetzung wie Dumortierit hat (selbst für Mineralogen ist es keine Schande, diesen Namen noch nie gehört zu haben). Aventurin, ein grünlich schillernder Quarz, enthält feine Schuppen eines chromhaltigen Glimmers, dem Fuchsit.

Damit sind wir bereits beim nächsten „C", nämlich bei der Reinheit (*clarity*). Eine vollkommene Reinheit gibt es höchstens bei synthetischen Edelsteinen. Alle natürlichen Minerale enthalten winzige Einschlüsse anderer Minerale und Flüssigkeiten. Für Forscher sind diese ein Glücksfall, da sie Hinweise über die Entstehungsbedingungen geben. Bei einem Schmuckstein sollten die Einschlüsse aber nach Möglichkeit nicht mit bloßem Auge sichtbar sein. Die höchste Qualitätsstufe ist „lupenrein": Selbst unter einer Lupe mit 10-facher Vergrößerung sind keine Einschlüsse erkennbar. Die Qualitätsstufen VVS (*very very small inclusions*), VS (*very small inclusions*) und SI (*small inclusions*) sind noch immer „augenrein". Wesentlich weniger wertvoll sind Edelsteine, deren Einschlüsse schon mit bloßem Auge zu sehen sind. Manchmal kann ein Edelstein so geschickt geschliffen und gefasst werden, dass die Einschlüsse versteckt werden und nicht mehr stören.

Smaragd ist ein Sonderfall, da natürlicher Smaragd fast nie ganz frei von sichtbaren Einschlüssen ist. Sie werden als *jardin* (französisch für Garten) bezeichnet. Schön angeordnet können sie den Wert des Smaragds sogar erhöhen.

Es gibt jedoch auch bei anderen Mineralen erwünschte Einschlüsse, die besondere optische Effekte hervorrufen und damit den Wert erhöhen. Der leuchtende Stern eines Stern-Rubins entsteht durch eingeschlossene Rutilnadeln, die der sechsfachen Symmetrie des Rubins entsprechend angeordnet sind. Bei einem Katzenaugen-Chrysoberyll lösen eingeschlossene nadelförmige Minerale einen Effekt aus, der an das schlitzartige Auge einer Katze erinnert. Weniger ausgeprägt kann dieser Effekt manchmal auch bei Quarz beobachtet werden.

Das dritte „C" steht für *carat*. Das Gewicht eines Edelsteins wird fast immer in Karat angeben, eine Einheit, die inzwischen als 0,2 g definiert ist. Der Name geht auf „Carob" zurück, was die Bezeichnung für die Samen des Johannisbrotbaumes ist. Diese haben ein nahezu einheitliches Gewicht, und sie wurden früher auf den Basaren im Orient als Gewichte benutzt. Dieses

Karat ist nicht mit dem Karat zu verwechseln, das als Maß für die Reinheit von Gold benutzt wird.

Da sehr große Edelsteine selten sind, nimmt der Wert nicht linear mit dem Gewicht zu, sondern eher exponentiell. Nur selten wurden Diamanten gefunden, die schwerer als 100 Karat waren. In einer Mine in Südafrika wurde 1905 der größte jemals gefundene Diamant ausgegraben: Der *Cullinan* oder *Great Star of Africa* wog 3106 Karat. Aufgrund seiner Einschlüsse teilte man ihn in 105 Stücke. Das größte Stück wiegt geschliffen noch immer 530 Karat; es ziert das Zepter des britischen Königshauses und ist größer als eine Pflaume. Der zweitgrößte Diamant, *Excelsior*, wog mit 995 Karat weniger als ein Drittel des *Cullinan*. In Dresden befindet sich im Grünen Gewölbe der größte grüne Diamant, der es auf 41 Karat bringt. Kaum mehr wiegt *Hope*, der größte blaue Diamant.

Die größten Rubine und Spinelle liegen in einer ähnlichen Gewichtsklasse. Dagegen kann Beryll richtige Schwergewichte bilden, die sich niemand um den Hals hängen würde: Der größte Aquamarin wog 110 kg, der größte Smaragd 80 kg.

Das vierte „C" steht für *cut* und es geht um Qualität und Form des Schliffes. Dieser soll die schönsten Eigenschaften des Edelsteins hervorheben. Die durch Schleifen angebrachten Flächen heißen Facetten. Der Brillantschliff ist bei Diamanten deshalb so beliebt, weil er dessen Feuer und Brillanz am besten entfaltet. Mit Feuer ist die Dispersion, also die Aufspaltung des Lichts in seine Spektralfarben gemeint, die ein farbiges Glitzern verursacht. Die Brillanz bezeichnet die Menge des Lichts, die im Inneren reflektiert und zurückgeworfen wird. Die historischen Schliffe hatten nur eine geringe Brillanz, ein guter Teil des Lichts konnte wie durch ein Fenster durch den Stein hindurchscheinen. Daher sind Diamanten auf alten Gemälden sehr dunkel gemalt, sie wirkten tatsächlich dunkel und etwas langweilig.

Es gibt unzählige Variationen des modernen Brillantschliffs. Manche haben optimale optische Eigenschaften, andere sind ein Kompromiss zwischen Optik und dem erzielbaren Gewicht. Daneben gibt es noch die *fancy cuts*, zum Beispiel herzförmig oder tropfenförmig geschliffene Diamanten, die sich weniger durch Brillanz und Feuer, als durch die originelle Form hervorheben und eine Nische auf dem Edelsteinmarkt belegen. Der Schleifer muss also entscheiden, mit welcher Form er den besten Gewinn erzielen kann.

Bei farbigen Edelsteinen steht die Farbe im Mittelpunkt, und der Schliff sollte sie möglichst gut zur Geltung bringen. Das Feuer spielt dabei keine Rolle, ohnehin haben viele farbige Edelsteine nur eine geringe Dispersion. Wichtiger ist die Brillanz, der Stein sollte lebendig wirken und die Farbe zum Leuchten gebracht werden. Die Farbe sollte zudem möglichst gleichmäßig sein.

Farbedelsteine werden in der Regel so geschliffen, dass kleine längliche Facetten um eine große flache Tafel angeordnet sind. Der Grundriss kann oval, rechteckig, quadratisch oder achteckig sein, dabei wird ein Schleifer die Form des Rohedelsteins berücksichtigen, um möglichst wenig Gewicht zu verlieren. Der typische Smaragdschliff hat zum Beispiel eine große flache Tafel, achteckig und länglich, die von schmalen, immer steiler abfallenden Facetten umgeben ist.

Manchmal ist die Tafel gewölbt; ein Kompromiss, der eine geringere Brillanz, aber ein etwas höheres Gewicht bewirkt. Die Dicke des geschliffenen Steins sollte das richtige Verhältnis zur Fläche haben. Sie wirkt sich natürlich ebenfalls auf das Gewicht aus, aber auch auf Brillanz und Farbintensität.

Neben der Form spielt die Qualität des Schliffes und der Politur eine große Rolle. Der schönste Edelstein kann durch einen schlechten Schliff ruiniert werden. Die Facetten sollten exakt angeordnet und von scharfen Kanten begrenzt sein, und es dürfen keine Kratzer oder Flecken zu sehen sein.

Ein Facettenschliff macht bei opaken (also lichtundurchlässigen) Edelsteinen keinen Sinn. Bei bestimmten optischen Effekten, wie beim Sternrubin, beim Katzenauge und so weiter, sind Facetten ebenso ungeeignet. Bei diesen wird der Cabochon-Schliff bevorzugt, eine runde oder ovale, nach oben gewölbte Schliffform. Bis zur Entwicklung des Facettenschliffs im späten Mittelalter spielte der Cabochon-Schliff auch bei transparenten Edelsteinen eine Rolle.

Die Bedeutung der vier „C" liegt darin, dass es auch um Unterschiede innerhalb einer „Sorte" von Edelsteinen geht. Man kann also Rubine mit Rubinen, Diamanten mit Diamanten vergleichen. Edelsteine haben noch weitere Eigenschaften, die jedem Korund oder jedem Diamant gemein sind, sich aber zwischen beiden unterscheiden. Diese sind zum Teil hervorragend geeignet, um einen Edelstein zu bestimmen. Insbesondere die optischen Eigenschaften wirken sich prägend auf die Wirkung eines Edelsteins aus. Die Dispersion, also die Aufspaltung des Lichts in seine Spektralfarben, habe ich bereits genannt. Sie bewirkt die farbigen Lichtblitze, die als Feuer bezeichnet werden. Das Feuer ist bei Diamant und Zirkon stark ausgeprägt.

Ein anderes Beispiel ist der Glanz oder Lüster, der die Reflexion von Licht an der Oberfläche beschreibt. Man unterscheidet Diamantglanz (adamantin), Metallglanz, Glas-, Fett-, Wachs-, Perlmutt- und Seidenglanz.

Der Brechungsindex ist ein wichtiges Unterscheidungsmerkmal, da er leicht gemessen werden kann. Er wirkt sich zudem unmittelbar auf die Brillanz aus. Ein weiteres Kriterium ist die Doppelbrechung. In fast allen Kristallen (das kubische Kristallsystem ausgenommen) wird ein Lichtstrahl in zwei Strahlen aufgeteilt, die unterschiedlich polarisiert sind. Die Stärke der Doppelbrechung ist charakteristisch für jedes Mineral. Die Doppelbrechung kann auch zu einem Effekt führen, der Pleochroismus genannt wird. Dabei ändert sich die Farbe bei wechselnder Blickrichtung. Das kann ein schönes Farbenspiel bewirken, in anderen Fällen passen die verschiedenen Farben nicht zusammen und der Schleifer muss versuchen, den Effekt zu minimieren.

Eines der wichtigsten Geräte zur Bestimmung von Edelsteinen ist das Spektroskop, mit dem die charakteristischen Absorptionsspektren gemessen werden. Wir wissen bereits, dass die Farbe durch die Absorption bestimmter Wellenlängen aus dem Licht hervorgerufen wird. Die Farbe, die wir wahrnehmen, ist jedoch kaum zur Bestimmung geeignet. Umso effektiver sind die genauen Positionen der „fehlenden" Wellenlängen.

In vielen Museen werden Minerale gezeigt, die mit UV-Strahlen zum Leuchten angeregt werden. Diese Fluoreszenz ist ein Spezialfall von einem Effekt, der Lumineszenz genannt wird. Diese Minerale wandeln die Strahlen in sichtbares Licht um. Für die Bestimmung ist dieser Effekt leider weniger geeignet.

Edelsteine sollten nicht nur schön anzusehen, sondern auch möglichst beständig sein. Die Härte von Edelsteinen macht sie unempfindlich und ermöglicht zugleich wichtige Anwendungen in der Technik.

Diamant ist die härteste Substanz, die wir kennen, und es ist allgemein bekannt, dass Diamant nur mit Diamant geschliffen werden kann. Dabei wird die Tatsache ausgenutzt, dass die Härte abhängig von der Flächenlage und von der Schleifrichtung ist. Es gibt also Richtungen und Flächen, die nicht oder nur sehr langsam geschliffen werden können, während andere etwas leichter zu bearbeiten sind. Beim Schleifen können nur diejenigen Körner des Diamantpulvers einen Diamanten ritzen, die zufällig richtig liegen und daher härter sind (mehr dazu in Kapitel 10).

Das härteste und teuerste Mineral hat noch weitere ungewöhnliche Eigenschaften, obwohl seine Zusammensetzung sehr gewöhnlich ist: Es besteht aus reinem Kohlenstoff, der nach Wasserstoff, Helium und Sauerstoff das vierthäufigste Element des Sonnensystems ist.

Diamant ist die Hochdruck-Modifikation des Kohlenstoffs. An der Erdoberfläche ist eine andere Modifikation stabil, und zwar Grafit, der am anderen Ende der Härteskala liegt. Grafit ist eines der weichsten Minerale überhaupt. Während Diamant zum Schleifen und Bohren der härtesten Substanzen benutzt werden kann verwendet man Grafit als Schmiermittel. Dieser erstaunliche Unterschied geht auf das jeweilige Kristallgitter zurück, in dem die Kohlenstoffatome angeordnet sind.

Kohlenstoff besitzt sechs Elektronen. Zwei davon besetzen die innere 1s-Schale, die anderen verteilen sich auf unterschiedliche Energieniveaus der zweiten Schale. Diese äußeren Elektronen können so angeregt werden, dass sie vier energetisch gleichwertige Orbitale bilden: sogenannte sp^3-Hybrid-Orbitale. Diese umgeben den Atomkern wie vier Keulen, die so im Raum orientiert sind, dass sie den größtmöglichen Abstand voneinander haben. Die Endpunkte der vier Keulen entsprechen den Ecken eines Tetraeders. Nun ist jedes der vier Orbitale mit einem Orbital eines Nachbaratoms verbunden. Somit geht jedes Atom eine kovalente Bindung mit vier benachbarten Atomen ein, die es wie die Spitzen eines Tetraeders gleichmäßig umgeben. Diese kovalenten Bindungen zwischen zwei Atomen desselben Elements sind vollkommen symmetrisch: Es sind also ideale kovalente Bindungen, bei denen beide beteiligten Atome die beteiligten Valenzelektronen gleich stark anziehen. Diese in einem dreidimensionalen Gitter angeordneten Bindungen haben eine sehr hohe Bindungsenergie und können nur schwer aufgebrochen werden. Aus den starren Bindungen ergeben sich einige der besonderen Eigenschaften des Diamants: seine Härte, seine Inkompressibilität, seine Resistenz gegen chemische Reaktionen, seine außergewöhnliche Wärmeleitfähigkeit und seine Eigenschaft als elektrischer Isolator. Der hohen Symmetrie entsprechend gehört die Struktur dem kubischen Kristallsystem an: Die typische Kristallform ist der Oktaeder.

Im Grafit ist eines der Elektronen nicht an der Hybridisierung beteiligt: neben drei sp^2-Hybrid-Orbitalen, die wie ein Dreieck in einer Ebene liegen, verbleibt ein senkrecht dazu stehendes p-Orbital. In diesem Fall geht jedes Kohlenstoffatom nur drei kovalente Bindungen zu benachbarten Atomen ein. Die Anordnung ergibt ein zweidimensionales Gitter mit sechseckigen Maschen. Es gibt auch Wechselwirkungen zwischen den p-Orbitalen, die zwischen den Schichten liegen. Deren Elektronen bewirken nur eine geringe Bindungsenergie, die einzelnen Schichten können entsprechend leicht gegeneinander bewegt werden. Diese Elektronen sind ähnlich wie die Valenzelektronen von Metallen relativ frei beweglich und machen Grafit zu einem guten elektrischen Leiter.

Diamant ist zwar die härteste Substanz, die wir kennen, er hat aber gleichzeitig eine vollkommene Spaltbarkeit. Schon ein leichter Schlag mit einem Juwelierhämmerchen reicht aus, um ihn zu spalten. Die Spaltflächen entsprechen den Oktaederflächen und daher ist es kaum verwunderlich, dass die früheste Bearbeitung von Diamanten darin bestand, unförmige Rohdiamanten zu Oktaedern zu spalten. Die Spaltbarkeit bewirkt leider auch, dass bei harten Stößen kleine Stücke absplittern können. Diamanten sind also nicht wirklich unzerstörbar.

Korund ist das zweithärteste Mineral und hat den Vorteil, dass er keine Spaltbarkeit hat. Seine absolute Härte beträgt nur ein hundertvierzigstel der Härte des Diamants, was allerdings noch immer beachtlich ist. Die meisten anderen Edelsteine haben eine Härte, die zwischen Korund und Quarz liegt.

Es gibt allerdings Ausnahmen, die alles andere als hart sind. Der tiefblaue Tansanit zählt zu den teuersten Edelsteinen, obwohl er weicher als ein Messer ist und entsprechend vorsichtig behandelt werden muss. Es handelt sich um eine Varietät von Zoisit, die nur an einem einzigen Ort der Welt gefunden wird, und zwar in der Nähe von Arusha in Tansania, im Schatten des Kilimandscharo. Zoisit ist ein häufiges und normalerweise unscheinbares Mineral. Dennoch löste der Stein nach der Entdeckung 1967 enthusiastische Reaktionen aus. Als er in New York von Tiffany vorgestellt wurde, feierte man ihn als den „Edelstein des 20. Jahrhunderts". Seine blaue Farbe ist außergewöhnlich, dazu kommt ein ausgeprägter Pleochroismus, der zu einem Spiel mit grün-gelben und rot-violetten Farbtönen führt.

In Mineralienführern wird üblicherweise die Mohs-Härte angegeben. Friedrich Mohs war ein Mineraloge, der im 18. Jahrhundert in Deutschland und Österreich wirkte. Er sortierte die Minerale nach ihrer Ritzhärte und verteilte sie auf einer relativen Skala, die von 1 (Talk) bis 10 (Diamant) reicht. Diese relative Skala ist wesentlich handlicher als die absolute Härte. Bei geschliffenen Edelsteinen ist die Bestimmung der Härte natürlich inakzeptabel, weil man eine Beschädigung vermeiden will.

Als weitere physikalische Eigenschaft, die der Bestimmung dienen kann, ist die Wärmeleitfähigkeit zu nennen. Wieder ragt der Diamant heraus; er ist der beste Wärmeleiter, den es gibt. Das macht sich schon beim bloßen Berühren bemerkbar, denn Diamanten fühlen sich kalt an. Das Messen der Wärmeleitung ist der schnellste und einfachste Test, ob es sich wirklich um einen Diamanten handelt.

Die gute Wärmeleitung ist zudem der Grund, warum es nicht ganz einfach ist, einen Diamanten anzuzünden: Schließlich handelt es sich um Kohlenstoff, der bekanntlich gut brennt. Die Wärme wird jedoch so gut abgeleitet, dass es nicht ausreicht, ein Feuerzeug an eine Ecke zu halten. Ausprobieren sollte man dies allerdings nicht, weil dunkle verkohlte Flecken zurückbleiben könnten. Erst recht sollte man einen Diamanten niemals in eine heiße Gasflamme legen. Es besteht die Gefahr, dass außer einem kleinen Beitrag zum Treibhauseffekt nichts übrig bleibt.

Dass Diamanten brennen, wusste schon der französische Chemiker Antoine Laurent de Lavoisier. Im 18. Jahrhundert bewies er in einem berühmten Experiment, dass Diamanten nur aus Kohlenstoff bestehen. Ihm ging es eigentlich um eine andere Frage, die damals den Forschern unter den Fingernägeln brannte: was passiert, wenn eine Substanz verbrennt? Seine Vorgänger gingen davon aus, dass es einen hypothetischen Stoff gibt, den sie „Phlogiston" nannten. Sie glaubten, dass dieses Phlogiston beim Verbrennen eines Stoffes entweicht. Damit konnten sie erklären, warum die Asche, die beim Verbrennen organischer Substanzen zurückbleibt, deutlich weniger wiegt. Die Gewichtszunahme beim Verrosten von Metallen erklärten sie im Gegenteil mit der Aufnahme von Phlogiston. Problematisch wurde es, als man feststellte, dass Metalle beim Verbrennen an Gewicht zunehmen. Es wurde sogar vorgeschlagen, dass Phlogiston eine negative Masse habe.

Es war Lavoisier, der die Vorstellung vom Phlogiston widerlegte. Er baute einen Wagen, auf dem ein großes Brennglas montiert war, mit dem Sonnenstrahlen auf die Substanzen gebündelt wurden, die er in einen versiegelten Behälter gelegt hatte. Er untersuchte also nicht nur das Gewicht der verbrennenden Substanz, sondern auch die beteiligten Gase. Er erkannte bei seinen Versuchen, welche Rolle Sauerstoff bei der Oxidation spielt. Genauso wichtig war seine Feststellung, dass das Gesamtgewicht der beteiligten Stoffe erhalten bleibt. Organische Substanzen verbrennen weitgehend zu einem Gas, das heute Kohlendioxid heißt, während bei Metallen ein festes Metalloxid zurückbleibt.

Als Lavoisier in seinem Apparat einen Diamanten verbrannte, stellte er erstaunt fest, dass dieser sich scheinbar in Nichts auflöste und keine Asche zurückließ. Ein Albtraum für Alchemisten, die lieber das Gegenteil gesehen hätten! Auch diesmal war Kohlendioxid entstanden, kaum anders als beim Verbrennen von Kohle.

Fünf Jahre vor der Französischen Revolution wurde Lavoisier zum Leiter der Akademie der Wissenschaften berufen. Er war liberal eingestellt und beteiligte sich während der Revolution an Reformen. Im Laufe der Schreckensherrschaft der Jakobiner wurde Lavoisier am 8. Mai 1794 auf der Place de la Révolution mit der Guillotine hingerichtet.

Mit *conflict* könnte man den vier „C" ein Fünftes anfügen, das einem Edelstein nicht anzusehen ist und sich weniger auf den

Preis als auf den moralischen Wert auswirkt. Es gibt kaum ein anderes Stück Materie, bei dem ein paar Gramm ein Vermögen wert sind. Wer lukrative Vorkommen unter seiner Kontrolle hat, kann schnell reich werden, auch wenn es nicht ganz legal dabei zugeht. Um in einem Fluss nach Edelsteinen zu suchen, braucht es nur eine Schaufel, eine Waschpfanne und Glück. Und schließlich lassen sich illegal geschürfte Edelsteine leichter über Grenzen schmuggeln, als es bei Gold oder Drogen vom selben Wert der Fall ist.

Edelsteine sind eine wichtige Einnahmequelle von Diktatoren und Warlords – sogar in Ländern, die selbst keine Vorkommen haben. Sekundäre Lagerstätten in Flüssen (Kapitel 2) sind am besten dazu geeignet, da sie sich ohne großen technologischen Aufwand ausbeuten lassen, zumal wenn Zwangsarbeiter zur Verfügung stehen. In einigen der brutalsten afrikanischen Bürgerkriege ging es nicht um ethnische Konflikte oder darum, die Macht zu gewinnen, sondern in erster Linie um die Kontrolle über Diamantminen und die Beteiligung am illegalen Handel. Beide Seiten machten auf Kosten der Zivilbevölkerung gute Geschäfte und waren entsprechend wenig an einer Beruhigung der Situation interessiert. Die korrupten Regierungen unterschieden sich darin nicht von den sogenannten Rebellengruppen. Polizisten und Militärs, Warlords und Milizkommandeure, Schmuggler und Händler bekamen ihren Anteil, die Bevölkerung bezahlte dafür mit ihrem Blut. Die Warlords in Sierra Leone und Liberia, im Kongo und Angola finanzierten sich und ihren Krieg weitgehend mit Diamanten. Regierungen bezahlten nicht selten ausländische Söldnertruppen mit den Schürfrechten in Minen, die erst noch zu erobern waren.

Durch den Spielfilm „Blutdiamanten" ist der Bürgerkrieg in Sierra Leone das bekannteste Beispiel. Die blutige Geschichte der dortigen Diamanten reicht allerdings weiter zurück. 1930 fand man die ersten Diamanten und die Kolonialbehörden gaben der südafrikanischen Firma De Beers die exklusiven Rechte für das gesamte Land. Das hielt andere nicht davon ab, ebenfalls ihr Glück zu suchen, und es kam zu einem massenhaften Schmuggel ins benachbarte Liberia: Um 1955 schätzte man, dass im Bezirk Kono mindestens 75 000 Menschen illegal nach Diamanten suchten. Manche kamen aus den Städten, andere hatten ihre Felder verlassen, und die Reisproduktion ging dadurch so stark zurück, dass Lebensmittel importiert werden mussten, obwohl das Land zuvor Reis exportiert hatte. Viele Schürfer waren in bewaffneten kriminellen Banden organisiert. Ihnen gegenüber stand eine von De Beers engagierte private Sicherheitsfirma, die wiederum eine kleine Guerilla-Truppe protegierte, die im Grenzgebiet zu Liberia die Schmuggler überfiel.

1956 wurde das Monopol eingeschränkt und die indigene Bevölkerung bekam ebenfalls Lizenzen. Viele dieser Lizenzen wanderten allerdings schnell in die Hände von libanesischen Händlern, die seit einem halben Jahrhundert im Land siedelten und bereits eine Hauptrolle im Schmuggel der illegal geschürften Diamanten gespielt hatten.

Einige Jahre nach der Unabhängigkeit und drei Militärputsche später war Sierra Leone offiziell eine Republik – tatsächlich saß eine einzige Partei fest im Sattel und zerschlug die Opposition mit Gewalt. Die Diamantminen wurden verstaatlicht, die offizielle Produktion sank jedoch rapide. Das legale und illegale Geschäft war weitgehend in den Händen konkurrierender libanesischer Händler.

Als der Bürgerkrieg im Libanon ausbrach, waren diese Händler wichtige Sponsoren der verfeindeten Milizen in ihrem Heimatland. Ein Clan maronitischer Christen war auf der Seite der maronitischen Falange. Ein schiitischer Libanese, der als „rechte Hand" des Präsidenten galt, unterstützte die schiitische Miliz Amal, die mit Syrien verbündet war und mit der Hisbollah konkurrierte. Auch die anderen Bürgerkriegsparteien versuchten, einen Fuß ins lukrative Geschäft zu bekommen: Die PLO plante ein Trainingslager, der Iran baute ein Kulturzentrum und Israel versuchte, den libanesischen Einfluss einzudämmen.

Das benachbarte Liberia hat selbst keine nennenswerten Diamantvorkommen, der Schmuggel aus Sierra Leone war jedoch für die korrupte Regierung, für ausländische Investoren und Händler und für den kriminellen Untergrund ein wichtiger Wirtschaftsfaktor. Deklariert als „liberianische Diamanten", gingen viele an De Beers oder direkt an Händler aus Antwerpen und Tel Aviv. Andere legten kompliziertere Schmuggelrouten zurück. Als in Liberia 1989 der Warlord und spätere Präsident Charles Taylor einen Bürgerkrieg gegen die dortige Militärdiktatur begann, drehte es sich ebenfalls um Diamanten aus dem Nachbarland. Charles Taylor exportierte den Bürgerkrieg nach Sierra Leone, indem er dort die Revolutionary United Front (RUF) aufbaute: Diese sollte nicht nur gegen das autokratische Regime kämpfen, sondern vor allem die lukrativen Diamantminen erobern.

Der Bürgerkrieg in Sierra Leone dauerte von 1991 bis 2002 und wurde von beiden Seiten mit äußerster Brutalität geführt. In dieser Zeit starben mindestens 50 000 Menschen, Plünderungen und Vergewaltigungen waren an der Tagesordnung, die Hälfte der Bevölkerung war auf der Flucht. Die RUF rekrutierte illegale Diamantschürfer und Einwohner aus den Slums der Hauptstadt. Viele Kämpfer waren Kindersoldaten, die aus ihren Dörfern verschleppt und, zum Kämpfen gezwungen, an die Macht gewöhnt wurden, welche ihnen ein Gewehr gibt. Bei Überfällen auf Dörfern machte sie es sich zur Angewohnheit, dem Dorfältesten den Kopf abzuschlagen und den männlichen Bewohnern die Arme zu amputieren, damit sie nicht mehr wählen konnten. Laut Medico International sind dadurch 20 000 Menschen verstümmelt worden. Die sogenannten Rebellen hatten schnell die Minen erobert. Durch die Einnahmen kaufte die RUF Waffen aus der ehemaligen Sowjetunion; sie war bald besser ausgerüstet als die staatliche Armee.

Die Regierung wechselte mehrfach zwischen korrupten, demokratisch gewählten Parteien und an die Macht geputschten Militärregierungen. Die schlecht bezahlte Staatsarmee scheute die Konfrontation mit der RUF und terrorisierte lieber ebenfalls die Zivilbevölkerung: Einige Soldaten begannen auf eigene Faust mit Plünderungen. Schließlich organisierte die drangsalierte Bevölkerung lokale Selbstverteidigungsmilizen, die als Einzige der Beteiligten das Ende des Konflikts herbeisehnten.

Als die RUF 1995 kurz davor war, die Hauptstadt zu erobern, engagierte die Regierung zeitweilig die südafrikanische Söldnerfirma Executive Outcomes. Diese war nach dem Ende der Apartheid entstanden und bestand überwiegend aus ehemaligen Elitesoldaten. Sie war auch im Bürgerkrieg in Angola beteiligt. Die Söldner konnten mit der Unterstützung durch die Selbstverteidigungsmilizen die RUF zurückdrängen. Im nächsten Jahr kam es jedoch zu einem Putsch, dessen Protagonisten sich mit der RUF verbündeten. Zwei Jahre später stürzten Truppen der Westafrikanischen Wirtschaftsgemeinschaft und Söldner die Putschisten, und eine Mission der UN sollte die RUF entwaffnen. Stattdessen nahm die RUF 500 Blauhelmsoldaten gefangen, woraufhin die Britische Armee eingriff. Ein Diamantenboykott für Sierra Leone und Liberia schnitt die RUF von ihren Einnahmen ab. Im Januar 2002 war der Bürgerkrieg endlich beendet.

Ein Jahr später trat das *Kimberley Process Certification Scheme* in Kraft, das in der Zukunft Diamanten aus Konfliktregionen aus den Juwelierläden der Welt verbannen sollte: Nur Diamanten, die nachweislich aus stabilen Ländern stammen, dürfen seither gehandelt werden. Alle wichtigen Staaten haben das Abkommen unterzeichnet, seither ist der geschätzte Marktanteil von Blutdiamanten von 4 % auf 0,2 % gesunken.

Allerdings wurde bereits klar, dass auch an manchen zertifizierten Diamanten Blut klebt, da die Menschenrechtsverletzungen durch Regierungen nicht dem Abkommen widersprechen. In Ländern mit einer armen Bevölkerung wie Simbabwe und

Angola kommt es immer wieder zu Morden und Übergriffen der Armee auf Menschen, die auf eigene Faust ihr Glück versuchen. In Simbabwe übernahm die Armee im Herbst 2008 in einer Operation mit 800 Soldaten die Kontrolle über die Diamantfelder und brachte auf einen Schlag 200 Menschen um. Die lokale Bevölkerung wurde danach von der Armee gezwungen, in den Minen zu arbeiten. Die Organisation des Kimberley Prozesses beschwerte sich zwar darüber, die beteiligten Länder konnten sich jedoch nicht einigen, wie sie damit umgehen sollten.

Inzwischen setzen sich Juweliere und Menschenrechtsorganisationen auch für einen Boykott von „Blutrubinen" ein. Etwa 90 % aller Rubine kommen derzeit aus Birma. Die blutroten Edelsteine sind nach Erdöl und Erdgas die wichtigste Einnahmequelle für die Militärjunta, die für schwere Menschenrechtsverletzungen bekannt ist. Fast alle Rubine werden in staatlichen Minen oder in kleinen Joint Ventures abgebaut. Ein Boykott könnte einen politischen Wandel unterstützen, allerdings ist China, der wichtigste Handelpartner des Landes, nicht daran interessiert. Zugleich sind illegal geschürfte Rubine, die in großer Zahl nach Thailand geschmuggelt werden, die wichtigste Schattenwirtschaft, die sich der Diktatur entzieht.

Um Edelsteine wurden auch schon früher blutige Kriege geführt. Ich möchte zwei berühmte Edelsteine als Beispiel bringen, die zu den britischen Kronjuwelen gehören: Koh-i-Noor und der Timur-Rubin.

Der Timur-Rubin galt als größter Rubin der Welt, bis man im 19. Jahrhundert feststellte, dass es sich in Wirklichkeit um einen Spinell handelt. Timur Tamerlane war ein Nomadenherrscher, der mit seinen Reiterhorden im 14. Jahrhundert von Zentralasien aus innerhalb kurzer Zeit Persien, den Kaukasus, Afghanistan und Pakistan eroberte und auch den Osmanen und den indischen Sultanen herbe Niederlagen beibrachte. Nachdem er 100 000 Gefangene abschlachten ließ, stürmte er 1398 Delhi – angeblich, weil der Sultan zu tolerant gegenüber den Hindus war. Die Stadt wurde in Schutt und Asche gelegt und geplündert, die Bewohner abgeschlachtet. Der „Rubin" fiel ihm dabei in die Hände. Ironischerweise waren die Moguln, die später Indien beherrschten und für ihre Toleranz gegenüber Hindus bekannt waren, direkte Nachfahren von Timur.

Nach Timur übernahm die aus einem Sufiorden stammende Dynastie der Safawiden die Macht im Persischen Reich. Abbas der Große nahm Timurs Enkel den Edelstein ab und schenkte ihn dem indischen Mogulnherrscher Jahangir. Damit war der Stein nach Delhi zurückgekehrt. Jahangir ließ seinen Namen eingravieren, was ihm alle Nachfolger nachmachten.

Shah Jahan, der Sohn von Jahangir, ist der Erbauer des Taj Mahals. Das berühmte Mausoleum für seine geliebte Frau kostete ihn nur halb soviel wie der legendäre Pfauenthron, den er aus einer Tonne Gold, einigen Diamanten, jeweils 100 Rubinen und Smaragden und unzähligen Perlen zusammensetzen ließ. Der Thron wirkte wie ein Bett mit Baldachin; dahinter spannten sich zwei Pfauenschwänze aus Edelsteinen auf. In einen großen Smaragd waren Gedichte eingraviert, die den Herrscher priesen. Neben dem Timur-Rubin schmückte auch Koh-i-Noor, damals der größte bekannte Diamant, diesen Thron. Manche gehen davon aus, dass der Koh-i-Noor schon in einem 5000 Jahre alten Sanskrit-Epos genannt ist. Zu Beginn des 14. Jahrhunderts kam er aus den Händen eines kleinen Rajas in den Besitz des Sultans von Delhi. Dort wurde er von einer Dynastie an die nächste weitergegeben.

Als der „persische Napoleon" Nadir Schah 1739 in Indien einfiel und Delhi plünderte, wurden an einem einzigen Tag zwischen 20 000 und 30 000 Menschen getötet. Er erbeutete den Thron und ganze Berge von Smaragden, Rubinen, Perlen und Diamanten und brachte sie nach Persien. In den Wirren nach der Ermordung Nadir Schahs ging der Pfauenthron verloren. Der Kommandeur von Nadir Schahs Armee versuchte erfolglos, auf den persischen Thron zu kommen, doch er musste nach Afghanistan fliehen – immerhin mit dem Timur-Rubin und Koh-i-Noor in der Tasche. Er war der Letzte, der seinen Namen in den Timur-Rubin eingravieren ließ. Als Emir bestieg er in Afghanistan den Thron, aber die Dynastie konnte sich nicht lange halten: Sein Enkel floh nach Punjab und musste die Steine dem dortigen Herrscher aushändigen. Nach der Eroberung durch die Briten gingen sie als Entschädigungszahlung an die East Indian Company, die ihn an Königin Victoria weitergab. Beide liegen heute im Tower von London.

2

Minen, Märkte, Marketing im Laufe der Geschichte

Wie bei jeder Ware wirken sich Angebot und Nachfrage auch auf den Preis von Edelsteinen aus. Dieser Zusammenhang ist jedoch weniger direkt, als bei alltäglicheren Waren. Der Markt ähnelt eher dem Kunstmarkt: Jedes Stück ist ein Unikat, und es gibt darunter unbezahlbare Stars, teure Berühmtheiten und die große Masse. Mode und Zeitgeist bestimmen die Nachfrage nach bestimmten Edelsteinen, Farben und Schliffformen. Die Mode ist der wichtigste und unberechenbarste Faktor, der zu Wertschwankungen führt. Auf der anderen Seite wechselt auch das Angebot ständig: Manche Vorkommen sind erschöpft oder der Abbau wird zu teuer, während neue Fundorte hinzukommen. Spektakuläre Funde von ungewöhnlich großen und hochwertigen Kristallen sind selten.

Noch heute werden farbige Edelsteine überwiegend in kleinen, möglichst kostengünstigen Unternehmen in abgelegenen Regionen der Entwicklungsländer gefördert. In der Regel handelt es sich dabei um sekundäre Lagerstätten, sogenannte Edelsteinseifen: Da die meisten Edelsteine sehr resistent sind, überstehen sie die Verwitterung und Erosion des Ausgangsgesteins, sie werden von Flüssen abtransportiert und an anderer Stelle wieder abgelagert. Diese Seifen sind leichter abzubauen als hartes Gestein, und sie enthalten oft deutlich höhere Konzentrationen als das Ausgangsgestein. Es kommt sogar zu einer Anreicherung von qualitativ hochwertigen Edelsteinen, da solche mit Brüchen oder vielen Einschlüssen beim Transport leichter zerbrechen. Edelsteine aus Seifen sind oft abgerollt, da ihre Kanten beim Transport abgeschlagen wurden.

In einigen tropischen Flüssen, beispielsweise in Thailand, Laos oder Sri Lanka, suchen viele Menschen selbstständig ihr Glück. Man kann sie beobachten, wie sie mit einem konischen Bambuskorb, vielleicht mit einem halben Meter Durchmesser, im Flussbett oder einem schlammigen Wasserloch stehen und Edelsteine waschen. Sie füllen den Korb mit einer Schaufel voll Kies, der aus dem Flussbett gegraben wird. Es kann sich auch um das ehemalige Bett eines Flusses handeln, der längst einen anderen Weg gefunden hat. Durch kreisende Bewegungen im Wasser werden Sand und leichtere Steine wieder aus dem Korb befördert, während die schwereren zurückbleiben. Mit etwas Glück können dann mit der Hand einzelne Edelsteine aus dem restlichen Kies gelesen werden.

Im Flussschotter nahe der thailändischen Stadt Chanthaburi kommen Rubine und Saphire in ein bis zwei Metern Tiefe vor. Vor allem während der Regenzeit, wenn der Untergrund weicher ist, graben Männer mit Schaufeln und Hacken Löcher in den Boden. Der Schotter aus den geeigneten Schichten wird dann in Bambuskörben gewaschen. Es gibt auch etwas größere, von Baggern gegrabene Gruben, in denen ein Hochdruck-Wasserstrahl benutzt wird, um den Schotter auszuschwemmen. Das anschließende Waschen übernimmt eine Maschine, die den Schotter in einem Wasserstrom hin und her rüttelt. Schließlich müssen die wenigen Edelsteine per Hand aus dem verbliebenen Kies gesucht werden.

Ratnapura in Sri Lanka ist ein weiterer berühmter Fundort, wo mit ähnlichen Methoden gearbeitet wird. Hier wird der Schotter aus bis zu 15 Meter tiefen, handgegrabenen Schächten und kurzen Stollen geholt, die oft abenteuerlich mit Holz abgestützt sind. Der Schotter wird in tropfenden Säcken mit einer Winde, die nicht selten mit Muskelkraft bewegt wird, an die Oberfläche gehoben. In einem schlammigen Wasserbecken werden daraus die Edelsteine gewaschen.

Ganz ähnlich können sich Edelsteine durch Meeresströmungen und Gezeiten an Stränden anreichern. Berühmt sind die Diamanten an den Stränden von Namibia. In Australien gibt es Strandseifen mit Zirkon, Granat gibt es an Stränden in Lettland und den USA.

Der unkontrollierte Abbau von Edelsteinen ist nicht unproblematisch (Cartier 2010). Eine Landschaft, die nur noch aus Löchern besteht, sieht nicht nur hässlich aus. Oft ging zudem fruchtbares Ackerland verloren oder ein sensibles Ökosystem wurde zerstört. Im Edelsteindistrikt Elahara in Sri Lanka kam es zu einem sprunghaften Anstieg von Malaria, weil sich die Gruben in Tümpel verwandelt hatten, die ein ideales Brutgebiet für Mücken abgaben. Auch ist es kaum möglich, den illegalen Abbau in Nationalparks zu verhindern. An anderen Orten wurde das Wasser von Bächen zu Schlamm verwandelt, Diesel und andere Chemikalien sind ausgelaufen. Arbeiter, die in engen Stollen ohne Staubschutz mit Hammer und Meißel arbeiten, tragen ein hohes Gesundheitsrisiko.

Dass es sich dabei vor allem um unabhängige Einzelpersonen handelt, die von einem Fundort zum nächsten ziehen, ist Teil des Problems. Selbst wenn sie wollten, ist eine vollständige Renaturierung für sie kaum bezahlbar. Ohnehin lassen sie das Problem einfach hinter sich zurück. Das Verfüllen der verlassenen Gruben und der Bau von kleinen Becken zum Waschen der Edelsteine sind einfache Maßnahmen, mit denen die Auswirkungen verringert werden können. In diese Richtung hat sich glücklicherweise schon einiges getan, die größten Schäden sind ein Erbe der Vergangenheit.

Das primäre Gestein wird nur selten abgebaut, weil es aufwendiger und teurer ist. Zudem besteht die Gefahr, dass die Edelsteine durch die Erschütterungen beim Sprengen beschädigt werden. Auch hierbei handelt es sich in der Regel nur um kleine Gruben,

Steinbrüche und kurze Stollen. Zu den Ausnahmen zählen größere Bergwerke in Brasilien, in denen Edelstein-Pegmatite abgebaut werden (Kapitel 5). Diese Minen machen einen Teil ihres Umsatzes mit Industriemineralen wie Feldspat und Glimmer. Die zweite Ausnahme sind größere Smaragdminen. Smaragd ist wegen der vielen Einschlüsse zerbrechlicher und daher selten auf Seifen zu finden, der Abbau erfolgt zwangsläufig aus dem primären Gestein. Eine Mine in Simbabwe hat Stollen mit einer Gesamtlänge von 40 Kilometer und reicht bis in 150 Meter Tiefe.

Diamanten werden im Gegensatz zu anderen Edelsteinen in großem Stil abgebaut. Nur in den ärmsten Ländern werden sie noch mit der Hand aus Flussbetten gewaschen. Die meisten stammen aus großen Tagebauen, in denen das primäre Gestein, der Kimberlit, mit Sprengstoff und schwerem Gerät abgebaut wird. Muldenkipper, die so groß wie ein Einfamilienhaus sind, transportieren den Schutt in eine Fabrik, in der die Diamanten mit automatisierten Maschinen aus dem Gestein getrennt werden. Mehrere Diamantminen zählen zu den größten und tiefsten Tagebauen der Erde.

Wenn die Grube eine bestimmte Tiefe erreicht hat, ist der weitere offene Abbau nicht möglich, da die Seitenwände nicht mehr stabilisiert werden könnten. Manchmal lohnt es sich, den Abbau unterirdisch fortzusetzen. In Kimberley (Südafrika) wird nur noch unter Tage abgebaut, was wesentlich teurer ist und einen entsprechend schmalen Gewinn bringt.

Die ergiebigsten Diamantseifen liegen am Strand und in der Wüste rund um Oranjemund, einem Städtchen an der Mündung des Oranje, dem Grenzfluss zwischen Namibia und Südafrika, in den Atlantik. Die Stadt, in der sich alles um Diamanten dreht, kann nur mit einer Sondergenehmigung betreten werden. An der Küste legt man sogar Deiche an, damit der Strand umgegraben werden kann. Nachdem Geologen eine diamantreiche Schicht ausfindig gemacht haben, wird der darüberliegende Wüstensand mit einem Schaufelradbagger aus dem Weg geschafft. Der freigelegte Flussschotter wird mit Presslufthämmern gelockert und von Lastwagen in eine Fabrik gebracht. Hier wird der Schotter weiter zerkleinert, die Diamanten werden daraus getrennt und gleich sortiert. Später verteilt man den abgetragenen Sand wieder. Vor der Küste liegen Schiffe, die mit Rohren Sand vom Meeresboden aufsaugen und daraus Diamanten gewinnen.

Jährlich werden mehr als 30 Tonnen Rohdiamanten mit einem Wert von mehr als 12 Milliarden Dollar abgebaut (Read et al. 2009). Etwa ein Fünftel davon wird zu Schmucksteinen, der Rest ist von geringer Qualität und wird als Industriediamanten verwendet. Die wichtigsten Produzenten sind derzeit Russland, Botswana und Kanada (mit zusammen fast drei Viertel der Weltproduktion, bezogen auf den Wert), gefolgt von Angola und Südafrika. Kongo und Australien sind wichtig für Industriediamanten, haben aber einen geringeren Anteil an hochwertigen Schmucksteinen. Vier Konzerne fördern heute über 70 % aller Diamanten: De Beers, Alrosa, Rio Tinto und BHP Billiton. Bis zur Jahrtausendwende gab es diese „Vielfalt" noch nicht. Ein Jahrhundert lang hatte das Kartell um De Beers die weltweite Produktion fest im Griff. Auf die Geschichte dieses Kartells komme ich am Ende des Kapitels zurück.

Diamanten sind heute die beliebtesten Edelsteine und zugleich ein Massenprodukt. Das war nicht immer so. Die Bedeutung bestimmter Edelsteine wechselte mit dem Wandel religiöser Vorstellungen und der Symbolik der Farben, mit zugeschriebener Zauberwirkung, mit der Mode, mit der Fundsituation und dem Verlauf der Handelsrouten. Und sie änderte sich nicht zuletzt mit der Entwicklung der Edelsteinschleiferei, die mit immer härteren Materialien immer mehr anstellen konnte. Werfen wir also einen Blick auf die Geschichte von Edelsteinen und Juwelen.

Schon in der Altsteinzeit hatten die Menschen das Bedürfnis, sich zu schmücken. Sie begannen mit Muscheln, geschnitzten Knochen und Elfenbein, Holz und zufällig entdeckten bunten Steinen. In der Jungsteinzeit waren Gold, Bernstein und fertige

Schmuckstücke, wie zu einer Halskette auf einen Faden aufgezogene Knochen und Steine, bereits Handelsgüter.

Bernstein ist fossiles Harz von Nadelbäumen und damit ein Sonderfall unter den Edelsteinen: Es gibt keine Kristalle, denn es handelt sich um ein amorphes Mineral aus organischer Substanz. Das mit Abstand wichtigste Vorkommen ist die Ostseeküste im Baltikum. Diese Bernsteine sind mehrfach umgelagert worden. Eine Rolle spielt dabei, dass die Dichte nur knapp über der Dichte von Wasser liegt, in einer Wasserströmung können sie leicht bewegt werden.

Im Eozän breitete sich in Nordeuropa ein riesiger Nadelwald aus. Im Waldboden sammelten sich Tropfen und Klumpen vom Harz der Bäume an. Ob es von Kiefern, Tannen oder Lärchen stammt, ist umstritten. Manchen Klumpen sind noch einzelne Harzflüsse anzusehen, sie bestehen aus dünnen Schichten. Berühmt sind die Einschlüsse von Insekten, Spinnen, Vogelfedern, Pilzen, Flechten, Pollen und Pflanzenteilen, die Aufschluss über die Artenvielfalt des Waldes geben. Vermutlich wurde bereits im späten Eozän ein Teil des Waldes vom Meer überflutet. Strömungen lagerten das bereits ausgetrocknete Harz um, das anschließend mit Ton und Sand bedeckt wurde. Damit waren die Bedingungen für die Umwandlung zu Bernstein geschaffen: eine leichte Wärme und der Ausschluss von Sauerstoff, was eine Polymerisierung der Kohlenwasserstoffe bewirkte.

Rund 30 Millionen Jahre später gruben die Gletscher und Schmelzwasserflüsse der Eiszeiten den fertigen Bernstein wieder aus, und der größte Teil lagerte sich in der südlichen Ostsee wieder ab. Bei starken Stürmen lösen sich Bernsteinbrocken vom Meeresgrund und werden an die Küste geschwemmt.

Schon vor 10 000 Jahren waren im Ostseeraum Anhänger und Ketten aus Bernstein beliebte Schmuckstücke. In der Bronzezeit war Bernstein in Europa neben Salz und Metall das wichtigste Handelsgut. Über mehrere Routen, die wir im Rückblick als „Bernsteinstraße" bezeichnen, gelangten sie in den Mittelmeerraum. Besonders verrückt nach den Steinen war man im römischen Kaiserreich. Plinius der Ältere schrieb, dass eine aus Bernstein geschnittene Figur, egal wie klein sie ist, wertvoller als „frische Sklaven" sei. Nero ließ sogar mit riesigen Mengen eine Bühne auskleiden. In der Antike kursierten einige merkwürdige Legenden über die Herkunft und Entstehung von Bernstein. Nach einer davon handelt es sich um die Tränen der in eine Pappel verwandelten Schwester des vom Blitz erschlagenen Pharon. Die Pappel steht wahlweise in Italien am Po oder an einem Fluss in Spanien. Nach einer anderen Legende sind es die Tränen von Vögeln, die in Indien den Tod des Griechen Meleagros beweinen (Plinius machte sich darüber lustig, dass die Vögel dazu nach Indien gehen und dass ihre Tränen so groß seien). Ein griechischer Philosoph redete vom „Luchsstein", der aus dem Urin des Luchses wachse: Braungelb und feurig aus dem Urin eines Männchens, matt aus dem eines Weibchens. Das Tier verscharre die Steine, weil es sie dem Menschen nicht gönne. Wieder andere hielten ihn für den Abschaum des Meeres, um Saft der Sonne, den sie beim Untergang im Meer hinterlässt. Andere glaubten an Harz von Bäumen, die auf unerreichbaren Felsen an der Adria wachsen. Plinius der Ältere wusste bereits, dass es Baumharz aus dem Norden ist. Durch Kälte verdickt, wie er glaubte, von der Flut weggeschwemmt und am Strand ausgeworfen. Er wusste auch, dass die angebliche Herkunft am Po und an der Adria auf die Handelsrouten zurückging.

An der Bernsteinküste hatten im Mittelalter lokale Fürsten die exklusiven Rechte auf die „Bernsteinfischerei" und unautorisierte Sammler wurden drakonisch bestraft. Bernsteinreiter ritten über den Strand und sammelten mit einem Käscher die angeschwemmten Stücke auf, Taucher lösten mit einem Spaten Stücke vom Meeresgrund. Danzig wurde zum Zentrum für Handel und Verarbeitung. Doch kehren wir in die Frühgeschichte zurück.

Auch Jade war schon in der Steinzeit beliebt und wurde zu Äxten und Schmucksteinen verarbeitet. Es handelt sich um ein meist grünliches Mineralaggregat: um feine, faserige und verfilzte Massen, die entweder aus Jadeit oder aus Nephrit bestehen. Jadeit ist ein Mineral der Pyroxengruppe, das nur unter hohem Druck stabil ist und das durch Metamorphose in Subduktionszonen entstehen kann. Nephrit gehört zur Amphibolgruppe und hat eine völlig andere Zusammensetzung: Es handelt sich um die feine Varietät der Minerale Tremolit oder Aktinolith und kann in hochmetamorphem Marmor vorkommen. Jadeit und Nephrit sehen sich zum Verwechseln ähnlich.

In der chinesischen Kultur ist Jade der wichtigste Edelstein. Schon in der Jungsteinzeit wurden daraus mythische Figuren und Tiere geschnitzt, die zunächst relativ schlicht aussahen. Häufig wurden auch flache, ringförmige Scheiben hergestellt. Die Bearbeitung wurde über die Jahrtausende hinweg immer ausgefeilter, es entstanden filigrane Figuren und ganze Landschaften. Drachen und Phönix gehören zu den wichtigsten Motiven der chinesischen Kunst, sie stehen für Kräfte der Natur, für den Frühling, für Regen und Feuer, für Kaiser und Kaiserin. Tiere hatten ebenfalls eine symbolische Bedeutung. Dem Stein selbst wurde eine effektive Zauberwirkung zugesprochen. In Guangzhou habe ich ein über 2000 Jahre altes Königsgrab besichtigt, wo man den Toten in einen Panzer aus zusammengenähten Jadeplättchen gesteckt hatte. Man glaubte nämlich, dass dies den Zerfall der Leiche verhindere. Funktioniert hat es allerdings nicht, selbst von den Knochen ist fast nur noch Staub übrig geblieben. Auch in den präkolumbischen Kulturen in Mittelamerika und bei den Maori in Neuseeland hat Jade eine außergewöhnliche Bedeutung erlangt.

Neben China waren die frühgeschichtlichen Hochkulturen in Mesopotamien, Ägypten und Indien die wichtigsten Pioniere in der Schmuckherstellung.

Der indische Kulturraum ist möglicherweise der Ursprung der Edelsteinschleiferei. Während man in anderen Regionen der Welt überwiegend Äxte und Klingen aus Feuerstein herstellte, entstand im Industal bereits in der Steinzeit eine regelrechte Schmucksteinindustrie. Quarz war damals das härteste Material, das man bearbeiten konnte und die mikrokristallinen Quarzvarietäten waren (neben Obsidian) weltweit die wichtigsten Werkstoffe. Mikrokristallin bedeutet, dass es sich nicht um einen einzigen Kristall handelt, sondern um ein Gemenge von mikroskopisch kleinen Kristallen, auch wenn man es dem Stein nicht ansieht. Der unscheinbare Feuerstein gehört dazu, aber auch die bis heute beliebten Schmucksteine Karneol, Jaspis, Chalcedon, Onyx, Heliotrop, Chrysopras und Achat (Kapitel 7).

Im Industal und in Gujarat wurden Karneol, Jaspis und Achat zu symmetrisch geformten Steinperlen bearbeitet und als Halskette auf eine Schnur aufgezogen. Zunächst schlug man mit einem Hammer Stücke ab, bis eine grobe Zylinderform entstand. Diese Zylinder wurden gegeneinander gerollt, damit sie sich gegenseitig abschliffen, und danach poliert. Mit einem Bohrer, der mit einem Bogen angetrieben wurde, durchbohrte man sie schließlich. Man begann sogar, die Steine zu brennen, um eine intensivere Farbe zu bekommen. Es gab Steinperlen in unterschiedlichen Designs, zylinderförmig und kugelig, andere sahen aus wie der Schwimmer, den Angler benutzen. Wieder andere hatten mehr oder weniger regelmäßig angebrachte Flächen: sozusagen die primitive Form von Facetten.

In der frühen Bronzezeit produzierte die Industalkultur schon so viele Halsketten, dass sie bis nach Ägypten exportiert wurden. Mit der Zeit konnten auch härtere Edelsteine bearbeitet werden; kein Wunder – bei dem Reichtum an unterschiedlichen Edelsteinen, den Südasien bietet! Man verwendete den Staub von Edelsteinen, um zu schleifen und zu polieren und nutzte geschickt die Spaltbarkeit aus. Die ältesten Abhandlungen zur Edelsteinkunde sind alte Sanskritschriften. Eine Enzyklopädie aus dem 6. Jahrhundert vor Christus, die Brihat-Samhita, beschreibt die Eigenschaften von Smaragd, Perlen, Rubin, Diamant, Turmalin, Zirkon, Saphir, Chrysoberyll, Koralle, Granat, Topas, Karneol, Mondstein, Bergkristall und Lapislazuli.

Lange Zeit blieb Indien der einzige Fundort von Diamanten. Das Schleifen von Diamanten war aus religiösen Gründen tabu, aber man nutzte Diamantpulver, um andere Edelsteine zu bearbeiten. Archäologen schließen aus den Schleifmustern an durchbohrten Steinen, dass schon im Altertum ein Bohrer mit Diamantspitze erfunden wurde.

Im Nahen Osten kamen in der Jungsteinzeit die ersten Siegel auf. Die ältesten Stempelsiegel fanden Archäologen in Anatolien, später tauchten sie in Mesopotamien auf. Dort stellte man massenhaft zylinderförmige Rollsiegel aus Keramik, Hämatit, Onyx, Achat oder Lapislazuli her, in die Ornamente, Schriftzeichen oder Figuren geschnitten waren. Das Prinzip verbreitete sich schnell im Nahen Osten, in Persien und im Industal. Siegelringe gab es zum ersten Mal bei den alten Ägyptern, im syrischen Ugarit und bei den Hethitern.

Im Vorderen Orient ist die weitere Geschichte der Schmucksteine eng mit der Entwicklung der Metallurgie verbunden: nicht nur, weil Schmuckstücke aus Gold, Silber und edlen Steinen zusammengesetzt wurden, sondern auch, weil mit der Entwicklung des Kupferbergbaus bunte Kupferminerale in den Handel kamen, die selbst schön anzusehen sind. Um 5000 vor Christus machten die Kupferkarbonate Malachit und Azurit im Vorderen Orient Geschichte. Malachit ist ein auffällig grün gefärbtes Mineral, während Azurit azurblau ist. Es handelt sich um die ersten Kupfererze der Geschichte, da sie sich relativ einfach mit Holzkohle zu Kupfer reduzieren lassen. Diese häufigen Sekundärminerale entstehen bei der Verwitterung von Kupferlagerstätten. Malachit kommt meistens als traubige Massen vor, manchmal sogar als Tropfsteine, die angeschnitten konzentrische Kreise mit unterschiedlicher Färbung zeigen. Viele kennen dieses Mineral eher aus der Architektur und dem Kunsthandwerk des 18. und 19. Jahrhunderts: Damals prahlten die russischen Zaren mit den reichen im Ural entdeckten Vorkommen und ließen daraus unzählige Luxusgegenstände herstellen. Die Säulen der Isaakskathedrale in Sankt Petersburg sind vollständig mit Malachit verkleidet.

Timna in der Negev-Wüste in Israel ist eine der ältesten bekannten Kupferminen. Die ersten Schächte wurden noch mit plumpen Steinwerkzeugen in den Fels geschlagen. Später kamen die Ägypter, die bereits Meißel und Hacken aus Metall hatten. Neben Timna bauten sie auch in Jordanien und auf dem Sinai Kupferminerale ab. Sie nutzten diese nicht nur als Kupfererz, sondern auch für Schmuck und als Farbpigment für Malerei, Kosmetik und Glasierungen. Türkis, den sie in den Kupferminen auf dem Sinai fanden, bauten sie systematisch als Schmuckstein und Handelsgut ab.

Für Schmuck war Türkis das beliebteste Kupfermineral. Das wasserhaltige Kupfer-Aluminium-Phosphat kann sich in trockenen Regionen nahe der Erdoberfläche bei der Verwitterung bestimmter Kupferlagerstätten bilden. Es kommt in der Regel in Form von unregelmäßig geformten Knollen vor, zum Beispiel im Iran, Afghanistan und China, in Mexiko, den USA und auf dem Sinai. Dank seiner Farbe war Türkis schon im Altertum in Ägypten, Mesopotamien, Persien und China sehr beliebt. Auch die vorkolumbischen Kulturen in Amerika, zum Beispiel die Azteken, nutzten Türkis.

Der einzige Schmuckstein, der im alten Ägypten den Türkis an Bedeutung übertraf, war der allgegenwärtige ultramarinblaue Lapislazuli. Dabei handelt es sich nicht um ein Mineral, sondern um ein seltenes metamorphes Gestein, das überwiegend aus den Mineralen Lasurit, Kalzit und dem goldglänzenden Pyrit besteht. Die wichtigsten Vorkommen sind in Afghanistan und von dort kam auch der Lapislazuli der ägyptischen Kunst. Die Entstehung von Lapislazuli ist offensichtlich ein komplizierter Prozess. Das Ausgangsgestein waren Sedimente aus einem Flachmeer, vor allem Tonstein, Kalkstein und Evaporite (Salz und Gips). Sie wurden in mehr als 35 Kilometer Tiefe versenkt und umgewandelt (Hochdruck-Amphibolitfazies). Später kamen die Gesteine wieder in flachere Bereiche und wurden, als in der Nachbarschaft ein Granit eindrang, erneut umgewandelt. Bei beiden Metamorphosen kam es zu einer Umverteilung von Elementen durch heiße Salzlösungen. Der Lapislazuli entstand in Linsen und Bändern am Kontakt zwischen Marmor und Granit (Faryad 2002).

Die Ägypter waren nicht nur in der Baukunst und Metallurgie wegweisend, sie waren auch Pioniere in der Schmuckherstellung. Sowohl Männer als auch Frauen trugen die Schmuckstücke aus Gold, buntem Glas und Edelsteinen, die wir in den Museen in Kairo, Berlin, Paris, London und New York bewundern können: Armreifen, Broschen, Halsketten und Anhänger, Ohrringe, Fibeln und Diademe. Ein wichtiges Schmuckstück war das Pektoral, eine Art große Brosche, die vor der Brust getragen wurde, oft als Anhänger an einer Halskette. Darauf waren in Einlegearbeiten Figuren aus der ägyptischen Götterwelt oder Hieroglyphen abgebildet. Die Schmuckstücke dienten nicht nur als Statussymbol, sie waren zugleich auch Amulette, die Glück bringen und den Besitzer beschützen sollten. Die Toten wurden mitsamt ihrem Schmuck begraben, der sie auch im Jenseits vor allem Übel schützen sollte.

Glas ist vermutlich eine Erfindung aus Mesopotamien. Es hatte den Vorteil, dass es sich leichter bearbeiten lässt, als harte Edelsteine. Glas wurde von den Ägyptern in Einlegearbeiten gesetzt und Glasperlen zu Halsketten aufgezogen, es wurde auch als Glasierung auf Keramik und als Email benutzt.

Malachit, Türkis und Lapislazuli sind weicher als Quarz und lassen sich mit primitiven Methoden bearbeiten. Alle drei sind zwar opak (nicht lichtdurchlässig), aber intensiv gefärbt und somit sehr gut für Einlegearbeiten geeignet.

Verschiedene Varietäten von Quarz, wie Bergkristall, Karneol und Jaspis wurden ebenfalls in Einlegearbeiten benutzt. Häufiger schnitt man sie in Form des Skarabäus-Käfers oder zu anderen religiösen Symbolen. Der Skarabäus nimmt als Symbol für die Wiedergeburt eine zentrale Stellung in der ägyptischen Mythologie ein.

Um 1500 vor Christus betrat in Ägypten der Smaragd als erster „Star" unter den Edelsteinen die Bühne (Kapitel 5). Das Vorkommen von Sikait im Wadi Gemal befindet sich im Süden von Ägypten in der Wüste zwischen dem Nil und dem Roten Meer. Anfangs waren die Funde wohl eher sporadisch. In Graeco-Römischer Zeit wurde dieser Edelstein in kleinen Bergwerken abgebaut und bis nach Griechenland, Rom und über die Seidenstraße nach Asien exportiert.

Smaragd soll der Lieblingsedelstein von Cleopatra gewesen sein. Im Römischen Reich gehörte er zu den teuersten Luxusgütern, und es gab bereits massenhaft Imitationen aus grünem Feldspat oder Glas. Von Nero heißt es, dass er ein Monokel aus Smaragd gehabt habe: kein Wunder, dass sich das Wort Brille von Beryll ableitet. Plinius der Ältere meinte, es gebe keine angenehmere Farbe als das Grün des Smaragds, und er sei der einzige Edelstein, der die Augen nicht ermüde – im Gegenteil schärfe er den Blick.

Am Smaragd lässt sich exemplarisch die Entwicklung von Handelsrouten nachvollziehen. Daher lohnt es sich, etwas weiter auszuholen.

Die ägyptischen „Minen der Cleopatra", waren den Römern als „Mons Smaragdus" (Smaragdberg) bekannt. Im Mittelalter gruben die Araber darin weiter. Die Minen blieben bis zum 16. Jahrhundert die wichtigste Quelle für Orient und Occident.

Die zweite für Europa wichtige Quelle, das Habachtal in Österreich, war vermutlich schon den Kelten bekannt und wurde von den Römern abgebaut. Plinius erwähnt noch Baktrien (Afghanistan, Pakistan), wo Smaragd in Felsritzen wachse und manchmal unter Sand hervorschimmere, und das Land der Skythen, das die berühmtesten Smaragde hervorbringe. Möglicherweise kannten die Skythen, die als Reiternomaden in der osteuropäischen Steppe lebten, bereits Smaragd aus dem Ural, der erst um 1830 wiederentdeckt wurde. Plinius berichtet von weiteren Vorkommen, in denen es mit Sicherheit keinen Smaragd gibt, allerdings wird aus seiner Beschreibung deutlich, dass er auch eine ganze Reihe weiterer grüner Minerale als Smaragd bezeichnet.

Man versucht schon seit Längerem, die Kristalle historischer Schmuckstücke anhand der Einschlüsse, Zusammensetzung und Farbe ihrem Fundort zuzuordnen. Vor einem Jahrzehnt stellten französische Wissenschaftler schließlich fest, dass die Smaragde aus unterschiedlichen Vorkommen sich in ihren Sauerstoffisotopen unterscheiden: Die Verhältnisse von ^{16}O und ^{18}O bekamen sie von den benachbarten Gesteinen aufgestempelt und wir werden in Kapitel 5 noch sehen, wie wenig sich die einzelnen Vorkommen gleichen. Die Forscher nutzten die Sauerstoffisotope als Fingerabdruck, um die Herkunft zu entschlüsseln (Giuliani et al. 2000).

Am überraschendsten war vielleicht ein Gallisch-Römischer Ohrring aus Gold und Smaragd, der in der Nähe von Lyon ausgegraben wurde: Der Smaragd stammt aus dem Swat-Tal in Pakistan. Das beweist, dass schon in der römischen Antike Edelsteine aus Asien über die Seidenstraße bis in die Provinz des Römischen Reiches gelangten.

Die Seidenstraße war ein Netz von Handelsrouten, das schon in der Bronzezeit den Mittelmeerraum mit China und Indien verband. Die Güter wurden von Händlern von einer Stadt zur nächsten transportiert und dort weiterverkauft. Auf der Strecke entstanden reiche Handelsstädte mit großen Basaren. Durch die Eroberungen von Alexander dem Großen nahm der Handel weiter zu, gleichzeitig beeinflusste die griechische Kultur die indische Kunst. In der römischen Antike kamen Gewürze aus Indien, Seide aus China und Perlen aus dem Persischen Golf. In die entgegengesetzte Richtung wanderte vor allem Gold. Mit der Zeit stieg die Bedeutung weiterer Luxusartikel: Parfum, Elfenbein, Wein, Glas, Porzellan und Delikatessen wie Nüsse. Auch technologisches Wissen, Religionen, Krankheiten und Armeen und nicht zuletzt künstlerische Einflüsse breiteten sich über die Handelsrouten aus.

Smaragd war nicht der einzige Edelstein, der als exotischer Luxusartikel über die Seidenstraße aus dem Orient nach Rom kam. Plinius berichtet von indischem Beryll von der Farbe des Meeres. Diamant, der ebenfalls aus Indien kam, habe den größten Preis unter allen menschlichen Dingen und sei lange Zeit allein den Königen (und nur sehr wenigen) bekannt gewesen. Er sei von unsäglicher Härte und werde niemals heiß. Plinius behauptet fälschlicherweise, dass er auf dem Amboss dem Schlag eines Hammers widerstehe, während das Eisen zersplittere: In Wirklichkeit hat Diamant eine vollkommene Spaltbarkeit und zerbricht durch den Schlag eines Hammers zu kleinen Oktaedern. Dass Plinius von Diamantminen in Äthiopien spricht, wo mit Sicherheit keine Diamanten vorkommen, ist eine Folge des ausgedehnten Handelsnetzes: Indische Diamanten kamen nicht nur auf dem Landweg über Persien, sondern auch auf dem Seeweg über Äthiopien ins Römische Reich.

Auch Chrysoberyll, Topas, Rubin und Saphir waren den Römern bekannt. Im späten Römischen Reich gab es reichlich exotische Edelsteine aus Indien, Sri Lanka und anderen asiatischen Ländern, und es wird von wohlhabenden Edelsteinsammlern berichtet, die für die besten Stücke ein Vermögen ausgaben.

Bei der Ausgrabung einer durch den Ausbruch des Vesuvs zerstörten römischen Villa in Oplontis, südlich von Neapel, fand man Skelette von Menschen, die Schmuck, Gold- und Silbermünzen in der Hand hielten. Offensichtlich wollten sie mit dem Wertvollsten vor der Eruption fliehen, die auch Pompeji zerstörte und den Naturforscher und Flottenkommandanten Plinius das Leben kostete. Unter dem Schmuck befand sich eine

Halskette mit 19 der Länge nach durchbohrten Smaragdkristallen und dazwischengesetzten Goldperlen. Die Smaragde wurden von italienischen Forschern den ägyptischen Minen zugeordnet (Aurisicchio et al. 2006).

Die Franzosen untersuchten auch einen 51 Karat schweren Smaragd, der im 13. Jahrhundert in die französische Königskrone eingesetzt wurde. Dieser stammt aus dem Habachtal in Österreich.

50 Jahre nach der Entdeckung Amerikas durch Christoph Kolumbus bemächtigten sich die Spanier der Smaragdminen in Kolumbien. Die außergewöhnlich schönen Kristalle wurden kistenweise nach Spanien geschafft und überfluteten den europäischen Edelsteinmarkt. Allein aus einer vor Florida gesunkenen spanischen Gallone konnten 2300 Smaragde geborgen werden.

Erstaunlicherweise blieb kaum einer der kostbaren Steine in Spanien. So wie das von Spanien in den Kolonien erbeutete Gold und Silber letztlich in England und den Niederlanden die Industrialisierung finanzierte, weil Spanien sich bis zum Bankrott in Kriege stürzte, keine eigenen Manufakturen aufbaute und auch noch ein Teil des Reichtums von Freibeutern abgenommen wurde, so landeten die Smaragde aus Kolumbien in den Schätzen rivalisierender Herrscher in Wien, Dresden, Moskau und im Orient.

Gleichzeitig entstand in Nordindien das Mogulreich, das während seiner größten Ausdehnung bis Südindien und Afghanistan reichte. Die Herrscher dieser islamischen Dynastie waren geradezu verrückt nach Smaragden, Rubinen und Diamanten. Grün ist die Farbe des Propheten Mohammed und die Moguln ließen in die größten Smaragde in kunstvoller Kaligrafie Suren aus dem Koran eingravieren. Der Berühmteste, ein im 17. Jahrhundert gravierter, fast 220 Karat schwerer Smaragd wurde 2001 für mehr als 2 Millionen Dollar bei Christie's versteigert und wird nun in Katar ausgestellt.

Indische Händler verbreiteten die Smaragde, die angeblich „aus alten Minen" stammten, in alle Welt. In Wirklichkeit kam nur ein winziger Teil dieser Smaragde aus Minen in Pakistan und Afghanistan, fast alle waren aus Kolumbien. Anfangs legten sie den weiten Umweg über den Atlantik nach Spanien und von dort über die Seidenstraße nach Indien zurück, wurden dort geschliffen und graviert und von indischen Händlern wieder exportiert. Später brachten die Spanier die begehrten Steine über den Pazifik direkt nach Indien.

Die osmanischen Sultane und die persischen Schahs standen in ihrer Liebe zu Smaragd, Rubin und Diamant den Moguln in nichts nach. Es wurden sogar Kriege um die edlen Steine geführt. So finden sich die größten Anhäufungen von kolumbianischem Smaragd in den Schatzkammern indischer Herrscher, im Topkapi-Serail in Istanbul und in der Markazi-Bank in Teheran. Im Topkapi befindet sich auch der größte jemals gefundene Smaragd, mit einem Gewicht von mehr als 16 000 Karat (80 kg).

Die französischen Forscher untersuchten vier Smaragde aus dem Schatz des Nizam von Hyderabad. Drei waren aus Kolumbien, während einer aus einer Mine in Afghanistan stammte, die aus europäischer Sicht erst 1976 auf einer sowjetischen Karte ihr Debüt hatte.

Um 1830 wurden Smaragde im Ural entdeckt, die zunächst direkt in den Schatz des Zaren wanderten. Zu Beginn des 20. Jahrhunderts kamen sie aber auch auf den Weltmarkt; zeitweise wurde sogar die Produktion Kolumbiens überflügelt. Nach der Revolution wurde der Abbau des ergiebigen Vorkommens fortgesetzt, wobei nach dem Zweiten Weltkrieg vor allem das Beryllium gefragt war, das man für den Bau von Atomreaktoren brauchte. Smaragd von Edelsteinqualität wurde so zu einem gefragten Nebenprodukt. Derzeit steht der Abbau im Ural still. Im 20. Jahrhundert kamen schließlich weitere Fundorte hinzu; die wirtschaftlich bedeutendsten sind in Sambia und in Brasilien.

Doch kehren wir in die Antike zurück: Die wichtigsten Edelsteine der griechischen und römischen Antike sind die unterschiedlichen Quarzvarietäten – neben Amethyst vor allem die mikrokristallinen Varianten wie Karneol, Jaspis, Onyx, Achat und Chrysopras. In diese wurden kunstvolle Bilder von Göttern und Szenen aus der Sagenwelt hineingeschnitzt. Solche Steine mit eingeschnittenem Relief werden Gemmen genannt, was vom lateinischen Wort für Edelsteine und Knospen, *gemmae*, abgeleitet ist. Gemmen wurden vor allem als Siegelsteine benutzt und häufig in einen Ring gefasst. Der Siegelabdruck in Ton oder Wachs diente als Unterschrift auf Briefen und Urkunden, zum Verschließen von Briefen, Kästchen, Türen und Behältern mit Wein und anderen Waren.

Ein Jahrhundert vor Plinius galt es laut Horaz noch als extravagant, wenn ein Mann drei Ringe an einer Hand trug. Zu Plinius' Zeiten war es üblich, gleich mehrere Ringe an jedem Finger außer dem Mittelfinger zu tragen, die auf die jeweiligen Fingerglieder verteilt wurden (Zwierlein-Diel 2007). Später bewahrte man eine ganze Ringsammlung in einem Kästchen auf, das mit einem kleinen an der Hand getragenen Ring versiegelt wurde. *„Sechs Ringe trägt Chainus an allen Fingern. Weder bei Nacht legt er sie ab, noch wenn er sich wäscht. Fragt ihr warum? Er hat kein Ringkästchen."*, spottete der Dichter Martialis.

Man stellte aber nicht nur Siegelringe, sondern auch Broschen und Ohrringe her. Daneben gab es Kaiserporträts und Götterbilder als kostbare Geschenke, als Schmuck- und Schaustücke, Glücksbringer oder Amulett. Schon in der Antike spielte die Mode eine große Rolle, was auch für die Gemmen galt. Achat, Karneol, Jaspis und Onyx waren abwechselnd die beliebtesten Steine. Im ersten und zweiten Jahrhundert nach Christus benutzte man gerne Onyx, dessen schwarze und weiße Lagen im eingravierten Relief zu schwarz-weißen Bildern wurden.

Siegelsteine wurden vor dem Einschneiden flach geschliffen, für andere Zwecke war der Cabochon-Schliff verbreitet: eine ovale oder runde, nach oben gewölbte Schliffform. Der Skarabäus der Ägypter ist eine frühe Form des Cabochons. Die Schneide- und Schleiftechnik aus Ägypten und Mesopotamien war auch in der minoischen Kultur bekannt. Die umtriebigen Phönizier verbreiteten sie im Mittelmeerraum, von den Griechen und Römern wurde sie bis zur Perfektion weiterentwickelt.

Aus der römischen Antike gibt es ausführliche Beschreibungen, wie die Steine bearbeitet wurden. Weiche Steine konnte man einfach an einem feuchten Sandstein reiben, für härtere Steine brachte man auf einer glatten Fläche kleine Kristallfragmente (den „Schmirgel") und Spucke, Wasser oder Öl auf und bewegte den Stein mit kreisenden Bewegungen darüber hinweg. Damit er besser zu handhaben war, wurde der Stein vorher auf einem Holzstöckchen befestigt. Schließlich wurde das Bild mit einem Gerät eingraviert, das ähnlich funktionierte wie eine Bohrmaschine: Es hatte einen rotierenden Metallzeiger, der zuvor in Öl und Schmirgel getaucht worden war. Während ein Maler seinen Pinsel über eine fest stehende Leinwand streichen lässt, stand in diesem Fall das Gerät fest und der Edelsteinschneider musste den Stein vor dem rotierenden Zeiger bewegen. Das Gerät konnte auch ein Loch bohren, um Steine zu einer Halskette aufzuziehen.

Zum Polieren rieb man die Steine an einem angefeuchteten und mit feinem Schmirgel bestäubten Ziegenleder. Manchmal wurden sogar harte Edelsteine wie Smaragd und Saphir zu Gemmen geschliffen. Beim Saphir kam schon Diamantpulver als Schleifmittel zum Einsatz.

Die antiken Methoden der Edelsteinschleiferei wurden nach dem Zusammenbruch des Römischen Reiches vor allem im Byzantinischen Reich und etwas später in den Basaren der islamischen Welt weitergeführt und den Bedürfnissen der neuen Religionen angepasst. In Europa konzentrierte man sich zunächst eher auf die Metallverarbeitung. Farbige Edelsteine wurden als Cabochon geschliffen und von geschickten Goldschmieden in

Kreuze, Reliquienschreine und Königskronen gesetzt. Nur Könige und die Kirche konnten sich kostbare Edelsteine leisten. Eine Ausnahme war roter Granat, der in Fibeln und Schmuckstücken aus dem frühen Mittelalter weit verbreitet war: Häufig wurden hauchdünne Scheiben als Einlagen eingesetzt. Als Imitat war rotes Glas verbreitet.

Diamanten tauchten ab dem 13. Jahrhundert in den europäischen Insignien auf. Wie in Indien wurden Diamanten zunächst nicht geschliffen und sahen entsprechend unspektakulär aus. Gefragt waren sie wohl eher wegen der ihnen zugesprochenen Zauberwirkung als Amulett. Im späten 13. Jahrhundert begann man, die gute Spaltbarkeit der Diamanten auszunutzen, und zauberte aus den Rohsteinen perfekte Oktaeder. Man schlug mit einem Hämmerchen auf ein stumpfes Messer, das an der richtigen Stelle angesetzt werden musste, damit der Stein nicht in kleine Stücke zerbrach. Nun hatte man verzerrte Oktaeder, die weiter in Form gebracht wurden, indem man zwei Stücke aneinander rieb.

Farbige Edelsteine spielten in dieser Zeit noch eine größere Rolle als Diamanten. Inzwischen wurden diese nicht nur als Cabochon geschliffen, sondern man hatte auch begonnen, mehr oder weniger regelmäßige Flächen anzubringen. Auf alten Zeichnungen ist zu erkennen, dass die ersten Facetten von den natürlichen Kristallformen inspiriert waren. Weniger gelungene Stücke sahen eher wie steinzeitliche Obsidianklingen aus.

Mitte des 14. Jahrhunderts entdeckte man schließlich, dass Diamanten bearbeitet werden können, wenn man eine rotierende Metallscheibe und Diamantpulver benutzt. Nun wurde eine Tafelfläche angebracht, indem man eine Spitze des Oktaeders zur Hälfte abschliff. Ein paar Jahrzehnte später kamen weitere Flächen hinzu: Indem zusätzlich zur Tafel die Kanten des Oktaeders abgeschliffen wurden, erhielt man einen achtseitigen Grundriss. Bei diesen einfachen Formen kam das Feuer des Diamanten aber noch nicht zur Geltung, und ein großer Teil des Lichts ging wie durch ein Fenster hindurch, anstatt im Inneren reflektiert zu werden. Die Steine sahen daher dunkel und vergleichsweise langweilig aus.

In Nürnberg wurde 1375 die erste Zunft der Diamantschleifer gegründet. Das 14. Jahrhundert war die Zeit, in der sich die reichen, aufstrebenden Handelsstädte zu selbstbewussten Machtzentren entwickelten und in der so mancher Kaufmann reicher wurde als die Adeligen. Den größten Aufschwung erlebten die Städte in Italien und Flandern. Venedig und Brügge entwickelten sich zu den wichtigsten Zentren des Diamanthandels und der Schleiferei. Venedig war sozusagen der europäische Endpunkt der Seidenstraße und hatte daher einen strategischen Vorteil. Da das Diamantengeschäft zu den wenigen Wirtschaftszweigen gehörte, die Juden ausüben durften, war es in Europa weitgehend in jüdischer Hand.

Zur Jahrhundertwende setzte der kulturelle Wandel ein, der das Ende des Mittelalters einläutete. Dem Geist der Renaissance entsprechend, studierten italienische Schleifer antike Gemmen und ließen die Tradition der Steinschneiderei aufleben.

Die größte Umwälzung folgte Mitte des 15. Jahrhunderts, als der flämische Schleifer Lodewyk van Berken die horizontal rotierende Schleifscheibe erfand. Der Diamant wurde in einer Halterung montiert, die ihn auf die Scheibe drückte, auf der Diamantstaub und Olivenöl verteilt waren. Van Berken stammte aus Brügge und wirkte in Antwerpen. Mit seiner Schleifscheibe war er der Erste, der exakt angeordnete Facetten schleifen konnte. Seine neuen Schliffformen, wie der birnenförmige Briolette-Schliff, glitzerten, wie es vorher noch niemand gesehen hatte. Er führte auch das Prinzip ein, dass die Facetten absolut symmetrisch angeordnet sein müssen. Aus ganz Europa kamen Schleifer nach Antwerpen, um von ihm zu lernen, und die Stadt wurde schnell zum wichtigsten Diamantzentrum der Welt. Eine Generation später kam hier der Rosettenschliff auf, der mehr Licht zurückwarf, also eine bessere Brillanz hatte.

Im 17. Jahrhundert schuf in Frankreich der aus Italien stammende Kardinal und Minister Giulio Raimondo Mazzarino den ersten Schliff, der als Brillant bezeichnet wurde. Ausgehend vom Oktaeder entfernte er eine Spitze und umgab die entstandene Tafelfläche mit sechzehn Dreiecken. In Venedig verdoppelte Vincent Peruzzi die Anzahl der Dreiecke. Bei beiden waren die Flächen nicht so regelmäßig, wie es bei den heutigen Schliffen der Fall ist. Diese frühen Formen wurden erst im 19. Jahrhundert verbessert, als die Erfindung von Drehbank und Diamantsäge die Bearbeitung erleichterte. Mit der Drehbank können zwei Oktaeder gegeneinander gedreht werden, damit sie sich gegenseitig abschleifen. Die Säge ist eine runde Stahlscheibe, die ständig mit Öl und Diamantpulver eingeschmiert wird. Es dauert mehrere Tage, um einen Diamanten mit zwei Karat zu sägen. Dabei geht deutlich mehr Material verloren als beim Spalten, und das beim Schneiden verbrauchte Diamantpulver entspricht immerhin einem Zehntel des geschnittenen Diamanten. Dafür fiel aber mit der Säge das Risiko weg, den Stein beim Spalten zu zerschmettern, und es konnten weniger erfahrene Arbeiter eingesetzt werden.

In Antwerpen brütete der Schleifer Marcel Tolkowsky über der Frage, wie wohl der perfekte Schliff aussähe, mit der bestmöglichen Brillanz und dem kräftigsten Feuer. Er berechnete die genauen Winkel, mit denen die Facetten angebracht werden müssen, und stellte 1919 den „idealen Brillantschliff" vor. Aus diesem ersten modernen Diamantschliff entwickelten sich weitere Brillant Varianten.

Die letzte revolutionäre Neuerung war der Laser, der seit den 1980er Jahren zum Schneiden von Diamanten benutzt wird. Er brennt sich unabhängig von der Schleifhärte durch den Kristall. Die angebrannten Flächen müssen danach noch gut poliert werden. Seither können auch Flächen angelegt werden, die in den harten Richtungen liegen, die nicht geschliffen werden können. Manche „fancy cuts" wie die Herzform wurden erst dadurch möglich. Inzwischen haben sich die Schleifer in Antwerpen und Amsterdam auf die großen Diamanten spezialisiert. Die dreidimensionale Form des Rohdiamanten wird gescannt, Computer berechnen daraus die optimalsten Schnittlagen. Die Formen können je nachdem, wie die Nachfrage auf dem Markt aussieht, nach dem höchsten erzielbaren Karatgewicht oder nach der optisch besten oder gerade beliebtesten Schliffform optimiert werden. Das Schleifen übernehmen dann halbautomatische Maschinen. Die kleinen Diamanten werden noch heute mit Schleifscheiben bearbeitet, die sich kaum von denen des 15. Jahrhunderts unterscheiden.

Bis ins 19. Jahrhundert hinein war es selbst für Könige nicht leicht, an große Diamanten zu kommen, und auch kleinere waren eine Kostbarkeit, die sich kaum jemand leisten konnte. Das hat sich völlig geändert: Diamanten sind alles andere als selten. Nur besonders große und gleichzeitig perfekte Stücke sind eine Besonderheit. Ein Kartell, das mehr als ein Jahrhundert lang das Geschäft beherrschte, konnte die hohen Preise dennoch aufrechterhalten. Mit der Geschichte der Diamanten ist der Name einer südafrikanischen Firma fest verbunden: De Beers.

In Indien waren Diamanten vermutlich schon in der Steinzeit bekannt. In alten Sanskritschriften werden sie *varja*, genannt, was „Blitz" bedeutet. Sie galten als die Waffe des Hindugottes Indra, der in der frühindischen Religion noch als König der Götter galt und nicht nur der Gott des Regens und des Sturmes war, sondern auch der des Krieges. Es hieß, dass Diamanten Glück brächten und allerlei Gefahren vertrieben: Nicht nur Schlangen, Gift, Feuer, Krankheiten, böse Geister und Überschwemmungen, sondern praktischerweise auch Diebe! Diamanten waren in erster Linie Kultgegenstände und Talismane, und es war tabu, sie zu schleifen. Kleine Diamanten wurden jedoch schon im Altertum als Industriediamanten eingesetzt. Die Mitglieder der verschiedenen Kasten durften nur eine bestimmte Farbe tragen: Die farblosen waren ein Privileg der Brahmanen, die braunen standen für die Kshatriyas (Krieger und hohe Beamten), gelb für Vaishyas (Händler), während der niedrigsten Kaste nur graue und schwarze Diamanten zugebilligt wurden. Allein die Könige durften alle Farben tragen. Im Buddhismus wurde der Diamant zu einem Symbol für Reinheit.

Fast alle Diamanten stammten aus den Flussbetten in der Umgebung von Golkonda, heute eine Ruinenstadt bei Hyderabad. Marco Polo erzählt in seinem vorgeblichen Reisebereicht von reichlichen Vorkommen und dass die prächtigen Steine trotz der vielen Furcht einflößenden Riesenschlangen aufgesammelt wurden. Er berichtet, dass man Fleischstücke in unerreichbare Schluchten warf, und dass Adler diese zusammen mit den Diamanten, die daran haften blieben, aus der Schlucht holten. Die Menschen brauchten nur noch die Adler vom Köder zu verjagen.

Diese Geschichte findet sich auch in einer Legende, die im Mittelalter auf Arabisch aufgeschrieben und Aristoteles zugesprochen wurde. Demnach war Alexander der Große der Einzige, der jemals das „Tal der Diamanten" erreicht habe. Nach der Legende war dies eine tiefe Schlucht, in der es vor bösen Schlangen nur so wimmelte, die so giftig waren, dass man schon starb, wenn man sie nur anblickte. Alexander ließ einen großen Spiegel bringen, und als die Schlangen ihr Spiegelbild erblickten, starben sie sofort. Dennoch traute sich niemand, in das Tal zu steigen. Nach einer längeren Beratung warfen sie Fleischstücke in die Schlucht, an denen die Diamanten haften blieben. Die Vögel stürzten sich auf die Köder und trugen sie aus der Schlucht, wo Alexanders Gefolgsleute die Diamanten aufsammeln konnten.

Eine ähnliche Legende findet sich in „Tausendundeine Nacht". Sindbad der Seefahrer wachte eines Morgens auf einer einsamen Insel auf und stellte fest, dass sein Schiff ohne ihn abgesegelt war. Er entdeckte einen riesigen Vogel, der auf der Insel nistete, und band sich mit seinem Turban an dessen Füße. Am nächsten Morgen trug der Vogel den Seefahrer in ein anderes

Land. Sindbad fand sich in einer tiefen Schlucht wieder und sah, wie der Vogel mit einer unerhört großen Schlange im Schnabel davonflog. Der Boden der Schlucht war von Diamanten übersät, zugleich wimmelte es von Schlangen. Der Seefahrer beobachtete, wie mit Fleischködern nach Diamanten gejagt wurde. Er nahm eines der Fleischstücke, füllte seine Taschen mit Diamanten und ließ sich selbst von einem der Adler aus der Schlucht tragen.

Ab dem 4. Jahrhundert vor Christus kamen Diamanten über die Seidenstraße nach Europa. Die Griechen gaben ihnen den Namen Adamas, „der Unbezwingbare". Das Wort hatte auch andere Bedeutungen, offensichtlich bezeichnete es auch eine Platin-Legierung und ein mythisches Metall. Nachdem die Portugiesen im 16. Jahrhundert die Kolonie Goa gegründet hatten, löste der Seeweg um das Kap der Guten Hoffnung die Seidenstraße ab: Die Diamanten kamen nun über Lissabon in die Häfen von Antwerpen und Amsterdam. Bis ins 18. Jahrhundert hinein waren Indien und Borneo die einzigen Fundorte von Diamanten. Gerade als die indischen Vorkommen weitgehend erschöpft waren, wurden Vorkommen in Brasilien gefunden, die jedoch nicht sehr ergiebig waren.

Hundert Jahre später fand man im Tal des Oranje zum ersten Mal Diamanten in Südafrika. Der ausgelöste Diamantrausch war noch harmlos im Vergleich zum zweiten, der wenige Jahre später folgte, nachdem 1871 an einem Hügel auf der Farm der Brüder De Beers ein großer Diamant entdeckt wurde. Schnell stellte sich heraus, dass sich dieses Vorkommen von den bisher ausgebeuteten Seifenlagerstätten unterschied: Man hatte zum ersten Mal einen Kimberlitschlot gefunden und zum ersten Mal begann man, das primäre Gestein abzubauen. Innerhalb von kurzer Zeit strömten 50 000 Glücksritter und Arbeiter zusammen, bauten Zelte auf und steckten Claims ab. Auf einen Schlag war aus der kleinen Farm die zweitgrößte Stadt in Südafrika geworden. Ein paar Jahre später, als Blechhütten die Zelte ersetzt hatten, wurde die Stadt nach dem britischen Kolonialminister, dem Earl of Kimberley, benannt.

Die Brüder De Beers begnügten sich damit, ihr Land zu verkaufen und ließen in erster Linie ihren Namen zurück. Unter den Glücksrittern war Cecil Rhodes, ein siebzehnjähriger Junge, der wenige Monate zuvor aus England eingewandert war und davon träumte, das britische Imperium auf die ganze Welt auszudehnen. Er litt unter Tuberkulose und war auf die Baumwollplantage seines Bruders nach Südafrika geschickt worden, um sich dort zu erholen. Die Geschwister stellten fest, dass ihr Claim nicht viel einbrachte und Cecil Rhodes begann stattdessen, Eiscreme und Trinkwasser an die Minenarbeiter zu verkaufen.

Anstelle des Hügels entstand ein Tagebau, dessen Boden auf unzählige Claimbesitzer aufgeteilt war. Mit Schaufel und Spitzhacke trugen schwarze Arbeiter das Gestein ab. In der Umgebung wurden weitere Vorkommen entdeckt, und es entstanden weitere Minen. Mit der Zeit wurde das Grundwasser, das in die immer tieferen Gruben eindrang, zu einem Problem. Cecil Rhodes investierte sein Erspartes und kaufte die einzige Dampfpumpe, die in ganz Südafrika aufzutreiben war. Den Claimbesitzern blieb nichts anderes übrig, als diese Pumpe zu benutzen und gut dafür zu bezahlen. Bald konnte Cecil Rhodes bessere Pumpen aus England kommen lassen, und er tat alles, um sein Pumpenmonopol zu erhalten. Wenn ein Claimbesitzer für diese Dienste nicht zahlen konnte, kaufte Rhodes kurzerhand einen Anteil seines Claims. Er konzentrierte sich auf die zweitwichtigste Mine, die unter dem Namen De Beers bekannt war. Innerhalb weniger Jahre stieg er zu einem der größten Minenbesitzer Südafrikas auf. Nebenher fand er sogar Zeit, einige Jahre in Oxford zu studieren.

Sein größter Konkurrent nannte sich Barnato. Dieser war nur wenig älter als Rhodes und stammte ebenfalls aus England. Anstatt in die Schule zu gehen, musste er in seiner Kindheit als Lumpenhändler Geld verdienen. In Kimberley handelte Barnato mit Zigarren, Gemüse und Diamanten. Er kaufte Claims in der

Kimberley-Mine, die ihren Beinamen Big Hole durchaus verdient: Innerhalb von dreißig Jahren wurde in Handarbeit ein 240 Meter tiefes Loch mit einem Durchmesser von 1,6 Kilometer gegraben.

Mit der Zeit ging in den Minen der *yellow ground*, das weiche Gestein, auf das man sich gestürzt hatte, zuneige. Viele verkauften panisch ihre Claims, zur Freude von Rhodes und Barnato, die an das Potenzial des harten, bläulichen Gesteins glaubten, das darunter zutage kam. Tatsächlich war der „yellow ground" nur der verwitterte Teil des Kimberlits und der Abbau ging im „blue ground" weiter.

Kaum aus Oxford zurück, schloss Rhodes sich 1880 mit zwei Syndikaten zusammen und gründete die Firma De Beers. Inzwischen waren Diamanten aus Südafrika zu einem Massenprodukt geworden. Die Produktion hatte jedoch starke Schwankungen und entsprechend schwankten die Preise. De Beers konnte viele kleinere Minenbesitzer überzeugen, seiner Firma beizutreten, um die Preise zu stabilisieren. Nur Barnato sträubte sich.

Schließlich holte Rhodes die Londoner Rothschild Bank ins Boot und begann mit einer feindlichen Übernahme seines Konkurrenten. Im richtigen Moment warf er massenhaft Diamanten auf den Markt und ließ den Preis abstürzen, während er gleichzeitig Aktien aufkaufte. 1888 blieb Barnato nichts anderes übrig, als sich von De Beers schlucken zu lassen. Kurz darauf kaufte die Firma noch zwei kleinere Minen. Damit beherrschte sie 95 % der Weltproduktion.

Sofort wurde die Produktion gedrosselt, um die Preise zu erhöhen. Der nächste Schritt war, das Angebot direkt an die Nachfrage zu koppeln: Die USA waren der wichtigste Markt, und Rhodes war überzeugt, dass die Anzahl der gehandelten Diamanten etwa der Anzahl an Hochzeiten entsprechen sollte, die dort zu erwarten waren. Um auch die Distribution kontrollieren zu können, nahm er Kontakt mit einem Londoner Händlersyndikat auf, die seine gesamte Produktion von Rohdiamanten abnahmen.

Das Monopol beruhte auf der Hoffnung, dass keine weiteren großen Vorkommen gefunden werden, durch die ein ernsthafter Konkurrent aufsteigen und die Preise verderben könnte.

Rhodes war derweil mit der Verwirklichung seiner imperialistischen Fantasien beschäftigt. Von der britischen Regierung bekam er einen Freibrief mit dem Auftrag, den britischen Einfluss voranzutreiben. Er unterwarf vier bisher unabhängige Königreiche, auf deren Gebiet zwei neue Kolonialstaaten gegründet wurden, die seinen Namen trugen: Nordrhodesien (heute Sambia) und Südrhodesien (heute Simbabwe).

Zu Beginn des 20. Jahrhunderts wurden in Südafrika weitere Kimberlitschlote entdeckt. Außerhalb des britischen Gebiets, in der deutschen Kolonie Namibia, gab es sogar einen Strand, auf dem so viele Diamanten lagen, dass der gesamte Süden des Landes abgezäunt und zum Sperrgebiet erklärt wurde. Das Monopol von De Beers war ernsthaft in Gefahr und die Preise drohten abzustürzen.

In diesem Moment tauchte Ernest Oppenheimer auf, der das Monopol perfektionierte. Oppenheimer war ein in Deutschland geborener Jude, der in London aufgewachsen war und bei einem der Londoner Händler arbeitete. Das Händlersyndikat schickte ihn nach Kimberley, wo er für den Aufkauf der Diamanten zuständig war. Nebenher organisierte er für deutsche Investoren einen Deal, der diesen die Bergbaurechte für eine südafrikanische Goldmine beschaffte und ihm einen Anteil daran sicherte.

Der Beginn des Ersten Weltkrieges kam Oppenheimer durchaus gelegen. Die deutschen Investoren fürchteten um ihre Goldmine in der britischen Kolonie und nahmen seinen Vorschlag an: Sie wurden zu Aktieneignern einer von Oppenheimer geführten Firma mit dem Tarnnamen „Anglo-Amerikanische Gesellschaft". Südafrikanische Truppen waren in Namibia einmarschiert und die deutschen Besitzer der Diamantfelder standen vor demselben Problem. Auch sie tauschten ihre Rechte gegen Aktien dieser Firma.

Oppenheimer war nicht daran interessiert, mit De Beers zu konkurrieren. Er wusste genau, dass es nur eine Möglichkeit gab, den Preis von Diamanten zu halten: sie selten zu machen. Mit Namibia hatte er jedoch so viele Diamanten in der Hand, dass sich auch De Beers nicht auf einen Handelskrieg einlassen konnte und seinem Deal zustimmen musste: Im Tausch für die Diamantfelder in Namibia bekam Oppenheimer einen großen Anteil an De Beers' Firma in Aktien. Ein paar Jahre später wurde er Direktor des Unternehmens.

Sein weiterer Plan war, auch den weltweiten Diamanthandel unter seine direkte Kontrolle zu bringen. Nur dadurch könne die Gefahr gebannt werden, dass der Markt von Konkurrenten überschwemmt werde. Die Wirtschaftskrise kam ihm Zuhilfe, da das Londoner Syndikat keine Rohdiamanten mehr absetzen konnte und kurz vor dem Bankrott stand. Es gab kaum Widerstand gegen die Übernahme durch De Beers. Es entstand die Central Selling Organisation (CSO), die von London aus die Rohdiamanten an Schleifer und ausgewählte Großhändler verteilte. Fast alle unabhängigen Produzenten verkauften über die CSO, da diese stabile Preise garantierte. Die Produktion wurde drastisch gedrosselt und viele Minen geschlossen; die Nachfrage blieb jedoch zunächst niedrig. Um die Preise stabil zu halten, musste De Beers auch noch Diamanten aus dem belgischen Kongo und dem portugiesischen Angola aufkaufen. Um 40 Millionen Karat Rohdiamanten sammelten sich zwischen den Weltkriegen in den Lagern der Firma an. De Beers wurde selbst an den Rand des Ruins getrieben und konnte sich nur dank der wachsenden Bedeutung von Industriediamanten für die Rüstungsbetriebe halten. Während des Zweiten Weltkriegs wurden massenhaft Industriediamanten verbraucht, was die Firma wieder sanierte. Sie wurden auch nach Deutschland geschmuggelt. Der Verdacht, dass De Beers auch den Feind belieferte, konnte aber nie bewiesen werden. Nach dem Zweiten Weltkrieg wurden endlich auch wieder Diamantringe gekauft.

Der Verkauf der Rohdiamanten durch die CSO ist ein festgelegtes Ritual. Zehnmal im Jahr werden etwa 250 ausgewählte Kunden zu einem *sighting* eingeladen – Vertreter der großen Schleifereien und ein exklusiver Kreis von Großhändlern. Jeder bekommt eine Schachtel, die mit Rohdiamanten jeglicher Qualität gefüllt ist. Es ist nur möglich, die gesamte Schachtel zu einem fixen Preis zu kaufen. Wer nicht kauft, wird möglicherweise nicht wieder eingeladen. Der Inhalt der Schachtel ist ein weiteres Druckmittel. Wer sich nicht an die Regeln hält, bekommt das nächste Mal nur weniger profitable Stücke. Eine Regel besagt, dass ungeschliffene Rohdiamanten nur mit einer Sondergenehmigung weiterverkauft werden dürfen. Es ist aber auch verboten, sie zu horten. Preise dürfen nicht unterboten werden, Diamanten aus anderen Quellen sind tabu, und man muss De Beers mit allen Informationen versorgen, die für die Marktforschung gebraucht werden.

In den 1970-er Jahren erlebte Israel eine hohe Inflation und viele begannen dort, entgegen der Regel der CSO Diamanten zu horten. De Beers sah voraus, dass es zu einer Spekulationsblase kommen würde, die mit einem schlagartigen Preissturz enden würde, und schnitt Israel zeitweilig von der Versorgung mit Rohdiamanten ab. Als schließlich die Spekulationsblase tatsächlich platzte, kaufte De Beers die überschüssigen Diamanten wieder auf, um den Preissturz zu verringern.

Über die Hälfte aller Rohdiamanten wandert von London nach Antwerpen, wo es gleich vier Diamantbörsen, 1500 registrierte Händler und 4000 Schleifer gibt. Die anderen Schachteln verteilen sich auf Indien (Bombay und Gujarat), China (Guangzhou, Shandong und Hongkong), Tel Aviv, Amsterdam und New York. Dann wird der Inhalt der Schachteln erneut um die Welt geschickt: Die größten Klunker werden in Antwerpen, Amsterdam und New York geschliffen, die mittleren überwiegend in Israel, die weniger profitablen in Indien und China. Indien hat mit Abstand die größte Schleifindustrie. Mehr als eine Millionen Menschen sind dort als Schleifer beschäftigt, die meisten im Bundesstaat Gujarat, in dem es eine lange Tradition gibt. China ist noch nicht lange im Geschäft, hat aber unglaubliche Wachstumsraten: kurz nach der Jahrtausendwende ist das Land innerhalb weniger Jahre zur Nummer zwei aufgestiegen.

Viele der fertigen Brillanten gehen nochmals durch die Hände eines Großhändlers in Antwerpen, bevor sie im Schaufenster eines Juweliers landen.

Die Schachtel hat für De Beers den Vorteil, dass die Kunden nicht nur die besten Steine kaufen können, sondern auch die weniger profitable große Masse abnehmen müssen. Unabhängigen Produzenten ist es jedoch kaum möglich, einen guten Preis für Diamanten zu bekommen, die klein oder nicht perfekt sind. Außerdem hat De Beers genug auf Lager, um notfalls den Markt zu fluten und Konkurrenten in die Knie zu zwingen. So konnte De Beers auch die unabhängigen Minen dazu bringen, ihre Diamanten über die CSO zu verkaufen. Dafür mussten sie zwar die festgelegten Quoten und Preise anerkennen, aber sie hatten den Vorteil von regelmäßigen Einnahmen.

Die veränderte Welt nach dem Krieg brachte neue Herausforderungen. Die Politik des Apartheid-Regimes stand der Firma im Weg: Für afrikanische Staaten mit Diamantvorkommen, die gerade erst in die Unabhängigkeit entlassen worden waren, wurden Diamanten zur wichtigsten Einnahmequelle. Selbst dort, wo De Beers nicht direkt beim Abbau beteiligt war, verkauften sie über die CSO. Daher wurde der Boykott gegen Südafrika zu einem Problem. Die Lösung waren Zweigfirmen, die von Luxemburg, Liechtenstein und anderen Ländern aus operierten. Selbst die Sowjetunion, die zu einem der größten Produzenten aufstieg und offiziell Südafrika boykottierte, verkaufte weitgehend über die CSO. Nach Öl und Gas waren Diamanten für sie bald das wichtigste Exportgut, um westliche Devisen zu bekommen.

Die 1985 in Australien eröffnete Argyle Mine war die Erste, die aus dem Kartell ausbrach, indem sie direkt nach Indien lieferte. Damit war das Kartell kaum geschwächt, die Mine produzierte neben seltenen farbigen Diamanten und Industriediamanten ohnehin nur kleine, weniger profitable Kristalle.

Seit dem Fall der Sowjetunion wandern immer mehr sibirische Diamanten an der CSO vorbei. Auch in der restlichen Welt hat sich seither einiges geändert. In den letzten zwei Jahrzehnten wurden einige Milliarden Dollar für die Suche nach Diamanten ausgegeben. Der schärfste Fokus lag auf dem hohen Norden Kanadas, daneben auf Botswana, Angola, Kongo, Brasilien, Grönland und Indien. Mehrere große Bergbaukonzerte haben bereits neue Minen erschlossen und sich ebenfalls gegen einen Verkauf über die CSO entschieden. Zur Jahrtausendwende war das Kartell zerfallen. De Beers setzt nun auf seine Marke und will diese als Qualitätsgarantie etablieren. Die CSO heißt inzwischen Diamond Trading Company; Schätzungen zufolge handelt sie nur noch die Hälfte aller Rohdiamanten. 2003 trat das Kimberley-Abkommen in Kraft, das den Handel mit Blutdiamanten eindämmen soll und den Markt ebenfalls veränderte.

Trotz aller Werbung sinkt die Nachfrage nach Diamanten in Europa und Nordamerika. Analysten erklären das mit einem kulturellen Wandel: Reisen, Wellness und Unterhaltungselektronik werden beliebter und lösen die traditionellen Luxusgüter ab. Nebenbei beruht die Diamantenindustrie zum Teil auf zwei widersprüchlichen Annahmen: Dass ein Diamant für immer im Familienbesitz bleibt und nach Möglichkeit niemals verkauft wird, dass aber trotzdem die Nachfrage nach neuen Diamanten erhalten bleibt. Alle Diamanten, die jemals geschliffen wurden, existieren ja noch immer, und je mehr Diamanten ausgegraben und verkauft worden sind, desto geringer ist die Wahrscheinlichkeit, dass der hohe Wert tatsächlich erhalten bleibt.

Die Hoffnung der Industrie liegt inzwischen auf den Märkten in Asien. Die Nachfrage ist dort in den letzten Jahrzehnten rapide gestiegen, am schnellsten in Indien, China und den reichen

Golfstaaten. Manche Analysten glauben, dass der Bergbau bald kaum noch mithalten kann. Allerdings führte die Wirtschaftskrise 2009 auch bei Diamanten zu einem massiven Einbruch. Die weltweite Nachfrage sank schlagartig um 75 %. Viele Minen mussten zeitweise geschlossen werden, trotzdem fiel der Preis für Rohdiamanten auf die Hälfte – das hatte es in Zeiten des Monopols nie gegeben. Erst ein Jahr später konnte sich die Industrie durch die steigende Nachfrage in Asien wieder erholen.

Obwohl es sich bei Diamanten längst um ein Massenprodukt handelt, konnte der Mythos der Exklusivität aufrechterhalten werden. Um die Nachfrage zu stimulieren, gibt allein De Beers derzeit jährlich etwa 200 Millionen Dollar für Werbung aus. In den späten 1930-er Jahren begann in den Vereinigten Staaten, was zu einer der erfolgreichsten Werbekampagnen des 20. Jahrhunderts wurde. Es wurde eine Verbindung von Diamanten mit Liebe und Romantik suggeriert; damals noch ohne eine Erwähnung des Firmennamens. Ein Ehering mit einem Diamanten, wie es in den Vereinigten Staaten heute gang und gäbe ist, wurde erst dadurch zum Standard. Die Werbung legte sogar nahe, dass die Größe des Diamanten die Größe der Liebe andeutet. Die Kampagne gipfelte schließlich im brillanten Slogan *A diamond is forever.* Die Werbekampagne von De Beers war auch in Japan und China erfolgreich. Obwohl es in diesen Ländern keine Tradition mit Diamanten gab, werden Diamanten jetzt auch dort mit romantischer Liebe assoziiert. China stieg 2009 bereits zum zweitgrößten Abnehmer nach den USA auf.

3

Diamanten: Boten aus der Tiefe der Erde

Diamonds are a girl's best friend singt Marilyn Monroe im Film *Gentlemen Prefer Blondes*. Um keinen anderen Edelstein ranken sich so viele Geschichten und Mythen, kein anderer Edelstein wird so direkt mit Reichtum, Schönheit und Liebe assoziiert. Seine ungewöhnlichen Eigenschaften machen ihn auch in Technik und Industrie zu einem wichtigen Stoff (Kapitel 10). Diamanten haben hervorragende optische Eigenschaften, die das faszinierende farbige Lichtspiel, das „Feuer" bewirken. Schon früh regten sie die Fantasie der Menschen an: Handelt es sich um Sternenstaub oder um Tränen von Göttern?

Diamant ist die Hochdruck-Modifikation von Kohlenstoff. Thermodynamisch ist er an der Erdoberfläche nicht stabil und müsste sich in Grafit umwandeln. Zum Glück bräuchte der Umbau des Kristallgitters zu Grafit aufgrund der hohen Bindungsenergie eine so hohe Aktivierungsenergie, dass die Umwandlung erst bei einer sehr hohen Temperatur passiert: Diamanten sind metastabil.

Der Druck, der über die Stabilität von Diamant oder Grafit entscheidet, ist wiederum von der Temperatur abhängig: je höher die Temperatur, desto höher der benötigte Druck. Im Erdinneren können Diamanten nur dort entstehen, wo der geothermische Gradient, also die Zunahme der Temperatur mit zunehmender Tiefe, die Stabilitätslinie zwischen Grafit und Diamant überschneidet. Bei einem durchschnittlichen geothermischen Gradienten ist dies bei etwa 5 GPa (50 kbar) der Fall, was einer Tiefe von rund 180 Kilometern entspricht.

In dieser Tiefe befinden wir uns im oberen Erdmantel. Wir werden in diesem Kapitel sehen, dass Diamanten für Wissenschaftler ein einmaliges Fenster in den Erdmantel sind, durch das in der Tiefe verborgene Prozesse beobachtet werden können. Es wird sich aber auch zeigen, dass Diamanten nicht durch eine direkte Umwandlung von Grafit entstehen.

Das „primäre" Gestein, in dem Diamanten gefunden werden, ist der Kimberlit: ein magmatisches Gestein mit einer ungewöhnlichen Zusammensetzung, mit dem wir uns noch genauer beschäftigen werden. Diamanten gibt es auch in zwei weiteren exotischen magmatischen Gesteinen, in Orangeiten (auch „Gruppe II Kimberlit" genannt) und Lamproiten, die auf eine ganz ähnliche Weise wie die Kimberlite entstehen. Diese Magmen dienten den Diamanten jedoch nur als Transportmittel für den Weg an die Erdoberfläche, sie haben nicht direkt mit der Diamantbildung zu tun. Im Kimberlit sind Diamanten also Fremdkristalle. Der Aufstieg muss ziemlich schnell sein, damit die Diamanten erhalten bleiben.

In der Regel sind Diamanten deutlich älter als die Kimberlite, in denen sie gefunden werden. Einen Diamanten kann man zwar nicht direkt datieren, aber er enthält oft mikroskopisch kleine Einschlüsse von anderen Mineralen, die datiert werden können. Wenn die Form der Einschlüsse auf Diamant-Kristallflächen und nicht auf die eingeschlossenen Minerale selbst zurückgeht, können wir davon ausgehen, dass diese gleichzeitig mit dem Diamanten kristallisiert sind und daher eine indirekte Datierung ermöglichen.

Der Kimberlit von Kimberley in Südafrika eruptierte beispielsweise vor 90 Millionen Jahren in der Kreidezeit. Seine Diamanten sind jedoch 3,2 Milliarden Jahre alt. Sie bildeten sich bereits im Archaikum, dem Zeitabschnitt, in dem die ersten Kontinente entstanden und im Ozean die ersten primitiven Lebensformen auftauchten. Mehr als 3 Milliarden Jahre lang sind sie ungestört im Erdmantel geblieben, bis sie vom Kimberlit „aufgesammelt" und an die Erdoberfläche transportiert wurden.

Der wesentlich ältere Kimberlit der Premier Mine, ebenfalls in Südafrika, ist ein weniger extremes Beispiel. Er brach bereits im Proterozoikum, vor etwa 1,2 Milliarden Jahren aus; entsprechend weniger Zeit verbrachten die Diamanten im Mantel. Hier fand man mehrere Generationen von Diamanten: Die ältesten sind mehr als 3 Milliarden Jahre alt, andere 1,9 Milliarden Jahre und eine dritte Generation bildete sich erst kurz vor dem Ausbruch des Kimberlits.

Sowohl die Bildung von Diamanten, als auch die Eruption von Kimberliten fand im Laufe der Erdgeschichte nicht kontinuierlich sondern in Episoden statt. Fast immer brachen in einer kurzen Zeitspanne mehrere Schlote in unmittelbarer Nachbarschaft aus. Besonders viele Kimberlite eruptierten in der Kreidezeit (vor zwischen 65 und 150 Millionen Jahren), es gab jedoch eine Reihe weiterer Episoden, zum Beispiel im späten Jura, im Devon, im Kambrium und im Proterozoikum. Die jüngsten Kimberlite eruptierten zu Beginn des Tertiärs im arktischen Norden von Kanada.

Die meisten Diamanten sind sehr alt und entstanden in mehreren Episoden im Archaikum und Proterozoikum, also in der Zeit, die wir als Präkambrium zusammenfassen und in der es noch keine höher entwickelten Lebensformen gab. Oft können mehrere Episoden an einem einzigen Kristall beobachtet werden: Unter einem Kathodenstrahl leuchten Diamanten in Abhängigkeit vom eingebauten Stickstoff. Auf diese Weise können Zonierungen sichtbar gemacht werden, die mehrere Episoden von Wachstum und leichter Resorption dokumentieren.

Diamant

C	Element
Kristallsystem:	kubisch
Mohs-Härte:	10
Spaltbarkeit:	vollkommen
Bruch:	muschelig, spröde
Farbe:	farblos, braun, gelb, grün, blau, rosa

Oktaeder, selten Würfel. Vorkommen: Im Erdmantel. Als Fremdkristall in Kimberliten und Lamproiten. Auf Seifen. Mikrodiamanten in Hochdruckmetamorphiten und an Meteoritenkratern. Wichtige Fundorte: Kanada, Russland, Botswana, Angola, Südafrika, Namibia, Brasilien, Australien, Sierra Leone.

Aus diesem Grundwissen ergeben sich eine ganze Reihe von Fragen: Wo genau im Erdmantel entstehen Diamanten und welche chemischen Prozesse laufen dabei ab? Gab es diese Prozesse im Präkambrium häufiger als in der übrigen Erdgeschichte? Woher stammt der Kohlenstoff, von Karbonaten und organischen Substanzen, die in einer Subduktionszone versenkt wurden, oder direkt aus dem Mantel? Warum gibt es Diamanten nur in bestimmten Regionen der Erde? Wie entstehen Kimberlite und wie kommt es zu den kurzen Episoden mit häufigen Ausbrüchen? Warum verbrennen Diamanten während der Eruption des Kimberlits nicht zu CO_2? Bevor wir uns diesen Fragen zuwenden, sollten wir mit einem kurzen Überblick über den Schalenbau der Erde beginnen.

Unser Wissen über den inneren Aufbau der Erde begann mit Erkenntnissen, die auf der Ausbreitung von Erdbebenwellen beruhen: Die Wellen werden an den Schalengrenzen gebrochen und teilweise reflektiert, und sie breiten sich in den jeweiligen Schalen mit unterschiedlicher Geschwindigkeit aus. Daraus kann die jeweilige Dichte abgeleitet werden, und ob es sich um flüssiges oder festes Material handelt. Aus geochemischen Überlegungen, Hochdruckexperimenten und hin und wieder an die Oberfläche gebrachten Stücken aus dem Erdmantel kennen wir auch die jeweilige Zusammensetzung.

Die Schalen der Erde können in ihren Größenverhältnissen mit einem Ei verglichen werden: Die Erdkruste entspricht der dünnen Schale des Eis, der Erdmantel dem Eiweiß und der Erdkern dem Eigelb.

Ozeanische Kruste ist etwa 5 Kilometer dick und besteht fast nur aus Basalt und Gabbro. Kontinentale Kruste ist heterogener, sie besteht vor allem aus metamorphen Gesteinen wie Gneis, aus magmatischen Gesteinen wie Granit und an ihrer Oberfläche aus Sedimenten. Sie ist normalerweise etwa 35 bis 40 Kilometer dick, unter einem Hochgebirge etwa das Doppelte.

Darunter befindet sich der Erdmantel, der bis in 2900 Kilometer Tiefe reicht. Seine Zusammensetzung entspricht einem Gestein, das Lherzolith heißt und überwiegend aus den Mineralen Olivin (der uns bereits in Kapitel 1 begegnet ist) und zwei Mineralen der Pyroxengruppe, aus Diopsid und Enstatit, besteht. Dazu kommt entweder der Feldspat Plagioklas (sehr geringer Druck) oder Spinell (geringer Druck, siehe auch Kapitel 9) oder der rote Granat Pyrop (höherer Druck, siehe auch Kapitel 8). Man sollte sich den Namen Peridotit merken, den Überbegriff für olivinreiche Gesteine mit wechselnden Anteilen an Pyroxen.

Der Mantel enthält auch ein wenig Kohlenstoff: vor allem als Fluid (Kohlendioxid, Methan) oder Karbonat (Magnesit, Karbonatit-Magma oder karbonathaltiges Silikatmagma). Karbonatit-Magma ist eine exotische Schmelze, die im karbonathaltigen Mantel entstehen kann und fast nur aus Karbonat besteht: Sie erstarrt zu einer Art „magmatischem Kalkstein". Ein Vorkommen von Karbonatit gibt es zum Beispiel im Kaiserstuhl. Der einzige aktive Karbonatitvulkan der Erde ist der Oldoinyo Lengai in Tansania.

Der weitaus größte Teil des im Erdmantel enthaltenen Kohlenstoffs ist schon seit der Geburt der Erde im Mantel. Nur ein winziger Teil davon befand sich einmal als Karbonat oder organische Substanz an der Erdoberfläche und wurde an einer Subduktionszone wieder in die Tiefe gebracht.

Der oberste Bereich des Mantels ist starr und klebt fest unter der Kruste. Dieser lithosphärische Mantel bildet zusammen mit der Erdkruste die Lithosphärenplatten, die über die Erdoberfläche „wandern" und auf der weichen Asthenosphäre „schwimmen". Der lithosphärische Mantel ist der heterogenste Bereich des Erdmantels: In ihm sind die Verhältnisse der im Peridotit enthaltenen Minerale variabel, und es können auch Schuppen von Eklogit (unter Hochdruck umgewandelte Basalte) enthalten sein. Da die Grenze zwischen dem lithosphärischen Mantel und der Asthenosphäre eine Frage der Temperatur ist, gibt es an den heißen Mittelozeanischen Rücken noch keinen lithosphärischen Mantel, während unter den ältesten erhaltenen Kontinentkernen, den sogenannten Kratonen, der lithosphärische Mantel wie ein Kiel bis in 200 Kilometer, manchmal sogar 250 Kilometer Tiefe reicht. Diese Kiele sind vergleichsweise kühl: Die Temperatur steigt mit zunehmender Tiefe langsamer an als in anderen Gebieten. Daher wölbt sich in diesen Kielen das Stabilitätsfeld der Diamanten etwas nach oben. In den kühlen Kielen reicht eine Tiefe von „nur" 150 Kilometern aus, um Diamanten zu bilden.

Fast alle Diamanten (je nach Schätzung zwischen 90 % und 99 %) stammen aus dem tiefsten Bereich dieser Kiele. Daher ist es kein Wunder, dass Diamanten nur in bestimmten Regionen der Erde gefunden werden: nämlich auf den ältesten Kernen der Kontinente, die seit ihrer Entstehung nicht durch Gebirgsbildung beeinflusst worden sind.

Die Asthenosphäre ist der weiche Teil des oberen Mantels; das Gestein ist aufgrund der höheren Temperatur plastisch verformbar. Sie ist sehr homogen, da sie durch Konvektion ständig durchmischt wird. In manchen Bereichen ist sie sogar teilweise aufgeschmolzen. Basalt ist das typische Magma, das beim Aufschmelzen des Mantels entsteht. Der Schmelzpunkt des Peridotits wird allerdings nur überschritten, wenn entweder heißes Material aus der Tiefe aufsteigt (was an Mittelozeanischen Rücken und an Hotspots der Fall ist), oder wenn der Schmelzpunkt durch Wasser erniedrigt wird (an Subduktionszonen). Unter den Mittelozeanischen Rücken werden etwa 20 % des Mantelgesteins aufgeschmolzen, die Schmelztröpfchen steigen auf und bilden neue ozeanische Kruste.

Durch die großen Mengen von Basalt, die ständig an den Mittelozeanischen Rücken ausgeschmolzen werden, ist die Asthenosphäre im Vergleich zum durchschnittlichen Mantel an der Basaltkomponente abgereichert: Der verbliebene Peridotit enthält keinen Diopsid und wird Harzburgit genannt. Diamanten gibt es in der Asthenosphäre nicht. Sie enthält allgemein relativ wenig Kohlenstoff, da dieser an Vulkanen als Gas entweicht.

In der Übergangszone, zwischen etwa 330 und 660 Kilometern Tiefe, wandeln sich die Minerale des Peridotits mit zunehmender Tiefe in verschiedene Hochdruckminerale um. Zunächst wird immer mehr Pyroxen (Diopsid und Enstatit) im Granat (als Majorit-Komponente) gelöst, dann verändert sich das Kristallgitter des Olivins zu einer Hochdruck-Modifikation, in der die Atome in einem Kristallgitter angeordnet sind, das dem Spinell entspricht. Im unteren Erdmantel, in mehr als 660 Kilometern Tiefe, liegt dieselbe Zusammensetzung in völlig anderen Mineralen vor, die es nur unter diesem extremen Druck gibt: überwiegend Magnesiumperowskit und Ferroperiklas. Es gibt „ultratiefe" Diamanten, deren Einschlüsse eine Herkunft aus der Übergangszone oder sogar aus dem unteren Erdmantel belegen.

Zwischen 2900 Kilometern Tiefe und dem Erdmittelpunkt (5370 Kilometer) folgt der Erdkern, der in den flüssigen äußeren Kern und den festen inneren Kern unterteilt ist. Der Erdkern besteht aus einer Legierung aus Eisen und Nickel. Als FeC ist auch etwas Kohlenstoff vorhanden, dennoch hat der Kern nicht viel mit Diamanten zu tun.

Die in den Diamanten eingeschlossenen Minerale entsprechen entweder einem Peridotit (Olivin, Diopsid, Enstatit, Granat), also dem Gestein des Erdmantels, oder einem Eklogit (mit dem Pyroxen Omphacit und Granat), also unter Hochdruck umgewandeltem Basalt. Entsprechend unterteilt man Diamanten in P-Typ und E-Typ. Weltweit machen Diamanten mit peridotitischen Einschlüssen etwa zwei Drittel der untersuchten Diamanten aus, das Verhältnis ist jedoch in jeder Mine unterschiedlich, und es gibt auch Vorkommen, in denen E-Typ-Diamanten überwiegen. Interessanterweise sind die E-Typ-Diamanten generell jünger als die P-Typ-Diamanten: in Südafrika stammen Erstere aus dem Proterozoikum, während Letztere bereits im Archaikum gebildet wurden.

Nur selten sind alle Eklogit- beziehungsweise Peridotit-Minerale eingeschlossen, sodass die chemische Zusammensetzung der Minerale für die Klassifizierung ausschlaggebend ist (Stachel et al. 2004, Stachel & Harris 2008). Eine besondere Rolle kommt dabei dem Granat zu, dessen Haupt- und Spurenelemente sogar genauere Aussagen über die Gesteine ermöglichen, in denen der Diamant gebildet wurde. Eine Überraschung ist, dass die peridotitischen Einschlüsse auf einen Mantel schließen lassen, der extrem an Basaltkomponente abgereichert ist, und zwar wesentlich stärker, als es in der heutigen Asthenosphäre der Fall ist. Auch Mantelfragmente in Kimberliten sind weniger abgereichert, als es die Einschlüsse in Diamanten nahelegen. Wie in einer Zeitkapsel ist in den Diamanten ein früherer Zustand des lithosphärischen Mantels erhalten. Wir werden noch sehen, welche Konsequenzen diese Entdeckung hat.

Die häufigsten Einschlüsse sind allerdings Eisen- und Nickelsulfide, und es wird spekuliert, ob die Sulfide als Katalysator für die Diamantentstehung wirken, oder ob sie gleichzeitig mit Diamant durch dieselbe Reaktion entstehen.

Eklogite bilden sich vor allem in Subduktionszonen, weil dort die aus Basalt und Gabbro bestehende ozeanische Kruste in entsprechende Tiefe versenkt wird. Die Zusammensetzung von Eklogitstücken, die Kimberlite an die Oberfläche befördert haben, entspricht tatsächlich einem leicht verwitterten Basalt vom Ozeanboden. Die abtauchende Platte kann auch Grafit (der durch Metamorphose aus organischer Substanz entstanden ist) und Kalkstein in die Tiefe transportieren. Daher wäre es naheliegend, dass die E-Typ-Diamanten auch in der abtauchenden Platte entstehen. Es gibt jedoch eine ganze Reihe von Argumenten, die dagegen sprechen. Beispielsweise passt die Druck- und Temperaturabschätzung, die auf der Zusammensetzung der eingeschlossenen Minerale beruht, nicht dazu: Die Bildungstemperatur der Diamanten ist höher, als es in einer Subduktionszone (in der kühles Material schnell in große Tiefe gelangt) in entsprechender Tiefe zu erwarten ist. Noch deutlicher ist ein 8,8 kg schwerer Eklogit, der im Udachnaya-Kimberlit in Russland gefunden wurde (Liu et al. 2009). Er enthält in feinen Adern kleine zonierte Diamanten, die offensichtlich in mehreren Episoden gewachsen sind. Selbst die Kerne der Kristalle gehen auf unterschiedliche Episoden zurück: die Aggregation von Stickstoff (siehe Kapitel 1) weist darauf hin, dass sie unterschiedlich alt sind, außerdem haben sie verschiedene Isotopensignaturen. Die Diamanten sind also jünger als der Eklogit und haben sich erst gebildet, nachdem dieser in den Kiel des Kratons eingebaut worden war.

Eine direkte Umwandlung von Grafit zu großen Diamanten ist allerdings auch wenig wahrscheinlich: Allein aus kinetischen Gründen würden auf diese Weise höchstens polykristalline Massen entstehen, die aus mikroskopisch kleinen „Diamantkriställ-chen" bestehen. Lediglich für winzige Diamanten kann dieser Prozess nicht ausgeschlossen werden. Alle anderen Diamanten bilden sich stattdessen durch Redox-Reaktionen aus einem C-O-H-Fluid (Kohlendioxid, Methan, Wasser und so weiter, in unterschiedlichen Mischungen) oder einem Magma (vor allem

Karbonatit). Tatsächlich ist es Wissenschaftlern in Hochdruck-experimenten gelungen, Diamanten sowohl aus entsprechenden Fluiden, als auch aus Karbonatit zu synthetisieren (Kumar et al. 2000, Arima et al. 2002, Yamaoka et al. 2002, Palyanov & Sokol 2009).

Diese Fluide oder Magmen dringen durch Risse in den lithosphärischen Mantel ein und reagieren mit diesem. Wenn innerhalb des Diamant-Stabilitätsfeldes ein Karbonatit-Magma oder ein oxidiertes Fluid (CO_2, meist zusammen mit Wasser) mit reduziertem Mantelmaterial reagiert, kann Diamant genauso entstehen wie bei der Reaktion von einem reduzierten Fluid (CH_4) mit einem stärker oxidierten Gestein. Der Redox-Zustand des jeweiligen Gesteins (genauer: die Sauerstofffugazität) spielen offensichtlich eine wichtige Rolle. Im Allgemeinen ist der Erdmantel mit zunehmender Tiefe immer stärker reduziert. Die an Subduktionszonen abtauchenden Platten sind eher oxidiert. Die notwendigen Redox-Gradienten sind also vorhanden.

Die durch den lithosphärischen Mantel strömenden Magmen (statt Karbonatit können es auch andere Mantelschmelzen wie Basalt, Nephelinit oder Kimberlit sein) und Fluide tauschen auch gelöste Stoffe mit dem festen Gestein aus. Dieser Stoffaustausch wird Metasomatose genannt. Dabei kann ein ursprünglich abgereichertes Mantelgestein an bestimmten Elementen wieder angereichert werden. So entstehen im lithosphärischen Mantel zum Beispiel Adern, die Karbonat enthalten. Andere Bereiche sind reich an Glimmer, wieder andere wurden zu einem angereicherten Peridotit, dem man seine ursprüngliche Abreicherung kaum noch ansieht. Diese Anreicherungen spielen später eine Rolle bei der Entstehung exotischer Magmen – nicht zuletzt der Kimberlite. Mit jeder Episode, bei der Fluide oder Magmen in den lithosphärischen Mantel eindringen, wird dieser verändert, und eventuell entstehen dabei sogar Diamanten.

Doch woher stammen diese Magmen und Fluide? Aus einer subduzierten Platte oder aus dem tieferen Mantel, etwa aus einem aufsteigenden Manteldiapir? Wahrscheinlich ist beides möglich. Die Herkunft eines Fluids lässt sich leider nur schwer entziffern, weil auch ein Fluid, das aus einer subduzierten Platte stammt, auf seinem Weg durch den Mantel mit diesem reagiert und daher eine Mantelsignatur bekommt.

Mit der Untersuchung der Kohlenstoffisotope ^{12}C und ^{13}C versuchte man, die Herkunft des Kohlenstoffs zu entschlüsseln. Die meisten Diamanten haben ein Isotopenverhältnis, das dem durchschnittlichen Mantel entspricht, was auf eine Herkunft aus dem Mantel hindeutet. Es gibt aber auch einige, die davon abweichen. Insbesondere E-Typ-Diamanten sind, was die Isotope angeht, oft etwas leichter. Verschiedene Deutungen wurden dafür vorgeschlagen, unter anderem der Beitrag von subduzierter organischer Substanz. Provokativ wurde einmal in der Zeitschrift Nature vorgeschlagen, dass es sich bei isotopisch leichten E-Typ-Diamanten um tote Bakterien handelt (Nisbet et al. 1994). Eine Forschergruppe, die mit Statistik etwas Ordnung schaffen wollte, kam zu dem Schluss, dass nur eine Kombination verschiedener Prozesse die statistische Verteilung erklären kann (Stachel et al. 2009). Organische Substanz trägt sicherlich zur Bildung mancher Diamanten bei. Auch Kalkstein kann eine Rolle spielen, er sorgt für eine schwerere Isotopensignatur. Bei der Subduktion wird er jedoch teilweise zu CO_2 umgewandelt, das aus dem System entweichen kann und das wiederum eine leichte Isotopenzusammensetzung erhält. Eine ähnliche Fraktionierung kann aber auch passieren, wenn CO_2 aus aufsteigenden Fluiden oder Magmen verschwindet. Schließlich kann sich das Isotopenverhältnis durch die Kristallisation von Diamant erneut verschieben.

Auch wenn bei manchen Diamanten ein kleiner Beitrag von subduziertem Kohlenstoff wahrscheinlich ist, scheint der Kohlenstoff der meisten Diamanten aus dem Mantel selbst zu stammen. E-Typ-Diamanten werden trotzdem oft mit der Subduktion ozeanischer Lithosphäre unter den Rand eines Kratons erklärt. Vermutlich bilden sich dabei winzige Mengen karbonatitischer Schmelze, die in den darüberliegenden lithosphärischen Mantel und dessen ältere Eklogitspäne eindringen und dort eine Metasomatose bewirken konnten.

Neben den normalen oktaedrischen Diamanten gibt es manchmal auch würfelförmige, die intern aus Fasern aufgebaut und offensichtlich sehr schnell gewachsen sind. Sie enthalten viele Flüssigkeitseinschlüsse und aus Fluiden kristallisierte Minerale. Manchmal ist auch ein faseriger Rand um große oktaedrische Diamanten gewachsen, der sie wie ein schwarzer Mantel umgibt. Wissenschaftler haben die Einschlüsse in faserigen Diamanten aus Sibirien, Guinea und Kanada untersucht (Klein-BenDavid et al. 2009, Weiss et al. 2009, Araújo et al. 2009) und Mischungen zwischen vier unterschiedlichen Fluiden beziehungsweise Magmen gefunden: silikatreiches Wasser, salzreiches Wasser und zwei unterschiedliche Karbonatite. Die Isotope und Spurenelementgehalte von einem der beiden Karbonatite entsprechen eher den Kimberliten und man geht davon aus, dass manche der faserigen Diamanten aus einem Kimberlitmagma kristallisiert sind. Wir müssen also unsere frühere Feststellung, dass die Kimberlite lediglich als Transportmittel dienen und nichts mit der Entstehung zu tun haben, teilweise zurücknehmen.

Die Diamanten und ihre Einschlüsse bringen uns einmalige Informationen über die Entstehung der Kratone und die spätere Veränderung ihrer Kiele. Wir wissen bereits, dass die Einschlüsse der archaischen Diamanten auf einen Mantel schließen lassen, der deutlich stärker abgereichert ist, als der heutige Mantel. Im Archaikum war die Erde noch wesentlich heißer, und unter den Mittelozeanischen Rücken wurden entsprechend höhere Schmelzgrade erreicht. Heute entsteht in der Asthenosphäre, die unter Mittelozeanischen Rücken aufsteigt, etwa 20 % Schmelze, die als Basalt zu ozeanischer Kruste wird. Damals konnte sich mehr als 50 % Schmelze bilden. Das bei diesem hohen Schmelzgrad entstandene Magma enthält noch weniger SiO_2 als ein Basalt und wird Komatiit genannt. Der verbliebene Mantel bestand fast nur noch aus Olivin, das Gestein heißt dann Dunit. Während der Bildung der lithosphärischen Kiele muss die Abreicherung des oberen Mantels immer extremer geworden sein: Die Diamanten aus großer Tiefe zeigen eine stärkere Abreicherung. Später kühlte die Erde ab und der Komatiit wurde weitgehend durch Subduktion wieder in den Mantel gebracht, der somit wieder angereichert wurde.

Die Einschlüsse in einigen der ältesten Diamanten (etwa 3,3 Milliarden Jahre) von Kimberley (Banas et al. 2009) entsprechen einem extrem abgereicherten Mantel, der mehr als 50 % Schmelze verloren hat und fast nur noch aus Olivin bestand. Die Spurenelemente dokumentieren jedoch bereits zwei metasomatische Episoden, die bestimmte Elemente wieder eingebracht haben und möglicherweise auch die Diamanten entstehen ließen. Das Erste war vermutlich ein Fluid aus Wasser und Kohlendioxid, das durch den lithosphärischen Mantel strömte und dessen Metasomatose in allen Diamanten von Kimberley zu sehen ist. Später folgte eine Metasomatose durch kleine Mengen von Magma, die nur bestimmte Bereiche in unmittelbarer Umgebung der Aufstiegskanäle veränderten: Sie ist nur in manchen Diamanten dokumentiert.

Die Einschlüsse der nächsten Generation (etwas älter als 3 Milliarden Jahre) sind wesentlich weniger abgereichert: Das Mantelgestein enthielt wieder den Pyroxen Enstatit (es handelte sich damit um einen Harzburgit). Da es sich um denselben Kiel handelt, muss es seither zu einer starken Wiederanreicherung durch Schmelzen gekommen sein. Bei einer dritten Generation (etwa 1,9 Milliarden Jahre alt) war die Wiederanreicherung schon soweit fortgeschritten, dass im Mantelgestein auch der Pyroxen Diopsid wieder enthalten war: Das Gestein ähnelt seither wieder dem durchschnittlichen, noch nicht abgereicherten Mantel (Lherzolith). Auch die Mantelfragmente, die vom Kimberlit an die Oberfläche gebracht wurden, sind überwiegend Lherzolithe.

Aus einer Kombination vom seismischen Abbild des lithosphärischen Kiels und den von Mine zu Mine unterschiedlichen Anreicherungen kann die grobe Entstehungsgeschichte der Kratone abgeleitet werden – und damit der ersten Kontinente der Erde. Die besten Daten liegen für das südliche Afrika vor (Shirey et al. 2004). Hier gibt es zwei Kratone, den Kaapvaal- und den Simbabwe-Kraton, die bereits im späten Archaikum durch eine Kollision miteinander verschmolzen.

Die Subduktion des Ozeans zwischen den Kratonen, die vor etwa 2,9 Milliarden Jahren mit der Kollision der beiden endete, war eine der wichtigsten Episoden der Diamantbildung im südlichen Afrika. Danach (im Proterozoikum) entstanden unter den Rändern des zusammengefügten Kontinents, unter welche weiterhin ozeanische Lithosphäre subduziert wurde, bevorzugt E-Typ Diamanten. Unter dem Kontinent aufsteigende Manteldiapire setzten die Metasomatose auch unter dem Kontinent selbst fort.

Die ältesten Gesteine dieser Kratone sind nur wenig älter als die ältesten Diamanten. Der tiefreichende lithosphärische Kiel muss also in relativ kurzer Zeit entstanden sein. Der wichtigste Prozess zur Entstehung von kontinentaler Kruste ist die Subduktion ozeanischer Lithosphäre: Dabei entstehen große Mengen von siliziumreichen („sauren") magmatischen Gesteinen, wie zum Beispiel Granit. Die erste kontinentale Kruste bildete sich daher an Inselbögen, bei denen ozeanische Lithosphäre unter eine andere ozeanische Platte abtaucht. Durch die Kollisionen mehrerer Inselbögen bildeten sich daraus die ersten Kratone, unter die nun ebenfalls subduziert werden konnte. Die Kratone wuchsen durch Subduktion und Kollisionen weiter.

Vermutlich war die Subduktion im Archaikum relativ flach: Da die Erde damals noch heißer war, die Platten deutlich kleiner und die Plattenbewegungen schneller, muss die abtauchende Platte heißer und entsprechend leichter gewesen sein. Möglicherweise wurden große Stücke dieser Platte regelrecht unter die Kratone

„gestapelt". Das würde die schnelle Entstehung des lithosphärischen Keils erklären.

Dieses „Stapeln" von ozeanischer Lithosphäre unter kontinentale Kruste hörte zum Ende des Archaikums auf, weil die Erde entsprechend abgekühlt war. Das könnte ein Grund dafür sein, warum sich tiefreichende lithosphärische Kiele nur unter archaischer Kruste gebildet haben. Das erklärt wiederum die Beobachtung, dass alle ökonomisch wichtigen Diamantvorkommen auf archaischen Kratonen oder in deren unmittelbarer Nähe zu finden sind.

Weltweit sind alle Diamanten mit Eklogit-Einschlüssen jünger als 3 Milliarden Jahre (Shirey & Richardson 2011). Dieser Zeitpunkt wird als Übergang von der archaischen Tektonik (mit kleineren Platten, flacher Subduktion und ausgeprägten vertikalen Bewegungen, zum Beispiel der in Kapitel 6 beschriebenen „Sagduction") zur „normalen" Plattentektonik interpretiert.

Fast alle Diamanten stammen aus einem lithosphärischen Kiel, es gibt in manchen Kimberliten jedoch auch kleine Mengen von Diamanten, die aus deutlich größerer Tiefe stammen (Tappert et al. 2005, Walter et al. 2008, Harte 2010). Die Einschlüsse dieser „ultratiefen" Diamanten beweisen eine Entstehung in 300 bis 800 Kilometer Tiefe: also in der untersten Asthenosphäre, in der Übergangszone und im obersten Teil des unteren Mantels. Im Gegensatz zu den typischen Oktaedern kommen sie als Dodekaeder oder in unregelmäßigen Formen vor, und oft wurden sie durch Deformation beeinträchtigt.

Die „ultratiefen" Diamanten aus dem unteren Mantel haben Einschlüsse der Hochdruck-Minerale des unteren Mantels, zum Beispiel Magnesiumperowskit und Ferroperiklas, und gehören in der Regel zum P-Typ. Die weniger tiefen „ultratiefen" Diamanten haben einen Granat mit Majorit-Komponente (das heißt im Granat gelöster Pyroxen) und gehören in der Mehrzahl zum E-Typ. Manchmal gibt es auch Einschlüsse von Kalzium-, Magnesium- und Eisenkarbonat, was einen Hinweis auf die Entstehung gibt.

Im Fall der „ultratiefen" Diamanten deutet alles darauf hin, dass sie im direkten Zusammenhang zur Subduktion von ozeanischer Lithosphäre entstehen: Die Kohlenstoffisotope sprechen für einen Beitrag organischer Substanzen und die Spurenelemente (zum Beispiel eine sogenannte Europium-Anomalie) zeigen, dass das Ausgangsgestein des Eklogits einmal Teil der Kruste gewesen sein muss. Die Diamanten entstehen jedoch nicht in dem Moment, in dem die Platte das Stabilitätsfeld von Diamant erreicht, sondern deutlich tiefer.

Die ozeanische Lithosphäre, die in den Subduktionszonen abtaucht, ist zuvor teilweise hydratisiert worden. Das gilt auch für Teile ihres lithosphärischen Mantels, der sich dadurch zu Serpentinit umgewandelt hat. Prinzipiell wird eine abtauchende Platte nicht aufgeschmolzen, was daran liegt, dass sie kühler ist als die umgebende Asthenosphäre. Sie wird jedoch in Hochdruckgesteine umgewandelt, die mit zunehmender Tiefe immer weniger Wasser enthalten: Aus dem Basalt entsteht erst ein Blauschiefer, dann ein Eklogit. Das Wasser steigt in die darüberliegende Asthenosphäre auf und löst dort die Schmelzbildung aus, deren Folgen wir als eine Kette von Vulkanen kennen. Auch der Serpentinit verliert beim Abtauchen in knapp 100 Kilometer Tiefe sein Wasser und wandelt sich wieder in einen Peridotit um.

Aus Experimenten wissen wir, dass der Serpentinit bei besonders kühlen, schnell subduzierten Platten nur teilweise in knapp 100 Kilometer Tiefe entwässert. Stattdessen werden wasserhaltige Minerale bis zu wesentlich tieferen Entwässerungsreaktionen transportiert. Mit diesen Reaktionen wird die Entstehung der „ultratiefen" Diamanten in Verbindung gebracht. Dort unten reicht die Temperatur in der abtauchenden wasserhaltigen Platte aus, um kleine Volumen von Karbonatit-Schmelze zu bilden. Der Redox-Gradient zwischen der abtauchenden Platte und dem umgebenden Mantel ermöglicht die Kristallisation von Diamant aus diesem Magma (Harte 2010).

Der untere Mantel ist so stark reduziert, dass er sogar kleine Mengen von elementarem Eisen enthält – merkwürdigerweise in Kombination mit Fe^{3+}. Dies ist ein Effekt des hohen Drucks: Die dort vorherrschenden Silikatminerale, insbesondere der Perowskit, bauen etwas Fe^{3+} anstelle von Aluminium ein, was die Reaktion von $2\,Fe^{2+}$ zu $Fe^0 + Fe^{3+}$ forciert (Frost et al. 2004). Das elementare Eisen puffert den Redoxzustand des unteren Mantels. Das bewirkt, dass Karbonatitschmelze, die in einer bis in den unteren Mantel subduzierten Platte gebildet wird und in den Mantel eindringt, sofort „einfriert", da sie zu Diamant und zu Eisenkarbid reduziert wird, die beide einen hohen Schmelzpunkt haben (Rohrbach & Schmidt 2011). Steigt ein solcher diamanthaltiger Mantelbereich durch Konvektion auf, kommt es in der Übergangszone zu einem Redox-Aufschmelzen, weil der Diamant wieder zu Karbonat oxidiert wird.

Nun wissen wir schon einiges über die Entstehung der Diamanten, und es wird Zeit, dass wir uns einer anderen, nicht weniger spannenden Geschichte zuwenden: den Kimberliten, die den Diamanten als „Fahrstuhl" aus dem Mantel zur Erdoberfläche dienen.

Kimberlite sind exotische magmatische Gesteine, deren Schmelzen aus dem Erdmantel stammen. Diese Schmelzen steigen extrem schnell auf und führen zu einer kurzen Vulkaneruption, die sehr eigenartig abläuft. Bevor wir uns mit den Kimberlitschloten und der Eruption selbst beschäftigen, stellt sich die Frage, wo und wie diese exotischen Schmelzen entstehen.

Im Vergleich zu Basalt haben Kimberlite sehr hohe Gehalte an Magnesium, Karbonat und gelösten Gasen (CO_2, CH_4, H_2O), während sie arm an Aluminium und Silizium sind (Kjarsgaard et al. 2009). Entsprechend gehören sie zu den „ultrabasischen" magmatischen Gesteinen. Sie enthalten sehr viele mitgerissene Fragmente des Erdmantels: insbesondere Fremdkristalle von

Olivin, die typischerweise ein Viertel des Gesteins ausmachen. Von den mehreren Tausend Kimberliten, die von Geologen kartiert worden sind, enthalten nur wenige Diamanten, die maximal 0,0005 % des Gesteins ausmachen.

Für die weitere Beschreibung betrachtet man am besten in der Tiefe zu einem festen Gestein erstarrte Kimberlite. Abgesehen von den Fremdkristallen haben sie eine feinkörnige Grundmasse (mit Olivin, Spinell, Perowskit, Monticellit, Apatit und Phlogopit). In den Zwickeln zwischen den Mineralen der Grundmasse kristallisieren zuletzt Karbonat und Serpentin, da die letzten Schmelzreste extrem an Wasser und Karbonat angereichert sind. Die Kristallisation des Magmas läuft über ein ungewöhnlich großes Druck- und Temperaturintervall ab: Die Kristallisation von Olivin beginnt bereits im Mantel bei Temperaturen von mehr als 1200 °C. Die Kristallisation der wasser- und karbonatreichen Schmelzreste in den Zwischenräumen ist hingegen erst bei etwa 300 °C abgeschlossen (Mitchell 2008).

Es ist kaum möglich, von diesen Gesteinen auf die ursprüngliche Zusammensetzung des Kimberlit-Magmas zu schließen: zum einen wegen des hohen Gehalts an mitgerissenen Fremdkristallen, die teilweise auch in der Schmelze aufgelöst worden sind und die Zusammensetzung verändert haben. Das gilt besonders für den Pyroxen Enstatit, der in Kimberlit-Magma nicht stabil ist und vollständig aufgelöst wird und für aufgesammelte Gesteine der Kruste. Zum anderen haben entweichende Fluide die darin löslichen Stoffe teilweise aus der Schmelze entfernt. Nach der Eruption bildeten sich Hydrothermalsysteme aus, die das Gestein erneut veränderten. Dazu kommt, dass vermutlich bei der Entstehung der Kimberlite Mischungen von kleinen Volumen unterschiedlicher Magmen eine große Rolle spielen. Aus diesen Gründen sind sich die Forscher nicht einig, welche Zusammensetzung und Eigenschaften das ursprüngliche Kimberlit-Magma im Mantel hat.

Einig ist man sich, dass es sich um kleine Schmelzvolumen handelt, die sich in einem angereicherten Mantel bei einer sehr geringen Schmelzrate in mindestens 150 Kilometer Tiefe gebildet haben. Ohne Zweifel spielt die Geometrie und Tiefe des lithosphärischen Mantels eine Rolle. Davon abgesehen wurden sehr unterschiedliche Modelle vorgeschlagen, und es ist durchaus denkbar, dass verschiedene Vorkommen auf unterschiedliche Weise entstanden sind.

Stammen die Schmelzen ursprünglich aus dem lithosphärischen Mantel? Oder aus der Asthenosphäre, mit einer anschließenden Veränderung im lithosphärischen Mantel? Oder handelt es sich prinzipiell um Mischungen verschiedener Schmelzen? Entstand das Magma bei einer extrem geringen Schmelzrate (< 1 %) in einem leicht angereicherten Mantel oder bei einer höheren Schmelzrate in metasomatisch stark angereicherten Adern?

Es wurde auch vorgeschlagen, dass Salz-Karbonatit-Schmelze bei der Entstehung von Kimberlit-Magma eine wichtige Rolle spielt (Kamenetsky et al. 2009): Ein Kimberlit in Sibirien enthält sehr viel Salz, das ungewöhnlicherweise als magmatische Phase und nicht als Verunreinigung durch die Erdkruste interpretiert wird. Das Salz würde für einen sehr niedrigen Schmelzpunkt sorgen und das Magma dünnflüssig machen, was den extrem schnellen Aufstieg ermöglicht. Es ist denkbar, dass andere Kimberlite ihr Salz nachträglich durch Verwitterung verloren haben. Doch war der Erdmantel tatsächlich bei jedem Kimberlit „versalzen"?

Wie auch immer die Details zusammenwirken, von fast allen Forschern werden Manteldiapire für die Schmelzbildung verantwortlich gemacht. Wenn ein Manteldiapir unter einem Ozean aufsteigt, trifft er auf eine dünne Lithosphäre: Er kann in entsprechend flache Bereiche aufsteigen und daher hohe Schmelzraten auslösen. Das Ergebnis ist ein typischer Hotspot wie Hawaii, wo große Mengen von Basalt an Schildvulkanen eruptieren. Steigt er hingegen unter einem Kontinent mit einem dicken lithosphärischen Mantel auf, kommt es im aufsteigenden Manteldiapir nur zu einer geringen Druckentlastung. Entsprechend werden nur winzige Schmelzmengen gebildet. Manche Forscher glauben, dass die Schmelzbildung im Manteldiapir in extremen Tiefen von vielleicht 650 Kilometer beginnt. Es ist denkbar, dass karbonathaltige Silikatschmelzen aus der Asthenosphäre in den lithosphärischen Mantel eindringen und mit diesem reagieren. Andere Forscher gehen davon aus, dass der Diapir sich regelrecht in den lithosphärischen Mantel bohrt und erst dort zu einer nennenswerten Schmelzbildung führt. Nach einer Theorie bildet sich Orangeit (ein glimmerreiches magmatisches Gestein, das früher „Typ II Kimberlit" genannt wurde), wenn der lithosphärische Mantel zuvor durch die Fluide oder Schmelzen einer Subduktionszone angereichert wurde, während eine vorangegangene Anreicherung durch die Schmelzen oder Fluide eines Manteldiapirs eher zu „normalen" (Typ I) Kimberliten führt (Becker & Le Roex 2006).

Zwei Beobachtungen passen sehr gut zur Erklärung durch Manteldiapire. Zum einen liegen Kimberlite manchmal nach ihrem Alter sortiert auf einer Linie, wie es bei der Spur zu erwarten ist, die ein Hotspot auf einer darüber hinwegwandernden Platte hinterlässt. Ein gutes Beispiel ist der Hotspot der Vulkaninsel Trindade, die im Atlantik etwas über 1000 Kilometer von der brasilianischen Küste entfernt liegt. Vor 120 Millionen Jahren, als sich der Hotspot zum ersten Mal bemerkbar machte, hatte sich Südamerika gerade erst von Afrika gelöst und befand sich entsprechend weiter im Osten. Der Hotspot lag damals unter Brasilien, etwas östlich vom Sumpfgebiet Pantanal, und führte dort zur Eruption eines Kimberlits. Während Südamerika über diesen Hotspot hinweggewandert ist, hat er eine Spur aus alkalireichen Intrusivgesteinen und weiteren Kimberliten hinterlassen. Zwei befinden sich im brasilianischen Bundesstaat Minas Gerais; sie eruptierten dort vor 86 und vor 80 Millionen Jahren. Der Trindade-Hotspot ist offensichtlich für die meisten Diamantlagerstätten Brasiliens verantwortlich (Crough et al. 1980).

Zum anderen kommen manche Kimberlite im Zusammenhang mit sogenannten Flutbasaltprovinzen vor, die üblicherweise als erste Auswirkung eines gerade unter einem Kontinent angekommenen Kopfes eines Manteldiapirs angesehen werden. Ein Beispiel ist die Paraná-Etendeka-Flutbasaltprovinz aus der Kreidezeit, die inzwischen in zwei Teilen auf beiden Seiten des Atlantiks zu finden ist. Wir werden in Kapitel 7 mehr darüber erfahren. In Namibia gibt es unmittelbar südlich der Etendeka-Basalte eine ganze Reihe von Kimberliten, die etwa gleichzeitig mit den Flutbasalten eruptierten.

Ganz ähnlich stehen manche südafrikanische Kimberlite, die in der Jurazeit eruptierten, in Zusammenhang mit einer Grabenbildung und der damit einhergehenden Eruption der sogenannten Karoo-Basalte, zu denen die spektakulären Drakensberge gehören.

Manteldiapire bestehen aus heißem, angereichertem Mantelmaterial, das ähnlich wie die Wülste einer Lavalampe von der Grenze zwischen Erdkern und Mantel aus aufsteigen. Dort unten gibt es eine dünne Schicht aus angereichertem Material, da in Subduktionszonen Stücke der abtauchenden Lithosphäre bis in diese Tiefe hinabsinken können.

Die Grenze zwischen Erdkern und Mantel hat zwei große Ausbeulungen: Die eine befindet sich unter Afrika und dem Atlantik, die andere unter dem Pazifik. Beide Zonen sind auf den Äquator ausgerichtet und liegen einander gegenüber. Erstaunlicherweise liegen fast alle aktiven Hotspots über einer dieser beiden Aufwölbungen, und zwar bevorzugt ringförmig über ihren Rändern. Das gilt auch für ältere Hotspots, für Flutbasaltprovinzen und für die Mehrzahl der bekannten Kimberlite, wenn man die jeweilige Position der Platten zum Zeitpunkt ihrer Aktivität rekonstruiert (Torsvik et al. 2010). Offensichtlich starten Manteldiapire bevorzugt aus dem Randbereich dieser Aufwölbungen. Es ist auffällig, dass die Afrika-Atlantik-Aufwölbung im Erdmittelalter genau unter dem Zentrum des Superkontinents Pangäa lag. Vielleicht isolierte der Superkontinent den Mantel besser, sorgte somit für höhere Temperaturen, die wiederum zur Ausbeulung der Kern-Mantel-Grenze und schließlich zur verstärkten Diapirbildung führten? Demnach sorgte der Superkontinent selbst für die Manteldiapire, die ihn schließlich zerbrechen ließen (Kapitel 7). Die verstärkte Bildung von Hotspots und Kimberliten in bestimmten Episoden könnte so direkt mit dem Lebenszyklus von Superkontinenten zusammenhängen.

Andererseits fallen auch die rekonstruierten Positionen mancher wesentlich älterer Kimberlite auf die beiden Aufwölbungen, während so gut wie keine Kimberlite in Zeiten entstanden, als Kontinente sich an den Polen und damit außerhalb dieser Zonen befanden. Sind diese Aufwölbungen eventuell älter und über sehr lange Perioden der Erdgeschichte hinweg stabil? Diese These wurde im Magazin Nature vorgeschlagen und in einem anderen Artikel in derselben Ausgabe bereits wieder zurückgewiesen (Evans 2010), da die Korrelation eher fragwürdig sei. Vermutlich bildeten sich im Proterozoikum unter dem Superkontinent Rodinia ähnliche Aufwölbungen aus, die jedoch andere Positionen hatten.

Es gibt jedoch auch Modelle, die eine Entstehung von Kimberlit-Magmen ohne Manteldiapire erklären. Beispielsweise wurde ein direkter Zusammenhang mit dem Lebenszyklus von Superkontinenten wie Pangäa und Rodinia hergestellt. Demnach kommt es bei der Entstehung und beim Zerbrechen dieser großen Landmassen zur Bildung von Kimberliten, während dazwischen lange Ruheperioden liegen (Jelsma et al. 2009).

Nach diesem alternativen Modell sollen Änderungen in den Geschwindigkeiten oder Bewegungsrichtungen der Lithosphärenplatten die Auslöser für den Magmatismus sein. Demnach kommt es in den Kontinenten zu internen Spannungen, die wiederum zu Temperaturschwankungen im Mantel führen. An der Basis des lithosphärischen Mantels soll es schließlich lokal zur Schmelzbildung kommen, und zwar entlang von tiefgreifenden

Störungszonen, an denen die Verformung konzentriert ist. Die Verlagerung der Verformung führt demnach zu einer Verlagerung des Magmatismus, die den Hotspot-Spuren entspricht.

Demnach kommt es kurz nach Bildung des Superkontinents zur ersten Kimberlit-Episode, wenn die Temperaturen im Mantel nach der Kollision und Gebirgsbildung wieder ins Gleichgewicht kommen. Nach einer langen Ruhephase führen entweder Manteldiapire oder ein lokales Aufströmen in der Asthenosphäre, das durch die isolierende Wirkung des Kontinents ausgelöst wird, zur nächsten Episode, die das Zerbrechen des Superkontinents einleitet. Weitere Episoden folgen durch die Änderungen in den Bewegungen der auseinandertreibenden Bruchstücke des ehemaligen Großkontinents.

Neben Kimberlit und Orangeit („Typ II-Kimberlit") ist Lamproit das dritte magmatische Gestein, das Diamanten an die Oberfläche bringen kann. Lamproite entstehen ebenfalls durch sehr geringe Schmelzgrade im Mantel und auch diesmal spielt eine metasomatische Wiederanreicherung eines abgereicherten lithosphärischen Mantels eine Rolle. Es gibt aber einen wesentlichen Unterschied: Sie kommen nicht auf den archaischen Kratonen vor, sondern bevorzugt an deren Rändern, in Gebieten, die in spätarchaischer oder proterozoischer Zeit bewegt wurden. Wichtig ist eine dicke kontinentale Kruste mit einem dicken lithosphärischen Mantel, und gleichzeitig scheint es einen direkten Zusammenhang mit Subduktionszonen zu geben. Diamantführende Lamproite wurden in Arkansas (USA), in Madhya Pradesh (Indien) und im Nordwesten von Australien gefunden.

Der ökonomisch wichtigste Lamproit ist ein Schlot in Australien: Die Argyle Mine gehört zu den größten Diamantminen der Erde; sie hat jährlich durchschnittlich 7 Tonnen Diamanten produziert. Allerdings hat sie mit 5 % einen sehr geringen Anteil an Diamanten in Edelsteinqualität, doch entsprechend wichtig ist sie für Industriediamanten. Die meisten Diamanten aus dieser Mine sind braun gefärbt, und der Konzern Rio Tinto musste erst mit einer Werbekampagne, in der die Schönheit „cognac-farbener" Diamanten gepriesen wurde, einen Markt für diese schaffen. Sie produziert aber auch seltene pinke, rote und blaue Diamanten, die wesentlich teurer verkauft werden können. Die beste Zeit der Mine ist bereits vorbei: Der Tagebau hat seine größte Tiefe erreicht und wird derzeit eingestellt. Stattdessen geht man zum unterirdischen Abbau über. Gleichzeitig hat Rio Tinto in die Erkundung von Lamproiten in Indien investiert, die Argyle an Bedeutung ablösen könnten.

Argyle befindet sich in einem ehemaligen Gebirge aus dem Proterozoikum, am Rand des Kimberley-Kratons. Verwirrenderweise wurde die Region im Nordwesten Australiens nach demselben britischen Minister benannt wie die namensgleiche Stadt in Südafrika. Dass es auch im australischen Kimberley Diamanten gibt, stellte sich erst im Nachhinein heraus. Die kommerziellen Diamanten von Argyle sind 1,6 Milliarden Jahre alte E-Typ-Diamanten. Das Alter entspricht der proterozoischen Gebirgsbildung, bei der wohl subduzierte ozeanische Lithosphäre unter den Kiel am Rand des Kratons geschoben wurde. Erstaunlich ist, dass die aus der Tiefe mitgeschleppten Mantelfragmente und die Mikrodiamanten vom P-Typ aus dem späten Archaikum stammen und somit also deutlich älter sind. Offensichtlich landete durch die Gebirgsbildung ein Stück des archaischen lithosphärischen Mantels unter den jüngeren proterozoischen Gesteinen (Luguet et al. 2009).

Sowohl Kimberlite als auch Lamproite kommen als Ganggestein oder als Schlotfüllung vor. Kimberlit-Lavaströme sind hingegen bis auf eine Ausnahme in Angola nicht bekannt.

Kimberlitschlote werden auch als Diatreme oder Durchschlagsröhren (auf englisch: *pipes*) bezeichnet. Es handelt sich dabei um merkwürdige karottenförmige Gebilde, die 0,5 bis 3 Kilometer in die Tiefe reichen. Am oberen Ende haben sie einen Durchmesser, der von ein paar Dutzend bis zu Hunderten Metern variieren kann. Die Füllung dieser Diatreme besteht zu einem guten Teil aus Bruchstücken von Krustengesteinen und mitgeschleppten Mantelfragmenten. Der Kimberlit der Diatreme ähnelt einem Tuff: zu Staub fragmentiertes Magma, das nach der Ablagerung wieder verbacken wurde.

Am unteren Ende gehen die Diatreme in eine unregelmäßige Wurzelzone über, mit kleinen Wülsten, deren Form an Ingwerwurzel erinnert. Darunter finden sich die Gänge, die als Zufuhrkanäle dienten. Diese Gänge sind maximal einen Meter breit und wenige Kilometer lang, also deutlich kleiner, als die von anderen magmatischen Gesteinen bekannten Gänge.

Der nur selten erhaltene Krater über dem Diatrem ähnelt den Maaren der Eifel: Er hat einen großen Durchmesser und ist nur von einem kleinen Ring aus Tuff und Lapilli umgeben. Im Kraterinneren gibt es Sedimente die nach der Eruption in einem See abgelagert wurden.

Die Diatreme unterscheiden sich ganz offensichtlich von anderen Vulkanen, und entsprechend anders läuft die Eruption ab. Kimberlitschlote sind sozusagen „Einmalvulkane": Jeder war nur ein einziges Mal aktiv. Doch dieser eine Ausbruch hat es in sich: Er ist kurz aber heftig. Je nach Schätzung dauert eine Eruption nur einige Stunden bis hin zu wenigen Monaten.

Unter anderen Vulkanen gibt es Magmakammern, in denen sich das aufsteigende Magma sammelt, bevor es zu einem Ausbruch kommt. Kimberlit-Magmen schießen hingegen ohne Pause aus dem Erdmantel bis zur Oberfläche: Die Aufstiegsgeschwindigkeit des Magmas wird auf 4 bis 20 Meter pro Sekunde geschätzt. Ohne Vorwarnung kommt es zu einem Ausbruch, in einer Region, die vorher vermutlich nicht als Vulkangebiet bekannt war.

Eine Zeit lang glaubte man, dass diese Diatreme durch hydrovulkanische Prozesse gebildet werden: Demnach kam das aufsteigende Magma mit einem Grundwasserleiter oder einem See in Kontakt und löste heftige Wasserdampfexplosionen aus. Allerdings ist es schwer zu erklären, wie dadurch durchschnittlich

2 Kilometer tiefe Diatreme entstehen sollen. Wasserdampfexplosionen sind uns von aktiven Vulkanen bekannt, sie können gefährliche Glutwolken auslösen und den Krater vergrößern, aber die Bildung eines Diatrems wurde dabei noch nicht beobachtet. Es muss sich also um einen ziemlich ungewöhnlichen Aquifer oder See handeln. Noch unwahrscheinlicher ist der Zufall, dass Kimberlite immer auf einen ungewöhnlichen Aquifer oder See getroffen sein sollen, während das anderen Magmen nicht passiert ist.

Neuere Modelle gehen daher von den ungewöhnlichen Eigenschaften des Kimberlit-Magmas aus. Die Wasserdampfexplosionen kommen höchstens als zusätzlicher Faktor hinzu. Ein weiterer umstrittener Punkt betrifft die Richtung der Diatrembildung: Fängt sie an der Oberfläche an und frisst sich von dort in die Tiefe oder beginnt sie von unten und setzt sich von dort nach oben fort?

Zwei Eigenschaften, in denen sich Kimberlit-Magmen von anderen Schmelzen unterscheiden, werden von neueren Modellen herangezogen: Sie sind ungewöhnlich dünnflüssig und haben extrem hohe Gehalte an Wasser und Kohlendioxid.

Der Gasgehalt des Magmas spielt bei jedem Vulkanausbruch eine Rolle: Er entscheidet darüber, wie explosiv die Eruption abläuft. Das funktioniert so ähnlich, wie bei der warmen Limonade, die beim Öffnen der Flasche überschäumt. Ganz ähnlich führt das Gas, das aus dem Magma entweicht, zu einem Aufschäumen, Zerstäuben und Zerspritzen des Magmas, und zugleich sorgt es für den Druck, der die treibende Kraft der Eruption ist. Der Schaum regnet als Bims ab, der Staub als Asche (deren Ablagerungen als Tuff bezeichnet werden), und die Spritzer landen rund um den Krater als Lapilli oder große Bomben. Normalerweise ist diese Fragmentierung ein relativ flaches Phänomen, und die Tuffe sind in der Umgebung des Vulkanes zu finden, nicht in seinem Schlot. Bei Kimberlitschloten ist das anders, die Füllung der „Karotten" besteht bis zum unteren Ende, das typischerweise 2 Kilometer unter der Erdoberfläche steckt, aus tuffähnlichem Material.

Die Füllung kann am besten mit einem Prozess, der als Fluidisierung bezeichnet wird, erklärt werden. So nennt man einen Gasstrom, der viele Partikel enthält und bestimmte Eigenschaften erfüllt: Demnach entspricht das Gewicht der feinen Kimberlit-Partikel ungefähr dem Strömungswiderstand, den sie im trichterförmigen Schlot einem kontinuierlichen Gasstrom entgegensetzen. Daher bleiben sie mehr oder weniger in Schwebe. Zusammen mit dem Gas kommt ständig neues Magma nach, das zerstäubt wird und den Schlot auffüllt. Dieser Prozess passt sehr gut zu den internen Strukturen der Diatremfüllung. Die Entstehung der karottenförmigen Diatreme ist damit jedoch noch nicht erklärt.

In den 1980-er Jahren kam ein Modell auf, das Diatreme ganz gut erklären könnte. Demnach beginnt die Entgasung von Wasser und Kohlendioxid, wenn das Magma bis etwa 2 Kilometer unter der Oberfläche aufgestiegen ist. Der Grund für die Entgasung ist die Abnahme der Löslichkeit von Gas in Schmelze mit abnehmendem Druck und abnehmender Temperatur. Durch die Gasblasen kommt es zu lokalen Druckunterschieden, die das Nebengestein zerbrechen. Da die Entgasung beim weiteren Aufstieg zunimmt, wird auch das Nebengestein in höherem Maße beeinflusst. Sobald das Magma an die Oberfläche bricht, wird das zerbrochene Gestein teilweise ausgeräumt und durch Kimberlit ersetzt. Nach diesem Modell entsteht der Diatrem von unten nach oben.

Eine andere Möglichkeit wäre, dass die Entgasung erst mit dem Beginn der Eruption einsetzt, aber während der Eruption immer tiefer in die Magmasäule greift. Dabei könnte eine Rolle spielen, dass sich Gasblasen, weil der Druck abnimmt, beim Aufstieg ausdehnen und daher das Nebengestein in flacheren Bereichen stärker zerbrechen. Der Diatrem entsteht in diesem Fall von oben nach unten durch Erweiterung des Schlotes.

Vor Kurzem wurde ein ausgefeiltes Modell entwickelt, das diese beiden Möglichkeiten kombiniert (Sparks et al. 2006). Es geht davon aus, dass die Entgasung erst relativ flach beginnt, kurz vor dem Durchbruch an die Oberfläche. Durch die Ausdehnung der Gasblasen beschleunigt sich der ohnehin schon schnelle Aufstieg des Magmas. Der Gasdruck an der Öffnung ist wesentlich höher als der Luftdruck, gleichzeitig wirkt die enge Öffnung wie eine Düse: Es kommt daher zu Austrittsgeschwindigkeiten von vielleicht 200 Metern pro Sekunde. Über dem Krater steigt eine Aschewolke auf, die bis in die Stratosphäre reicht. Während dieser explosiven Eruptionsphase erweitert sich der Krater, was die Diatrembildung von oben nach unten auslöst. Je weiter der Krater wird, desto geringer wird auch die Düsenwirkung. Damit nimmt der Überdruck im Schlot ab. Daher entgasen immer tiefere Bereiche des Magmas. Der Kontrast zwischen dem Gasdruck der Blasen und dem Gesteinsdruck im Nebengestein kann nun in ein bis zwei Kilometer Tiefe die Stabilität des Gesteins überschreiten, das Nebengestein wird daher zerbrochen. Die unterhöhlten Schlotwände werden instabil und rutschen in das Innere des Diatrems, der immer trichterförmiger wird: Die Diatrembildung erfolgt nun auch von unten nach oben. Eine Zeit lang werden die kleineren Bruchstücke durch die Eruption aus dem Schlot befördert. Doch je größer der Diatrem wird, desto geringer ist auch die Aufstiegsgeschwindigkeit des Magmas. Die Aschewolke fällt in sich zusammen. In der Spätphase kann das Gas, das den Diatrem durchströmt, nur noch die feinsten Staubpartikel nach außen transportieren. Während die Eruption abklingt, kommt es im Diatrem zur bereits beschriebenen Fluidisierung, die ihn mit einem massigen, tuffähnlichen Kimberlit verfüllt.

Ein extremeres Modell schlägt vor, dass die Entgasung bereits im Mantel beginnt (Wilson & Head 2007). Die Autoren glauben, dass dieses Gas bereits für die Entstehung der Gänge verantwortlich ist, die als Aufstiegsweg dienen. Demnach sammelt sich das Gas am oberen Ende des mit Kimberlit-Magma gefüllten Ganges an. Der Druckunterschied zwischen Gas und dem Nebengestein ist immens: das Gestein zerbricht und die Bruchstücke fallen in den Gang. Die vielen Mantelfragmente, die wir in Kimberliten finden, sind daher kein Wunder. Die Gasblase steigt dadurch so schnell wie eine Rakete auf und wird immer größer. Das Magma eilt etwas langsamer hinterher und entgast durch die Druckentlastung weiter; zwischen Magma und Gasblase bildet sich eine hohe Schaumschicht.

Auf den letzten Kilometern ändert sich der Mechanismus etwas, weil der Gesteinsdruck und damit auch der Dichtekontrast zur Gasblase wesentlich geringer werden. Schließlich bricht die Gasblase an die Oberfläche, und es kommt im Schlot zu einem plötzlichen Abfall des Drucks. Während über dem Krater eine große Aschewolke aufsteigt, wandert dieser Druckabfall wie eine Welle in die Tiefe. Dabei kollabieren die Wände des Schlots, der in diesem Moment seine Karottenform bekommt und mit Gesteinsbruchstücken angefüllt wird. Gleichzeitig führt der Druckabfall zur verstärkten Entgasung, zu einer plötzlichen Ausdehnung der Gasbläschen und damit auch zu einer Abkühlung. Nur eine Stunde nach Beginn der Eruption verpufft die Aschewolke über dem Krater. Der Schaum im Schlot wird zu feinen Partikeln zerstäubt und bildet einen fluidisierten partikelreichen Gasstrom, der den Diatrem verfüllt. Der Gasstrom schwankt ständig, und die Druckschwankungen wandern ebenfalls als Wellen durch den Diatrem. Diese Phase ist noch kürzer als die explosive Phase: Die Ausdehnung des Gases kühlt das im Gang aufsteigende Magma so stark ab, dass dieses ziemlich schnell erstarrt und der Aufstiegsweg versiegelt wird.

An diesem Modell ist fragwürdig, ob die Entgasung wirklich schon im Mantel einsetzen kann, da im Magma unter hohem Druck und hoher Temperatur ein hoher Gasgehalt gelöst sein kann. Zudem ist die angenommene Eruptionsdauer von etwa einer Stunde kürzer als die Schätzungen, die zwischen einigen Stunden bis wenigen Monaten liegen. Das Konzept der wellenförmig in die Tiefe wandernden Druckentlastung und Abküh-lung ist jedoch sehr attraktiv, da es einige Besonderheiten von Kimberlitschloten erklären kann. Das schnelle „Einfrieren" der Eruption ist zudem eine hervorragende Erklärung dafür, dass Diamanten die Eruption überleben, ohne zu verbrennen.

In den letzten Jahrzehnten wurde viel Geld in die Suche nach Diamanten investiert. Dabei stellte man fest, dass es manchmal auch Kimberlitschlote gibt, die nicht der typischen Karotten-form entsprechen (Skinner & Marsh 2004, Scott Smith 2006). So gibt es Vorkommen, bei denen ein dünner Schlot direkt in einen weiten, flachen Krater mündet. Andere haben einen tiefen, dia-tremförmigen Krater, der jedoch nur teilweise verfüllt ist. Für die Abweichler werden entweder Unterschiede in den Gasgehalten und dem CO_2/H_2O-Verhältnis verantwortlich gemacht, die sich auf die Kristallisation und Entgasung des Magmas auswirken, oder die unterschiedliche Beschaffenheit des Nebengesteins.

4

Mikrodiamanten-Trilogie: Subduktion, Schock und Sternenstaub

Nicht alle Diamanten stammen aus dem Erdmantel: Wir kennen auch Mikrodiamanten, die aus anderen Milieus kommen und völlig andere Geschichten erzählen. Gemeinsam haben sie, dass sie mikroskopisch klein sind und sicherlich niemals in einen Ring gefasst werden. Umso spannender sind sie für die Wissenschaft.

Eine große Überraschung war es, als man im Kökschetau-Massiv in Kasachstan zum ersten Mal Diamanten in metamorphen Gesteinen der kontinentalen Kruste fand (Sobolev & Shatsky 1990). Die Kristalle sind maximal 25 µm groß und stecken vor allem in Granat-Biotit-Gneis und in Dolomitmarmor. Diese Gesteine waren einmal Tonsteine und Karbonate, die am Rand eines Kontinents abgelagert wurden, bevor sie während einer Gebirgsbildung im Kambrium bis in mindestens 140 Kilometer Tiefe abtauchten und sehr schnell wieder aufstiegen. Die Diamanten kommen vor allem als winzige Einschlüsse in Granat oder Zirkon vor: Wie ein Panzer haben sie die Umwandlung der Diamanten zu Grafit verhindert.

Seither wurde auch im Erzgebirge, im Dabie Shan (China) und im nördlichen Qaidam (China), in Norwegen, in Nordgriechenland und auf Sulawesi (Indonesien) Gneis mit Mikrodiamanten gefunden. Metamorphe Gesteine, die entweder Diamant oder das Hochdruckmineral Coesit enthalten, werden als Ultrahochdruckgesteine bezeichnet. Es ist nicht nur erstaunlich, dass Teile der leichten kontinentalen Kruste so tief versenkt wurden, sondern auch, dass sie von dort wieder an die Oberfläche kommen konnten – und zwar so schnell, dass die entsprechenden Ultrahochdruckminerale unterwegs nicht wieder umgewandelt wurden.

Für den Weg nach unten sind die Kräfte verantwortlich, die in einer Subduktionszone wirken: Die abtauchende ozeanische Lithosphäre ist schwerer als die heiße Asthenosphäre. Dazu kommt, dass die ozeanische Kruste, die aus Basalt und Gabbro besteht, sich unterwegs in Hochdruckgesteine umwandelt, die eine hohe Dichte haben: zunächst in Blauschiefer, dann in Eklogit. Der Zug der abtauchenden Platte wird als der wichtigste Antriebsmechanismus der Plattentektonik angesehen. Wenn nach der vollständigen Subduktion eines Ozeans zwei Kontinente miteinander kollidieren, dann folgt zunächst der Rand des einen Kontinents der abtauchenden ozeanischen Lithosphäre in die Tiefe, obwohl kontinentale Kruste aus wesentlich leichteren Gesteinen besteht als die ozeanische Kruste.

Heiße kontinentale Kruste ist relativ weich, daher können sich in der Tiefe große Stücke ablösen und dank ihrer geringen Dichte den Rückweg antreten. Diese Gesteinskörper steigen in der Naht zwischen den beiden kollidierenden Kontinenten auf und werden so in den Deckenstapel des Gebirges eingebaut. Sie können auch Eklogite von der abtauchenden ozeanischen Kruste und Stücke aus dem Erdmantel mitschleppen. Bis zu einem mittleren Krustenniveau ist der Aufstieg relativ schnell. Darauf muss üblicherweise eine zweite Phase folgen, damit das Ganze in flache Krustenbereiche gelangt. Häufig passierte dies, wenn die extrem dicke Kruste nach einer Gebirgsbildung regelrecht auseinander floss. Dabei kann sich heißes Material aus der mittleren Kruste aufwölben, wenn die starre obere Kruste an flachen Scherzonen weggezogen wird. In Kasachstan wurde hingegen Material der mittleren Kruste in einer Seitenverschiebung, die eine einengende Komponente hat, nach oben gequetscht (Theunissen et al. 2000).

Die Gneise und Marmore in Kasachstan enthalten stellenweise so viele Mikrodiamanten, dass sie zeitweise sogar als Industriediamanten abgebaut wurden. Die ersten entstanden möglicherweise durch eine direkte Umwandlung aus Grafit. In einer späteren Phase wuchsen um diese ersten Diamanten jüngere Ränder und es kamen neue Kristalle hinzu. Diesmal war ein C-O-H-Fluid oder ein Magma verantwortlich (Ogasawara 2005).

Erstaunlicherweise gibt es in Quarz-Feldspat-Lagen auch mit Grafit ummantelte Diamanten, die nicht wie die anderen in einem widerstandsfähigen Mineral eingeschlossen sind (Korsakov et al. 2004). Möglicherweise handelt es sich bei diesem Gestein um kleine Mengen von Granit-Magma, das während der extremen Metamorphose aus den anderen Gesteinen geschmolzen wurde: Insbesondere durch die Druckentlastung beim schnellen Aufstieg kommt es leicht zu einem Aufschmelzen, wenn etwas Wasser vorhanden ist. Die kleinen Schmelzmengen machen die Ultrahochdruckgesteine noch weicher und leichter und beschleunigen den Aufstieg. Offensichtlich konnten die Diamanten aus diesem Magma kristallisieren, ihre Bildung wäre somit direkt mit dem Aufstieg gekoppelt. Es gibt übrigens Forscher, die bezweifeln, dass diese Gesteine jemals so tief waren: Sie glauben, dass die Diamanten bei geringem Druck und geringer Temperatur metastabil gewachsen seien, was einige Theorien durcheinanderbringen würde.

Im Erzgebirge finden sich die Diamanten als Einschlüsse in Zirkon und Granat in einem Ultrahochdruck-Quarz-Feldspat-Gneis, der während der variszischen Gebirgsbildung bis in 130 Kilometer, vielleicht sogar 250 Kilometer Tiefe versenkt wurde. Er kommt in Form von mehreren linsenförmigen Körpern vor, die jeweils ein paar Hundert Meter lang sind und in einem anderen Hochdruck-Gneis stecken, der nur bis in etwa 60 Kilometer Tiefe subduziert wurde (Stöckhert et al. 2001, Massonne et al. 2007). Die Ausgangsgesteine waren offensichtlich Tonsteine aus dem Devon.

Es wurde vorgeschlagen, dass die diamanthaltigen Linsen Krustenstücke waren, die sich von der Krustenbasis gelöst hatten und in die Asthenosphäre sanken, da sie durch die Hochdruckmetamorphose eine hohe Dichte hatten. Die Rückkehr bis in die untere Kruste traten sie demnach in dem Moment an, als die Glimmer instabil wurden, ihr Wasser abgaben und die Klumpen teilweise aufschmolzen. Während des Aufstiegs stieg der Schmelzgrad durch die Druckentlastung weiter an. In der Schmelze wuchsen die Diamanten, von denen manche durch gleichzeitig kristallisierte Minerale eingeschlossen wurden. In der Spätphase der Gebirgsbildung kamen die Gesteine der unteren Kruste bis in ein flaches Krustenniveau. Alle Diamanten, die nicht in widerstandsfähigen Mineralen eingeschlossen waren, gingen verloren.

Die Hochdruck- und Ultrahochdruckgesteine markieren in Gebirgen zusammen mit Ophiolithen die Nähte zwischen zwei Kontinenten. Als Ophiolith werden Stücke der ozeanischen Lithosphäre bezeichnet, die in das Gebirge eingebaut wurden. Sie bestehen aus ozeanischer Kruste (Basalt und Gabbro) und lithosphärischem Mantel oder aus den entsprechenden metamorphen Gesteinen. Es wäre naheliegend, dass in diesen Stücken des Erdmantels auch Diamanten zu finden sind. Das wurde für Borneo und den westlichen Ural vorgeschlagen, wo es Diamanten in Flussbetten gibt, obwohl weit und breit keine Kimberlite oder Lamproite bekannt sind. Allerdings wurden in diesen „alpinen" Mantelgesteinen niemals Diamanten gefunden. Vermutlich ist der Aufstieg nicht schnell genug, um Diamanten zu erhalten. Es ist daher wahrscheinlich, dass die Diamanten von Borneo und dem westlichen Ural doch aus Kimberliten oder Lamproiten stammen, die einfach nicht mehr zu finden sind (Smith et al. 2009).

Die Diamanten aus Ultrahochdruckgesteinen entsprechen sicherlich noch am ehesten den „normalen" Diamanten aus dem vorangegangenen Kapitel. Es gibt jedoch auch Diamanten, die an der Erdoberfläche entstanden sind – und zwar beim Einschlag eines Meteoriten.

1972 wurden im Popigai-Krater in Nordsibirien zum ersten Mal Diamanten in den geschockten Gesteinen gefunden. Schnell kamen weitere Funde in Russland und in der Ukraine hinzu. Die ersten Diamanten in Impaktgesteinen der westlichen Welt entdeckte man 1978 in Süddeutschland am Nördlinger Ries.

Beim Einschlag eines großen Meteoriten wirken für kurze Zeit gewaltige Kräfte, doch schon nach wenigen Sekunden ist alles vorbei. Das Nördlinger Ries hat einen Durchmesser von 24 Kilometer. Es entstand vor etwa 15 Millionen Jahren durch den Impakt eines etwa 1 Kilometer großen Asteroiden. In der Nähe schlug gleichzeitig ein Bruchstück ein und bildete das Steinheimer Becken (mit 4 Kilometern Durchmesser). Der Asteroid (von dem leider keine Reste gefunden wurden) stürzte in einem Winkel von etwa 30° auf die Erde, beim Aufprall hatte er eine Geschwindigkeit von 20 Kilometern pro Sekunde. In den ersten Millisekunden entstanden Temperaturen von bis zu 30 000 °C und ein Strahl aus zu Plasma verdampftem Gestein spritzte mit hoher Geschwindigkeit bis zu 450 Kilometer weit. Zu grünen Glastropfen erstarrt, sind diese Spritzer vor allem in der Tschechischen Republik zu finden. Sie werden Moldavite genannt und sind beliebte Schmucksteine.

Ab diesem Moment breiteten sich Schockwellen konzentrisch durch das Gestein in der Umgebung aus, das dabei zerbrochen und teilweise sogar in Glas umgewandelt wurde. Durch die Schockwellen entstanden auch Hochdruckminerale wie Stishovit, Coesit und Diamant. Zerbrochenes Gestein spritzte zur Seite und regnete als chaotische „bunte Brekzie" rund um den Krater ab. Im Zentrum war es so heiß, dass Gestein schmolz oder gar verdampfte und als heiße Aschewolke über dem Krater aufstieg. Wenige Sekunden lang gab es einen 4,5 Kilometer tiefen Krater, der sofort wieder kollabierte: Das Zentrum federte wieder hoch, während die Seitenwände ins Innere rutschten. Nach einer Minute hatte der Krater schon seine endgültige Form, flach und weit. Die Schmelztröpfchen der Aschewolke und die letzten Staubpartikel aus zerbrochenem Gestein rieselten in den nächsten zehn Minuten auf den Boden und bildeten ein tuffähnliches Gestein, das Suevit (abgeleitet von Schwaben) genannt wird.

Die Diamanten fand man im Suevit, insbesondere in eingeschlossenen Bruchstücken von geschocktem Gneis (Goresy et al. 2001). Die Umwandlung der Grafitschuppen zu Diamant war nirgends vollständig. Der größere Teil blieb als Grafit erhalten und bildete lediglich Zwillingslamellen aus. Die Diamanten entstanden prinzipiell nur an den Kontaktpunkten von Grafitschuppen zu kaum komprimierbaren Mineralen wie Granat, Sillimanit oder Rutil, die offensichtlich wie ein Amboss wirkten. Vermutlich spielte auch die Wellenlänge der Schockwellen eine Rolle: Wenn diese der Korngröße des Grafits entsprach, dürften die Wellen am effektivsten gewesen sein.

Der Popigai-Impakt in Sibirien verlief noch heftiger, der Krater hat einen Durchmesser von 100 Kilometern und gehört zu den größten Impaktkratern der Erde. Der Durchmesser des verantwortlichen Himmelskörpers wird auf 8 Kilometer geschätzt. Auch die Umwandlung von Grafit zu Diamant war effektiver als im Nördlinger Ries. In den geschockten Gneisstücken gibt es massenhaft Diamanten, die noch die Form der Grafitschuppen haben (Koeberl et al. 1997, Masaitis 1998). Es handelt sich um polykristalline Aggregate, die aus maximal 5 μm großen Kristallen bestehen. Die Kristallgitter der einzelnen Körner innerhalb des Aggregats sind aber alle gleich orientiert. Neben „echtem" kubischen Diamant kommt in den Aggregaten in kleineren Mengen auch Lonsdaleit („hexagonaler Diamant") vor, in dem die Kohlenstofftetraeder etwas anders angeordnet sind. Dieses Mineral scheint typischerweise Impakt-Diamanten zu begleiten.

Die Aggregate sind meistens grau oder schwarz und selten größer als ein Millimeter, es wurden aber auch zentimetergroße

Stücke gefunden. Manche haben Einschlüsse von CO_2 unter hohem Druck.

Die Diamanten bildeten sich in einer ringförmigen Zone, da die Schockwellen in größerer Entfernung nicht den notwendigen Druck erreichten. Im Zentrum des Impakts, in welchem das Gestein schmolz oder verdampfte, war es hingegen zu heiß. Der verdampfte Kohlenstoff konnte dort stattdessen mit Silizium zu Silicarbid (SiC) reagieren, dem zweithärtesten Material nach Diamant, das man in der Natur nur aus Meteoriten und Impaktgesteinen kennt.

Im Suevit vom Nördlinger Ries wurde auch Diamant gefunden, der mit SiC verwachsen war (Hough et al. 1995). Dabei handelt es sich um filigrane, baumförmig (dendritisch) gewachsene Gebilde. Es wird vermutet, dass diese bei niedrigem Druck und hoher Temperatur in der Gaswolke aus verdampftem Gestein wuchsen. Der Prozess dürfte ähnlich gewesen sein, wie die Chemical Vapour Deposition (CVD), die wir in Kapitel 10 genauer kennenlernen. Die Gaswolke war stellenweise so heiß, dass Kohlenstoff, Silizium, Wasserstoff und andere Elemente ionisiert waren und ein Plasma bildeten.

Auch in der Grenzschicht zwischen Sedimenten der Kreidezeit und des Tertiär wurden Diamanten gefunden (Gilmour et al. 1992). Sie entstanden aus zu einem Plasma verdampften Gestein im Feuerball eines Meteoriteneinschlags mit noch gewaltigeren Ausmaßen. Ein 10 bis 15 Kilometer großer Asteroid stürzte damals auf die mexikanische Halbinsel Yucatán und löste ein Massenaussterben aus, bei dem nicht nur die Dinosaurier verschwanden. Der Chicxulub-Krater ist unter jüngeren Sedimenten versteckt. Die wenige Nanometer großen Diamanten wurden tausende von Kilometern entfernt in den USA und in Kanada gefunden.

Die rätselhaftesten Diamanten sind die Carbonados oder „schwarzen Diamanten", die wie schwarz gefärbter Bims aussehen: schwarze, polykristalline Massen, die Erbsen- bis Kartoffelgröße haben und aus etwa 200 µm großen Einzelkristallen zusammengesetzt sind. Sie sind porös und in den Hohlräumen fand man Minerale wie herkömmliche Silikate, merkwürdige Metalllegierungen und SiC. Die eingeschlossenen Gase haben hohe Gehalte an radiogenen Edelgasen, die beim Zerfall von Uran 238 entstehen. Carbonados im engen Sinn kommen nur in Brasilien und in Zentralafrika vor und sind bereits im Archaikum entstanden. Ähnliche schwarze Diamanten gibt es in Sibirien, diese haben eine andere Struktur und werden Yakutit genannt. Carbonados kommen nur in Flussseifen vor, man hat sie nie in einem primären Gestein, etwa in einem Kimberlit gefunden. Eine ganze Reihe von Hypothesen, die alle problembehaftet sind, wurde zu ihrer Entstehung vorgeschlagen.

Eine Entstehung im Erdmantel kann wohl ausgeschlossen werden; weder die Isotopenzusammensetzung noch die Einschlüsse passen dazu. Dennoch wurde vorgeschlagen, dass große Klumpen organischer Substanz in einer ungewöhnlich kühlen Subduktionszone in die Tiefe gebracht wurden, ohne dass es zu einem Austausch mit dem Mantel kam. Offen bleibt dabei nicht nur, wie sie ohne ein „primäres Gestein" wieder an die Erdoberfläche kamen, sondern auch, warum keine anderen Hochdruckphasen als Einschlüsse gefunden wurden.

Eine andere Idee ist, dass diese Diamanten durch Bestrahlen von Kohle entstanden sein könnten. Tatsächlich hat man in uranreicher Kohle aus Russland winzige Diamanten gefunden, die auf diese Weise entstanden (Daulton & Ozima 1996), allerdings waren sie nur ein paar Nanometer groß, also mehrere Größenordnungen kleiner als in den Carbonados.

Auch der Impakt eines Meteoriten wurde vorgeschlagen, schließlich gibt es gewisse Ähnlichkeiten zu den Diamanten vom Popigai-Krater. Vielleicht traf ein Meteorit auf Gesteine, die besonders reich an organischer Substanz waren. Diese Entstehung ist im Fall des sibirischen Yakutits wahrscheinlich, in den brasilianischen und zentralafrikanischen Carbonados kommt jedoch kein

Lonsdaleit vor, wie man es bei einem Impakt erwarten würde. Außerdem ist es aufgrund der Wellenlängen der Schockwellen fraglich, ob Aggregate größer als 1 cm gebildet werden können.

Die schönste Erklärung besagt, dass Carbonados selbst aus den Tiefen des Alls stammen: Die Vorkommen in Zentralafrika und Brasilien wären dann Bruchstücke eines einzigen Asteroiden, der fast nur aus Diamant bestand. Tatsächlich deutet die Anordnung von Stickstoffaggregaten und Wasserstoff im Kristallgitter darauf hin, denn sie ähnelt anderen extraterrestrischen Diamanten (Garai et al. 2006). Bleibt nur die Frage, wie dieser merkwürdige Himmelskörper entstanden ist.

In Meteoriten sind Diamanten tatsächlich keine Seltenheit. Die Ersten fand man Ende des 19. Jahrhunderts in einem Steinmeteoriten, der am 4. September 1888 in Novo Urei in der russischen Republik Mordovia gefallen war. Es wird erzählt, dass an diesem stark bewölkten Tag einige Bauern gerade dabei waren, ihre Felder zu pflügen. Plötzlich wurde es hell und donnerte, die Bauern glaubten an ein Gewitter und warfen sich auf den Boden. Sie sahen Blitze, die wenige Meter entfernt auf den Boden trafen. Als der Mutigste von ihnen nachschaute, sah er ein kleines Loch, in dem ein schwarzer Stein lag. Es wird auch erzählt, dass die Bauern Stücke dieses Himmelsboten einfach aufaßen, was vermutlich nicht sehr schmackhaft war. Nur zwei Jahre später wurden die Diamanten in einem verbliebenen Stück gefunden. Der Meteorit gehört zu einer seltenen Klasse von Steinmeteoriten, den Ureiliten, die vor allem aus Olivin und Pyroxen bestehen, in den Zwischenräumen jedoch aderartig verteilte Kohlenstoffphasen haben: neben Grafit und Carbid eben auch Diamant und Lonsdaleit.

Drei Jahre später, 1891, wurden auch im Canyon-Diablo-Meteoriten Diamanten gefunden. Dieser Eisenmeteorit schuf den berühmten Meteor-Krater in Arizona (auch Barringer-Krater genannt). Eisenmeteoriten stammen aus dem Eisenkern von großen Asteroiden, die einen Schalenbau ähnlich der Erde ausgebildet haben und später zerbrochen sind.

Natürlich stellt sich die Frage, wie die Diamanten in den Meteoriten entstanden sind: War es der Schock beim Aufprall auf die Erde? Oder eine frühere Kollision zweier Himmelskörper? Oder sind sie wie irdische Diamanten tief im Inneren eines großen Himmelskörpers entstanden, der anschließend durch einen Impakt zerschlagen wurde? Oder sind die Diamanten vielleicht sogar älter als diese Himmelskörper?

Im Fall des Canyon-Diablo-Meteoriten ist die Umwandlung von Grafit zu Diamant beim Aufprall auf die Erde denkbar (Lipschutz & Anders 1961), damit wären sie das Gegenstück zu den Diamanten in Impaktgesteinen wie am Nördlinger Ries. Man hat in den geschockten Sandsteinen am Meteor-Krater auch die SiO_2-Hochdruckminerale Coesit und Stishovit gefunden. Es kann gut sein, dass der Druck auch für die Bildung von Diamanten im Meteoriten ausgereicht hat. Für die Ureilite kann dies jedoch ausgeschlossen werden: Sie sind so klein, dass sie nur ein kleines Loch in den Boden geschlagen haben, die Schockwellen beim Aufprall reichten mit Sicherheit nicht aus. Die Diamanten müssen also schon vor dem Sturz auf die Erde vorhanden gewesen sein. Zunächst ging man davon aus, dass sie sich in der Tiefe eines größeren Asteroiden bildeten (Ringwood 1960), der mindestens so groß wie der Mond gewesen sein muss, um einen ausreichenden Druck zu erreichen. Wahrscheinlicher ist jedoch, dass die Diamanten bei der Kollision zweier Asteroiden entstanden: Die Olivine etwa zeigen Auswirkungen eines Impakts, der wesentlich stärker gewesen sein muss, als der Aufprall auf die Erde. Dieser Einschlag hat möglicherweise zum Zerbrechen eines Asteroiden zu kleinen Meteoriten geführt (Lipschutz 1964, Karczemska 2010). Natürlich ist es auch denkbar, dass in einem einzigen Meteoriten auf unterschiedliche Art und Weise entstandene Diamanten enthalten sind.

Eine ganz andere Geschichte sind Diamanten, die man in primitiven Meteoriten gefunden hat: Diese Diamanten sind älter als das Sonnensystem. Die sogenannten kohligen Chondrite sind Klumpen des ursprünglichen Materials, das direkt nach der Geburt des Sonnensystems kondensiert ist – der Baustoff, aus dem sich die größeren Asteroiden und die inneren Planeten gebildet haben. Eine kleine Untergruppe der kohligen Chondrite entspricht sogar nahezu der durchschnittlichen Zusammensetzung des Sonnensystems und ist daher wichtig für Geochemiker, die etwa An- und Abreicherungen der Elemente in den Schalen der Erde untersuchen. Die anderen Untergruppen sind etwas höheren Temperaturen ausgesetzt worden und seither an bestimmten Elementen abgereichert. Der Allende-Meteorit ist der größte kohlige Chondrit, der jemals gefunden wurde – das ist sicherlich einer der Gründe, warum es sich um den am besten untersuchen Meteoriten handelt. Er fiel am 8. Februar 1969 in Mexiko und man konnte unzählige Bruchstücke aufsammeln, die zusammen mehr als 2 Tonnen wogen. Zwei Jahrzehnte später entdeckte ein Forscher, der staubgroße Partikel aus diesem Meteoriten isolierte, dass er präsolare Diamanten enthält (Lewis et al. 1987).

Am auffälligsten sind in diesen Meteoriten die sogenannten Chondren – kleine Kügelchen aus Glas und feinen Silikatmineralen –, bei denen es sich um kondensierte Schmelztröpfchen handelt. Diese Chondren sind durch Staubkörnchen verbacken: winzige Kristalle wie Korund, Perowskit und Spinell, die schon vor den Chondren kondensiert waren (die Meteoritenforscher fassen diese als *Ca-Al-rich inclusions* zusammen). Daneben gibt es andere Staubkörnchen mit exotischen Isotopenverhältnissen, die offensichtlich älter als das Sonnensystem sind: Diamanten, Grafit, SiC, Si_3N_4 und eine ganze Reihe von Oxid- und Silikatmineralen.

Das Sonnensystem entstand vor etwas weniger als 4,7 Milliarden Jahren aus einer kugelförmigen Wolke aus Gas und Staub. Vermutlich sorgte eine nicht allzu weit entfernte Supernova dafür, dass die Wolke plötzlich zu einer rotierenden Akkretionsscheibe kollabierte. Rund 99 % der Masse sammelten sich dabei im Zentrum der Scheibe. Durch die Gravitation wurde diese Materieanballung immer dichter und heißer, bis in ihrem Kern schließlich so hohe Temperaturen herrschten, dass die Kernfusion von Wasserstoff zu Helium einsetzte. Damit war ein neuer Stern geboren, unsere Sonne. In einiger Entfernung zum Zentrum kühlte die Scheibe schnell ab und kondensierte. Die chondritischen Meteoriten sind die Zeugen der ersten kleinen Körper, die sich aus Schmelztröpfchen und Staub zusammenballten. Noch weiter vom Zentrum entfernt steigt der Anteil an Gasen; daher sind die äußeren Planeten ganz anders zusammengesetzt als die Inneren.

Die präsolaren Diamanten sind quasi die Asche sterbender Sterne, was der mythischen Vorstellung vom Sternenstaub eine ganz neue Bedeutung gibt. Dass sie nicht in unserem Sonnensystem entstanden sein können, wissen wir durch eingeschlossene Edelgase, nämlich Helium, Neon, Argon, Krypton und Xenon, die in völlig anderen Isotopenverhältnissen eingebaut sind, als wir es vom übrigen Sonnensystem kennen. Die Isotopenverhältnisse in präsolaren Staubpartikeln haben eine große Bedeutung für die Astronomie, da wir durch sie unsere Modellvorstellungen über die Prozesse, die in einem Stern im Laufe seines Lebens ablaufen, überprüfen können.

Diamanten machen den weitaus größten Teil des Sternenstaubs aus. Typische kohlige Chondrite bestehen zu etwas mehr als 0,1 % aus präsolaren Diamanten. Diese sind noch viel kleiner als alle Mikrodiamanten, die wir bisher kennengelernt haben: Mit zwei bis drei Nanometer Größe besteht jeder Kristall nur aus ein paar Tausend Atomen. In diesem winzigen Maßstab ist eine Analyse einzelner Körner natürlich nicht möglich und wir müssen uns mit durchschnittlichen Analysen von Mineralseparaten begnügen. Selbst wenn es möglich wäre, einzelne Kristalle zu messen, hätte die Analyse der Edelgasisotope keinen Sinn: Weil sie so winzig sind, enthält nur jeder zehnte Nanodiamant ein

Heliumatom, nur jeder millionste Nanodiamant ein Xenonatom. Das ist immer noch ungewöhnlich viel. Tatsächlich steckt fast das gesamte Edelgasbudget der Meteoriten in diesen Diamanten. Trotzdem können wir selbst bei einer Messung von einer Million Kristallen noch kein Xenon-Isotopenverhältnis ermitteln, weil nur ein einziges Atom vorhanden ist.

Für die Interpretation ist das natürlich problematisch, weil wir eine Mischung von Milliarden von Diamanten messen müssen, die vermutlich aus mehreren Populationen bestehen, die bei unterschiedlichen Prozessen, vielleicht sogar in unterschiedlichen Sternen entstanden sind. Bei der Mehrzahl der Körner, die keine eingeschlossenen Edelgase haben, können wir nicht einmal mit Sicherheit beweisen, dass sie wirklich präsolar sind.

Doch wie läuft die Bildung dieser Diamanten ab? Eine ganze Reihe von Theorien wurde vorgeschlagen. Am wahrscheinlichsten ist die sogenannte Chemical Vapour Deposition (CVD), da die Nanodiamanten große Ähnlichkeiten mit synthetischen Diamanten haben, die nach diesem Verfahren (Kapitel 10) gezüchtet wurden.

Demnach wachsen die Diamanten bei niedrigem Druck aus einem Plasma, also einem heißen, ionisierten Gas, das überwiegend aus Wasserstoffionen besteht und etwas Kohlenstoff enthält. Der Kohlenstoff kondensiert darin metastabil zu Diamant, weil die Wasserstoffionen die Bildung von Kohlenstoffringen (aus denen Grafit entstehen würde) unterdrücken.

Die anomalen Xenon-Isotopenverhältnisse deuten darauf hin, dass zumindest manche Diamanten auf diese Weise bei einer Supernova entstanden sind, während der Explosion eines sterbenden Sterns. Der Großteil kondensierte wahrscheinlich in der kühlen äußeren Hülle von Roten Riesen. Das sind alte, aufgeblähte Sterne, die durch stellare Winde Masse verlieren und vermutlich einen großen Teil des interstellaren Staubs produzieren. Und schließlich kann es nicht ausgeschlossen werden, dass weitere Diamanten erst während der Entstehung des Sonnensystems in der kollabierenden Gas- und Staubwolke kondensierten.

Mit den anderen Staubpartikeln wie SiC haben die Wissenschaftler mehr Glück: Diese sind zwar seltener, aber dafür groß genug, um einzelne Körner zu analysieren. Damit ist es möglich, einzelne Körner den Roten Riesen, einer Supernova, einer Nova oder einer bisher unbekannten Herkunft zuzuordnen. Wir wissen nämlich, welche Prozesse der Nukleosynthese jeweils ablaufen und können daher modellieren, welche Isotopenverhältnisse zu erwarten sind.

Eine umfassende Beschreibung der Prozesse, die ein Stern in seinem Leben erfährt, würde den Umfang dieses Buches sprengen. Ich möchte trotzdem einen kurzen Abriss versuchen.

Ein Stern wie unsere Sonne besteht nach seiner Geburt fast nur aus Wasserstoff und ein wenig Helium, alle anderen Elemente machen zusammen nur wenige Prozent aus. Die Gravitation sorgt für hohe Temperaturen im Inneren des Sterns, die eine Kernfusion von Wasserstoff zu Helium ermöglichen. Dabei wird sehr viel Energie freigesetzt, die nicht nur den Stern weiter aufheizt, sondern auch abgestrahlt wird.

Die Kernfusion läuft über mehrere Zwischenschritte ab. Dabei gibt es mehrere Möglichkeiten, die mit einer bestimmten Wahrscheinlichkeit ablaufen. Die häufigste ist die Proton-Proton-Kette: Zunächst reagieren zwei Protonen (also zwei Wasserstoffkerne) zu einem Kern, der aus einem Proton und einem Neutron besteht (schwerer Wasserstoff). Dabei wird ein Proton zu einem Neutron umgewandelt, was ein Neutrino und ein Positron freisetzt (das Positron wird vernichtet, sobald es auf ein Elektron trifft). Der schwere Wasserstoff reagiert weiter zu Helium 3 (2 Protonen, 1 Neutron) und einem Gammaquantum. Schließlich können zwei Kerne von Helium 3 zu einem Helium 4 (2 Protonen, 2 Neutronen) und zwei Wasserstoffkernen reagieren. Kurz:

$$^1H + {}^1H \rightarrow {}^2H + e^+ + \nu$$

$$^2H + {}^1H \rightarrow {}^3He + \gamma$$

$$^3He + {}^3He \rightarrow {}^4He + {}^1H + {}^1H$$

Es gibt jedoch auch andere Wege. Bei höheren Temperaturen dient Kohlenstoff als Katalysator, um Wasserstoff zu verbrennen (C-N-Zyklus): Vier Wasserstoffionen reagieren nacheinander mit einem Kohlenstoff. Nach einem Umweg über verschiedene Stickstoff-, Kohlenstoff- und Sauerstoffisotope entsteht schließlich neben einem Helium, ein paar Gammaquanten und Neutrinos wieder ein Kohlenstoff. Bei diesem Prozess verändern sich allerdings die Isotopenverhältnisse von Kohlenstoff und Stickstoff etwas.

Die Fusion von Wasserstoff zu Helium ist in einem Stern wie der Sonne über einige Milliarden Jahre hinweg stabil (die Sonne ist ungefähr bei ihrer Halbzeit). Es gibt die ganze Zeit fast keinen Austausch zwischen dem heißen Kern, in dem die Fusion abläuft, und der kühleren Hülle. Der Kern wird also immer Heliumreicher, während die Hülle unverändert bleibt.

Irgendwann ist der Wasserstoff im Kern verbraucht und vollständig zu Helium verbrannt, was einige dramatische Änderungen auslöst. Zum ersten Mal kann Konvektion Material aus dem Kern in die Hülle transportieren. Weil die thermische Energie für das Druck-Gleichgewicht fehlt, kollabiert der Helium-Kern, was im Zentrum die Temperatur erhöht und schließlich blitzartig die Fusion von Helium zu Kohlenstoff und Sauerstoff auslöst. Dieser Prozess ist nur bei einer sehr hohen Temperatur möglich, weil gleich drei Heliumkerne auf einmal verschmelzen müssen. Bei der Fusion von nur zwei Heliumkernen entsteht nämlich das Beryllium-Isotop ^{8}Be, das so instabil ist, dass es sofort wieder zerfällt. Bei der Fusion von Helium zu Kohlenstoff oder Sauerstoff wird wesentlich weniger Energie freigesetzt als beim Verbrennen von Wasserstoff zu Helium.

In einer dünnen Schale um den Helium-Kern kann wieder Wasserstoff zu Helium verbrannt werden. Die kühle Hülle hingegen dehnt sich auf das fünfzigfache Volumen aus. Der Stern hat eine geringere Leuchtkraft, er ist ein Roter Riese geworden.

Wie es weiter geht, wenn das Helium im Kern des Roten Riesen vollständig zu Kohlenstoff und Sauerstoff verbrannt ist, liegt vor allem an der Masse des Sterns. Unsere Sonne wird nur noch als Weißer Zwerg vor sich hin glühen und zu einem Schwarzen Zwerg abkühlen. Schwerere Sterne können noch mehrere Umwälzungen erleben, die Material aus der Hülle in den Kern bringen und die Fusion kurzfristig wieder anschmeißen. Das kann ein pulsierendes Aufflackern sein. Der Stern besteht aus immer mehr Kohlenstoff. Für uns ist wichtig, dass in der Sternenhülle irgendwann mehr Kohlenstoff als Sauerstoff enthalten ist: Das macht die Kondensation von Diamant und SiC erst möglich, wo vorher nur CO gebildet werden konnte. Manche der kondensierten Partikel werden vom stellaren Wind ins All fortgetragen.

In Sternen, die wesentlich schwerer sind als die Sonne, können noch schwerere Elemente durch Kernfusion gebildet werden. Die freigesetzte Energie ist jedoch gering. Aus Kohlenstoff entstehen Neon, Magnesium und Natrium, aus Sauerstoff hingegen Silizium, Schwefel und Phosphor. Das geht im Extremfall weiter bis zum Eisen. Die Fusion zu schwereren Elementen würde im Gegenteil Energie verbrauchen. Diese alternden massereichen Sterne sind wie eine Zwiebel aufgebaut, deren Schalen nach innen aus immer schwereren Elementen bestehen.

Der Rest des Periodensystems ist nicht durch Kernfusion, sondern durch zwei andere Prozesse entstanden: durch den Einfang eines Neutrons und durch den radioaktiven Zerfall von instabilen Isotopen.

Freie Neutronen überleben nicht lange, und damit sie eingefangen werden können, brauchen wir eine Neutronenquelle. Eine Möglichkeit sind bestimmte Fusionsprozesse, die in den Roten Riesen ablaufen. Das Einfangen eines Neutrons durch ein Atom erzeugt ein schwereres Isotop desselben Elements. Oft ist dieses Isotop nicht stabil und zerfällt. Vielleicht wandelt es sich in einem Betazerfall um: Ein Neutron wird zu einem Proton, einem Elektron (β-Strahlung) und einem Antineutrino. Das Atom ist dadurch im Periodensystem um ein Feld nach rechts gerutscht, hat aber vom Elektron abgesehen dieselbe Masse wie vor dem Zerfall.

In Sternen ist das Einfangen von Neutronen so langsam, dass instabile Isotope zerfallen, bevor das nächste Neutron eingefangen werden kann. Auf diese Weise können Elemente bis zum Blei entstehen. Etwas anders sind die Prozesse in einer Supernova, bei der auch die schwereren Elemente und exotische Isotope entstehen können. Während der Explosion werden so viele Neutronen freigesetzt, dass das Einfangen schneller sein kann, als der Betazerfall. Es entstehen also schwerere Isotope, die wiederum zu ganz anderen Isotopen zerfallen – aus diesem Grund sind die Verhältnisse der Edelgasisotope in den Nanodiamanten so wichtig.

Supernovae sind gewaltige Explosionen von sterbenden Sternen. Sehr massereiche Sterne bestehen in ihrem Alter zunehmend aus schweren Elementen, was nicht nur die Energieerzeugung schwieriger macht, sondern im Kern auch die Gravitation erhöht. Schließlich reicht die thermische Energie nicht mehr aus, um das Gleichgewicht mit der Gravitation zu erhalten. Der Kern kollabiert schlagartig, was zu einem sprunghaften Anstieg von Druck und Temperatur führt. Dabei gehen im Kern alle aufgebauten Elemente wieder verloren: Sie lösen sich in freie Elektronen, Protonen und Neutronen auf. Nachdem die Protonen und Elektronen miteinander reagiert haben, gibt es nur noch Neutronen, die nicht geladen sind und sich daher nicht gegenseitig abstoßen: Die Masse kollabiert zu einem Neutronenstern, der eine unglaublich hohe Dichte hat und einem einzigen überdimensionierten Atomkern entspricht. In die entgegengesetzte Richtung breitet sich eine Schockwelle aus, die das Material aus der Hülle des Sterns ins All auswirft. Während sich das Gas der ehemaligen Sternenhülle ausbreitet und abkühlt, kommt es zu unzähligen Reaktionen. Ein Beispiel ist die Synthese der merkwürdigen Edelgasisotope, bei der die massenhaft vorhandenen Neutronen beteiligt sind. Ein anderes Beispiel sind die Nanodiamanten, die diese Edelgase einschließen.

5
Riesenkristalle und ungewöhnliche Begegnungen: Smaragd, Topas und Turmalin

Wie sieht wohl ein Granit aus der Sicht einer Ameise aus? Stellen wir uns ein Gestein aus gigantisch großen Kristallen vor. Der Feldspat bildet riesige weiße Blöcke, Quarz ist ebenso groß und transparent wie Fensterglas. Dazwischen stecken große Glimmerblättchen, in denen sich die Ameise spiegelt.

Pegmatite sehen tatsächlich ungefähr so aus: Magmatische Gesteine, die einem Granit ähneln, nur in einen größeren Maßstab übertragen. Pegmatite mit dezimetergroßen Kristallen sind keine Seltenheit, es gibt aber auch welche mit Kristallen, die einige Meter groß sind. In Colorado (USA) fanden Bergleute ein Monster von einem Kalifeldspat: Das Ding war fast 50 Meter lang, 36 Meter hoch und 14 Meter breit. Dieser Feldspat muss beinahe 16 000 Tonnen gewogen haben, und er ist wahrscheinlich der größte Kristall, der jemals gefunden wurde – wenn es sich wirklich um einen einzigen Kristall gehandelt hat.

Pegmatite sind eher kleine Gesteinskörper, die zusammen mit Graniten vorkommen, manchmal auch mit Syeniten oder anderen magmatischen Gesteinen. Weitere Pegmatite gibt es im Zusammenhang mit Migmatiten, also teilweise aufgeschmolzenem Gneis. Die meisten Pegmatite unterscheiden sich fast nur in der Kristallgröße vom Granit. In manchen wurden jedoch seltene Elemente so stark angereichert, dass sich neben Quarz, Feldspat und Glimmer auch außergewöhnliche Minerale gebildet haben.

Beryll

$Be_3Al_2[Si_6O_{18}]$	Ringsilikat	
Kristallsystem:	hexagonal	
Mohs-Härte:	7½-8	
Spaltbarkeit:	unvollkommen	
Bruch:	uneben, muschelig, splittrig	
Farbe:	farblos, grün, blau, gelb, rosa, rot	

Meist lange sechsseitige Prismen. Vorkommen in Pegmatiten und in metasomatischen Gesteinen. Auch Seifenlagerstätten. Synthetisch: hydrothermal oder in Flussmittel gezüchtet. Wichtigstes Berylliumerz.

Goshenit: Farbloser Edelberyll. Vorkommen in Pegmatiten.

Aquamarin: Blaue Varietät durch Spuren von Fe^{2+}. Vorkommen in Pegmatiten. Fundorte: Brasilien, Kenia, Madagaskar, Mosambik, Tansania, Russland, Uruguay, USA, Sambia. Häufig gebrannt, um die Farbe zu verstärken.

Smaragd: Grüne Varietät, durch Spuren von Cr und V. Oft trüb durch Einschlüsse. Vorkommen in metasomatischen Gesteinen. Fundorte: Kolumbien, Sambia, Brasilien, Russland (Ural), Afghanistan, Madagaskar, Ägypten, Pakistan, Indien.

Trapiche Smaragd: Smaragd mit feinen Mineraleinschlüssen, die den Kristall wie Speichen eines Wagenrades in Sektoren unterteilen. Aus Kolumbien.

Heliodor und Goldberyll: Gelbe Varietäten durch Spuren von Fe^{3+}. Vorkommen in Pegmatiten. Seltener als Aquamarin, trotzdem weniger wertvoll.

Morganit: Rosa bis violette Varietät durch Spuren von Li. Selten, Vorkommen in Li-Pegmatiten. Fundorte: Brasilien (Minas Gerais), Afghanistan, Madagaskar. Häufig gebrannt, um pinken Farbton zu verstärken.

Roter Beryll: Färbung durch Mn^{3+}. Extrem selten, Vorkommen in Topas-Rhyolith. Wenige Fundorte in den USA.

Chrysoberyll

$BeAl_2O_4$	Oxid
Kristallsystem:	orthorhombisch
Mohs-Härte:	$8\frac{1}{2}$
Spaltbarkeit:	gut
Bruch:	muschelig
Farbe:	gelb, grünlich-gelb, grün, bräunlich

Meist dicktafelige Kristalle, häufig Zwillinge. Vorkommen in metamorph überprägten Pegmatiten und in metasomatischen Gesteinen. Auch Seifenlagerstätten. Berylliumerz.

Chrysoberyll-Katzenauge: Chrysoberyll mit Lichteffekt durch Reflexion an eingeschlossenen nadeligen Mineralen.

Alexandrit: Cr-Varietät, zeigt einen Farbwechsel von bläulich-grün (bei Sonnenlicht) zu rot (bei Kunstlicht). Vorkommen zusammen mit Smaragd.

Einige dieser Minerale sind kostbare Edelsteine, andere werden als Erz für seltene Elemente abgebaut.

Eines der angereicherten Elemente ist Beryllium (Evensen & London 2002), das normalerweise in der Erdkruste nur in winzigen Spuren vorkommt. Ein Pegmatit kann so hohe Konzentrationen dieses seltenen Metalls haben, dass Beryll kristallisiert. In diesem Berylliumsilikat sind die Siliziumoxid-Tetraeder zu großen Ringen zusammengesetzt, die durch Beryllium und Aluminium verbunden sind. Die Ringe sind zu engen Röhren aneinandergereiht, die den Kristall der Länge nach durchziehen. Berylle können beachtliche Größen erreichen. Ein in Madagaskar entdeckter Kristall wog 400 Tonnen und gehört zu den größten Kristallen, die jemals gefunden wurden. Er war 18 Meter lang und hatte einen Durchmesser von 3,5 Metern (Rickwood 1981). Leider haben die größten Kristalle nicht unbedingt eine Qualität, die sie zu Edelsteinen machen würde.

Beryll gehört zu den schönsten und teuersten Edelsteinen, die es gibt. Bekannter sind allerdings die Namen, die man den unterschiedlich gefärbten Varietäten gegeben hat, insbesondere Smaragd und Aquamarin. Für einen einzigen, außergewöhnlich schönen Smaragd aus Kolumbien, der 10 Karat wog, wurden einmal mehr als eine Million Dollar bezahlt. Smaragd ist die grün gefärbte Varietät von Beryll und sehr selten. Die Farbe geht auf Chrom und Vanadium zurück, die als Spurenelemente in das Kristallgitter eingebaut sind. Wir werden noch sehen, wie außergewöhnlich die Kombination der Elemente Chrom und Beryllium ist. Smaragd ist die einzige Varietät, die nicht direkt in Pegmatiten entsteht. Wenden wir uns also zunächst den anderen zu.

Typisch für einen Edelsteinpegmatit ist Aquamarin, die blaue Varietät des Berylls, deren Name sich vom Meerwasser ableitet. Diesmal sind Spuren von zweiwertigem Eisen für die Farbe verantwortlich. In Brasilien wurde 1910 in der Provinz Minas Gerais ein Aquamarin entdeckt, der 48 Zentimeter lang sowie 38 Zentimeter dick war und mehr als 110 Kilogramm wog (Proctor 1984). Er war von bester Qualität und so transparent, dass man einen Text durch die Länge des Kristalls hindurch lesen konnte. Die Finder waren die syrischen Brüder Tanuri, sie hatten in einem von weniger erfolgreichen Glücksrittern in den Boden gegrabenen Loch einfach einen Meter tiefer gegraben. Heute wäre dieser Kristall schätzungsweise 25 Millionen Dollar wert; erst 1992 wurde er auf den zweiten Platz der größten jemals gefundenen Aquamarine der Welt verdrängt. Sie verkauften ihn für 25 000 Dollar an zwei deutsche Händler, die ihn nach Idar-Oberstein verschifften. Dort versuchte eine Firma erfolglos, ein Museum zu finden, das dafür 139 000 Dollar zu zahlen bereit gewesen wäre. Schließlich beschloss man, den Stein zu zersägen und die kleineren Stücke zu schleifen. Der 6 Kilogramm schwere unverschliffene Rest liegt heute im American Museum of Natural History in New York.

Spodumen

LiAl[Si$_2$O$_6$]	Kettensilikat, Li-Pyroxen
Kristallsystem:	monoklin
Mohs-Härte:	6½-7
Spaltbarkeit:	vollkommen
Bruch:	uneben, spröde
Farbe:	farblos, weiß, hellgrau, rosa, gelblich, grün

Vorkommen in Li-Pegmatiten. Wichtiges Li-Erz.

Hiddenit: Gelbgrüne bis grüne Varietät.

Kunzit: Rosa bis violette Varietät.

Wesentlich seltener sind Pegmatite mit Heliodor oder Goldberyll, den gelben Varietäten des Berylls. Die gelbe Farbe entsteht durch Spuren von dreiwertigem Eisen. Schließlich gibt es noch den seltenen rosafarbenen Morganit, der etwas Lithium enthält. Er kommt in lithiumreichen Pegmatiten vor.

Mit Lithium haben wir ein weiteres Element, das in Pegmatiten angereichert werden kann. Lithium-Pegmatite sind wichtige Lagerstätten für dieses Metall, das für Akkus in Laptops und Elektroautos gebraucht und daher immer gefragter wird. Eines der wichtigsten Lithium-Minerale ist Spodumen, der zur Pyroxen-Gruppe gehört. Manchmal kommt Spodumen in wasserklaren Kristallen von Edelsteinqualität vor, die zartrosa bis violett oder sehr selten zartgrün bis gelblich sein können. Erstere werden unter dem Namen Kunzit, Letztere unter dem Namen Hiddenit verkauft. Kunzit ist ein Edelstein mit wunderbarer Farbbrillanz. Zudem hat er die merkwürdige Eigenschaft, im Dunkeln zu leuchten, wenn er zuvor der UV-Strahlung der Sonne ausgesetzt war. Diese Fähigkeit nennt man Phosphoreszenz.

Turmalin-Gruppe

Schörl	$NaFe_3^{2+}Al_6[(OH)_4 \mid (BO_3)_3 \mid (Si_6O_{18})]$
Dravit	$NaMg_3Al_6[(OH)_4 \mid (BO_3)_3 \mid (Si_6O_{18})]$
Elbait	$NaLi_{1,5}Al_{1,5}Al_6[(OH)_4 \mid (BO_3)_3 \mid (Si_6O_{18})]$
Ringsilikate	Gruppe mit Mischungsreihen zwischen vielen verschiedenen Endgliedern: am häufigsten Schörl, Dravit, Elbait
Kristallsystem:	trigonal
Mohs-Härte:	7-7½
Spaltbarkeit:	undeutlich
Bruch:	muschelig
Farbe:	Elbait: Alle Farben. Schörl: schwarz. Dravit: braun.

Lange Prismen. Vorkommen: in Pegmatit (Elbait, Schörl), in hydrothermalen Adern (Schörl), in Schiefer (Dravit). Wichtigstes Bor-Mineral. Lithium-Turmaline (insbesondere Elbait) sind wichtige Edelsteine. Häufig mehrere unterschiedlich gefärbte Zonen.

Indigolith: Blaue Farbvarietät von Lithium-Turmalin.

Paraíba-Turmalin: „Neonblaue" bis türkisfarbene kupferhaltige Varietät von Elbait.

Rubellit: Rote oder pinke Farbvarietät von Lithium-Turmalin.

Verdelith: Grüne Farbvarietät von Lithium-Turmalin.

In Lithium-Pegmatiten findet man noch einen dritten Edelstein, nämlich Lithium-Turmalin. Turmalin ist der bunte Vogel unter den Edelsteinen. Es handelt sich um eine Gruppe von borhaltigen Ringsilikaten, die gleich sieben unterschiedlich große Gitterplätze haben, die von unterschiedlichen Elementen eingenommen werden können (Hawthorne & Henry 1999). Die allgemeine Formel schreibt sich $XY_3Z_6[T_6O_{18}][BO_3]_3V_3W$, wobei B für Bor steht, O für Sauerstoff und alle anderen Buchstaben als Variablen für unterschiedliche Gitterplätze. Allein der sogenannte Y-Platz kann mit Li, Mg, Fe^{2+}, Mn^{2+}, Al, Cr^{3+}, V^{3+}, Fe^{3+} und Ti^{4+} besetzt werden. Auf X passen Ca, Na, K oder eine Leerstelle, auf Z können Mg, Al, Fe^{3+}, V^{3+}, Cr^{3+}, das T steht für Si und Al. W und V sind OH, O und F. Es gibt also mehr als genug Kombinationsmöglichkeiten, selbst wenn wir pro Gitterplatz nur das jeweils dominierende Element betrachten. Natürliche Turmaline sind grundsätzlich Mischungen zwischen unterschiedlichen Endgliedern, von denen es so viele gibt, dass die meisten nicht einmal einen eigenen Namen haben. Die wichtigsten sind Elbait, Dravit und Schörl. Häufig sind Mischungen aus Elbait und Dravit oder aus Dravit und Schörl. Endglieder darf man nicht mit Farbvarietäten verwechseln (die es verwirrenderweise für unterschiedlich gefärbte Edelstein-Turmaline zusätzlich gibt). Genaugenommen sind Endglieder unterschiedliche Minerale mit unterschiedlichen Zusammensetzungen, deren Gemeinsamkeit die Anordnung ihrer Atome im immer gleichen Kristallgitter ist und die miteinander gemischt werden können. Da die Übergänge fließend sind, basiert die exakte Bestimmung eines Turmalins auf den dominierenden Kationen der wichtigsten Gitterplätze. Allerdings kommt hinzu, dass Zonierungen in Turmalin die Regel sind, und im Extremfall kann ein einziger Kristall aus Zonen bestehen, denen man unterschiedliche Namen geben müsste. Ein Beispiel ist ein Turmalin von der Insel Elba, der einen grünlich-gelben Kern und einen farblosen Rand hat (Agrosi et al. 2006). Der farblose Rand ist Elbait, der Kern jedoch ein namenloses Mangan-Turmalin-Endglied. Die Namensgebung ist allerdings eher ein Problem für Sammler, während Forscher sich für die Details der schwankenden Zusammensetzung interessieren.

Zonierungen mit unterschiedlicher Zusammensetzung sind gerade bei Turmalin auch für die Schmucksteinindustrie von großer Bedeutung, da sie oft unterschiedlich gefärbt sind. Unterschiede zwischen Kern und Rand entstehen durch veränderte

Wachstumsbedingungen, etwa durch eine andere Temperatur oder eine andere Magma- oder Fluidzusammensetzung.

Häufig sind Sektorzonierungen, wobei verschieden zusammengesetzte Kristallsektoren gleichzeitig gewachsen sind. Es gibt längliche Turmaline, die an den Enden eine andere Farbe haben als in der Mitte. Manchmal sind sogar beide Enden unterschiedlich gefärbt. Ein Beispiel wäre ein farbloser Kristall mit einem grünen und einem roten Ende. In Scheiben geschnittene Kristalle haben oft bunte Muster aus Dreiecken und einem „Mercedes-Stern". Die Dreiecke sind Schnitte durch Zonen in der Form von übereinandergestapelten dreiseitigen Pyramiden.

Diese Sektorzonierungen entstehen, wenn der Kristall schneller wächst, als die Diffusion im Kristallgitter abläuft. Die unterschiedlichen Kristallflächen sind unterschiedlich zum Kristallgitter orientiert und bevorzugen daher beim Wachstum den Einbau anderer Ionen. Die Diffusion im Kristall, die diesen Effekt normalerweise ausgleicht, ist in Turmalin sehr langsam. Dazu kommt, dass Diffusion temperaturabhängig ist und Turmalin bei relativ geringer Temperatur gebildet wird. Sektorzonierung tritt auch bei anderen Mineralen auf, sie macht sich aber nicht immer auch durch eine unterschiedliche Färbung bemerkbar. Beim Turmalin spielt zudem die geringe Symmetrie des Kristallgitters eine Rolle (das zum ditrigonal-pyramidalen Kristallsystem gehört): Die Kopfflächen an den beiden Enden des Kristalls sind unterschiedlich und bauen daher andere Elemente bevorzugt ein. Das ist der Grund, warum die Enden unterschiedlich gefärbt sein können.

Wer an einen Turmalin denkt, meint in der Regel den Lithium-Turmalin Elbait, der in allen denkbaren Farben vorkommt, häufig mit mehreren Farben in einem einzigen Kristall. Genau genommen kommen weitere bunte Lithium-Turmalin-Endglieder vor, zum Beispiel kann Natrium durch Kalzium ersetzt sein. Diese bunten Lithium-Turmaline kommen ohne Ausnahme aus Pegmatiten.

Reiner Elbait ist farblos, aber durch Beimischungen gibt es so viele Kombinationen aus unterschiedlichen Farbzentren, dass es keinen Farbton gibt, der nicht vorkommt. Eine Rolle spielen Ladungstransfers (Kapitel 1) zwischen Fe^{2+} und Fe^{3+}, zwischen Ti^{3+} und Ti^{4+}, zwischen Fe und Ti, zwischen Mn und Ti, Mn^{2+} und Mn^{3+} und deren Kombinationen. Durch Strahlung verursachte Gitterdefekte färben den Elbait rosa. Der „neonblaue" Paraíba-Turmalin, der aus dem Nordosten von Brasilien stammt, ist ein kupferhaltiger Elbait – das Kupfer stammt vermutlich ursprünglich aus den Sedimenten unterhalb des Pegmatits.

In Malawi und Sambia gibt es gelben „Kanarien-Turmalin". Grünen Elbait von Minas Gerais hielt man lange Zeit für Smaragd, den blauen verwechselte man hingegen mit Saphir. In diesem Bundesstaat fand man auch Turmaline, die bunt wie Papageien waren und bis zu fünf verschiedene Farben in einem Kristall hatten. Madagaskar ist bekannt für Lithium-Turmaline, die wie eine Wassermelone außen grün und innen rot sind. Daneben gibt es noch alle erdenklichen Farbkombinationen. Sie werden oft in Scheiben geschnitten, damit die bunte Pracht sich am besten entfaltet. In Madagaskar werden die Kristalle, die häufig weit über 20 cm lang sind, in kleinen Gruben gesucht, die zwischen Reisfeldern in den Boden gegraben werden.

Wesentlich häufiger als Lithium-Turmalin ist der unscheinbare Eisen-Turmalin Schörl. Die schwarzen Nadeln sind typisch für hydrothermale Quarzadern in der Umgebung von Granitplutonen, größere Kristalle gibt es in manchen Pegmatiten. Wenn die schwarzen Schörl-Kristalle zu hauchdünnen Scheiben geschliffen werden, entfalten auch sie eine Farbenpracht, die an gotische Kirchenfenster erinnert (Rustemeyer 2003).

Dravit, ein Magnesium-Turmalin, ist zumeist braun und kommt in manchen Schiefern vor. Das Bor stammt dabei ursprünglich aus dem Meerwasser und wurde an Tonminerale angelagert. Dazu kommen eventuell ältere Turmalin-Kristalle, die im Meer zusammen mit Ton oder Sand als Schwereminerale abgelagert wurden. Manchmal wird Dravit auch in Pegmatiten gefunden.

Wir werden bald sehen, dass das Bor, das Turmaline enthalten, bei der Entstehung von Pegmatiten eine wichtige Rolle spielt. Das gilt auch für das Fluor, das ein Hauptbestandteil von Topas ist. Topas ist ein Edelstein, der honigfarben, pfirsichfarben, malvenfarbig, bräunlich, pink, orange, blau oder farblos ist und ebenfalls in Pegmatiten vorkommen kann. Jetzt haben wir schon einige Edelsteine kennengelernt, die in Pegmatiten gefunden werden. Weitere Beispiele sind Brasilianit (ein Phosphat), Rauchquarz, Rosenquarz und der grüne Kalifeldspat Amazonit. Der Edelstein Chrysoberyll, dessen Varietäten Katzenauge und Alexandrit uns bereits in Kapitel 1 begegnet sind, entsteht, wenn ein Beryll-Pegmatit nachträglich einer Metamorphose ausgesetzt wird: Bei sehr hoher Temperatur, die möglicherweise zu einem teilweisen Wiederaufschmelzen führt, reagiert Beryll zu Chrysoberyll und Quarz (Franz & Morteani 1984, Barton 1986).

Viele Pegmatite enthalten zudem Erze von wichtigen Metallen wie Niob, Tantal und Zinn. Wirtschaftlich bedeutend sind auch Pegmatite, die hohe Gehalte an Seltenerdmetallen haben. Das sind diejenigen Elemente, die im Periodensystem meistens wie eine Fußnote als zweite Tabelle unter die anderen Elemente gedruckt werden, von Lanthan bis Lutetium. Diese Elemente werden für Hightech-Anwendungen immer wichtiger. Sogar Pegmatite, die keine exotischen Minerale enthalten, werden abgebaut. Die großen Feldspatkristalle sind ein sehr guter Rohstoff für die Keramikindustrie und die Glimmer werden als elektrische Isolatoren eingesetzt.

Es wird höchste Zeit, dass wir erfahren, was es mit diesen Pegmatiten auf sich hat, warum sie so große Kristalle haben und wie es zur Anreicherung seltener Elemente kommt. Nebenbei werden wir noch weitere Prozesse kennenlernen, bei denen ebenfalls Edelsteine entstehen und die mehr oder weniger direkt mit Graniten zusammenhängen.

Es gibt prinzipiell zwei Möglichkeiten, wie Granitmagma entstehen kann: entweder durch fraktionierte Kristallisation aus einem Basaltmagma oder durch Aufschmelzen der Erdkruste. Fraktionierte Kristallisation bedeutet, dass in einem abkühlenden Magma die Schmelze von den bereits darin wachsenden Kristallen getrennt wird. In einem Basalt kristallisiert zunächst Olivin; bei sinkender Temperatur kommen Pyroxen und schließlich Plagioklas hinzu. Alle Elemente, die nicht in diese Minerale hineinpassen, werden in der Schmelze angereichert, deren Zusammensetzung sich somit ändert. Da die kristallisierten Minerale etwas weniger Silizium als die Schmelze enthalten, wird diese auch immer siliziumreicher. Wenn bereits ein großer Teil des ursprünglichen Magmas erstarrt ist, hat die verbliebene Schmelze die Zusammensetzung von Granit. Eine Granitschmelze hat nicht nur eine andere Zusammensetzung als eine Basaltschmelze, sondern auch andere physikalische Eigenschaften. Sie hat eine niedrigere Schmelztemperatur, kann viel Wasser und Gase gelöst haben und sie ist hochviskos, also sehr dickflüssig.

Die Trennung von Kristallen und Schmelze kann durch das Absinken der schweren Kristalle auf den Boden der Magmakammer erfolgen. Die Konvektion in einer Magmakammer beschleunigt diese Trennung. Noch effektiver ist ein Prozess, der so ähnlich wie das Passieren von Suppen funktioniert: Die Magmakammer wird durch den Druck zusammengequetscht, sodass die Schmelze aus dem Kristallmatsch gepresst wird und durch aufgerissene Spalten nach oben entweicht.

Die Fraktionierung geht nicht endlos weiter: Die Zusammensetzung von Granit ist ein sogenanntes Eutektikum. So nennt man den tiefsten Schmelzpunkt bei einem Gemisch unterschiedlicher fester Phasen. Sobald eine Schmelze bis zur eutektischen Temperatur abgekühlt ist, erstarrt die verbliebene Schmelze in relativ kurzer Zeit. Bei einem Vulkangestein passiert das so schnell, dass nur winzige Kristalle entstehen, die man mit bloßem Auge kaum sehen kann. Manchmal wurde die eutektische Schmelze gar zu einem Glas abgeschreckt. Ein großer Granitpluton kühlt hingegen so langsam, dass die Kristalle von Quarz, Feldspat und Glimmer immer noch ein paar Millimeter groß werden. Die genaue Temperatur und Zusammensetzung des Eutektikums ist vom Wassergehalt und vom Gehalt an Elementen wie Fluor, Bor und Phosphor abhängig.

Das Aufschmelzen eines Gesteins ist der einer fraktionierten Kristallisation entgegengesetzte Prozess. Die untere Erdkruste besteht zu großen Teilen aus Gabbro, also einem Plutonit mit derselben Zusammensetzung wie Basalt. Bei ausreichender Temperatur wird ein Gabbro teilweise aufgeschmolzen. Auch diesmal hat die Schmelze nicht die Zusammensetzung des Gesamtgesteins. Das Aufschmelzen betrifft vor allem den Feldspat, während Olivin und Pyroxen erhalten bleiben. Je geringer der Anteil der gebildeten Schmelze ist, desto näher ist ihre Zusammensetzung beim Granit-Eutektikum. Wasser spielt beim Aufschmelzen der Kruste eine wichtige Rolle, da es den Schmelzpunkt deutlich heruntersetzt. Der Schmelzpunkt in wassergesättigten Gesteinen kann unter 700 °C liegen. Übrigens läuft das Aufschmelzen im Erdmantel ganz ähnlich ab: Auch hier gibt es ein Eutektikum, nur dass dabei Basalt-Magma entsteht und der Schmelzpunkt wesentlich höher liegt.

Aufgrund des Granit-Eutektikums werden nicht nur Gabbros, sondern fast alle Gesteine der Erdkruste zu einem Granitmagma aufgeschmolzen. Beispielsweise können bei einer Gebirgsbildung Gneise und Schiefer angeschmolzen werden, die ursprünglich aus Sedimenten wie Tonstein oder Grauwacke entstanden sind. Die entsprechenden Granite werden S-Typ-Granit genannt. Im Gegensatz zu I-Typ-Granit (typisch für Subduktionszonen; I vom englischen *igneous*), der aus Basaltmagma fraktioniert oder in einem zweiten Ereignis aus Gabbro ausgeschmolzen ist, enthalten S-Typ-Granite etwas mehr Aluminium. Man unterscheidet noch eine dritte Art von Graniten, den A-Typ (von anorogen), der an kontinentalen Gräben entstehen kann. A-Typ-Granite sind eine Mischung aus fraktionierten Schmelzen aus einem angereicherten Mantel und aus Schmelzen der unteren Kruste. Sie haben oft höhere Gehalte an Natrium und Kalium.

Diejenigen Spurenelemente, die in Olivin, Pyroxen und so weiter nicht so recht hineinpassen, werden also sowohl beim Aufschmelzen als auch beim Kristallisieren in der Schmelze angereichert. Sie werden „inkompatible Elemente" genannt, man findet sie vor allem in der Erdkruste. Kompatible Spurenelemente wie Chrom und Nickel werden hingegen schnell durch Fraktionierung aus der Schmelze entfernt. Sie sind nur im Erdmantel und in unfraktionierten, direkt aus dem Mantel stammenden Magmen enthalten.

Es gibt zwei Eigenschaften, die ein Element inkompatibel machen können. Die eine ist ein großer Ionenradius, was bei Kalium, Barium und Lithium der Fall ist. Manche dieser Elemente sind in einem Granitmagma etwas kompatibler als in Basaltmagma, da sie in Feldspat eingebaut werden können. Die andere Eigenschaft ist ein hohes Ionenpotential, was bedeutet, dass die Ionen eine hohe Ladung und kleine Radien haben. Ihrer Ladung entsprechend müssen diese Kationen in einem Kristallgitter von entsprechend vielen Anionen umgeben sein, was in den relativ dicht gepackten Kristallgittern von Olivin und Pyroxen nicht möglich ist. Zu diesen Elementen gehören Zirkonium, Titan, Niob, Uran und die Seltenerdmetalle.

Bei der Kristallisation eines Magmas nimmt die Konzentration der inkompatiblen Elemente immer mehr zu. Erst wenn diese einen Grenzwert überschreitet, beginnt die Kristallisation eines Minerals mit einem hohen Gehalt an inkompatiblen Elementen. Typisch für einen Granit sind winzige Kristalle von Zirkon (Zirkoniumsilikat, siehe auch Kapitel 6), Titanit (Titansilikat), Apatit (Kalziumphosphat), Monazit und Xenotim (Seltenerdphosphate). Da sie weniger als 1 % des Granits ausmachen, nennt man sie akzessorisch. Nur selten sind sie größer als einen Millimeter, oft sind sie so winzig, dass sie mit dem bloßen Auge nicht zu sehen sind.

Aus den letzten Schmelzresten von großen Granitplutonen, die schon fast vollständig erstarrt sind, können Pegmatite entstehen. Diese letzte Schmelze hat nicht nur sehr hohe Gehalte an inkompatiblen Elementen, sie enthält auch sehr viel Wasser, das ebenfalls bei der Fraktionierung in der Schmelze angereichert wurde.

Auch Bor, Fluor und Phosphor sind vorhanden, manchmal in bedeutenden Mengen. Diese drei Elemente wirken als Flussmittel, da sie Komplexe mit Alkalien und anderen Elementen formen und daher indirekt die Polymerisierung der Siliziumtetraeder unterdrücken. Die Ergebnisse sind ein wesentlich niedrigerer Schmelzpunkt des Magmas, der deutlich unter 500 °C liegen kann, und eine niedrigere Viskosität. Gleichzeitig erhöht sich die Löslichkeit von normalerweise weniger löslichen Elementen, die in der Restschmelze umso extremer angereichert werden. Bor, Fluor und Phosphor unterstützen die Bildung von Pegmatiten. Diese drei Elemente ermöglichen zugleich die Bildung von bestimmten Edelsteinen: Turmalin und Rosenquarz enthalten Bor, Topas enthält Fluor und Brasilianit enthält Phosphor.

Die wasserreiche Restschmelze kann schließlich aus dem Kristallbrei des nahezu erstarrten Granits gequetscht werden. Zunächst sammelt sie sich in Schlieren innerhalb des Granits an; viele Pegmatite finden sich daher mit einem nahtlosen Übergang innerhalb eines Granits. Manchmal wird die Restschmelze an den Rand des Granitplutons gequetscht, wo sich ein Randpegmatit bildet, der von Bergleuten als Stockscheider bezeichnet wird. Häufig dringt die Schmelze durch Spalten in das Nebengestein ein und erstarrt dort zu einem Gang oder in Form eines kleinen Plutons, der Pegmatitstock genannt wird.

Es gibt viele Pegmatitgänge, bei denen der zugehörige Granit nicht aufgeschlossen ist. Oft muss davon ausgegangen werden, dass sie von einem in der Tiefe versteckten Granit abstammen. Es gibt aber auch Pegmatite, die direkt beim Anschmelzen eines Gneises zu einem Migmatit entstanden. Das passiert übrigens nicht, wenn die Metamorphose die höchste Temperatur erreicht, sondern meist auf dem Rückweg nach oben durch Druckentlastung. Diese sogenannten abyssalen Pegmatite sind im Normalfall sehr einfach zusammengesetzt und nicht mit exotischen Elementen angereichert. Es gibt jedoch Ausnahmen, etwa mit Beryll, Chrysoberyll oder Turmalin, wenn ein entsprechend bor- oder berylliumreiches Ausgangsgestein aufgeschmolzen wurde (Černý & Ercit 2005, Cempírek & Novák 2007, Zhaolin 2007, Simmons 2007).

Wie kommt es nun zu den Riesenkristallen? Kühlt der Pegmatit etwa besonders langsam? Das Gegenteil ist der Fall. Kleinere Magmakörper werden natürlich wesentlich schneller abgekühlt als ein großer Granitpluton. Man schätzt, dass ein Pegmatit zwischen einer Woche und wenigen Monaten braucht, um zu kristallisieren. Die Riesenkristalle sind also sehr schnell gewachsen.

Wichtig für die Entstehung der Pegmatite ist eine starke Unterkühlung der Schmelze (London 2005, London 2008). Sie wird um 150 bis 250 °C unter ihren Schmelzpunkt abgekühlt, auf weniger als 500 °C, bevor die Kristallisation einsetzt. Das ist möglich, weil das Wasser und eventuell vorhandenes Bor, Fluor und Phosphor die Nukleation von Silikatmineralen unterdrückt. Gleichzeitig ist die Diffusion (mit der Ausnahme von Alkalien) in kühler silikatreicher Schmelze sehr langsam, was an der hohen Viskosität liegt. Je mehr die Schmelze unterkühlt wird, desto langsamer wird die Diffusion.

Schließlich beginnt die Kristallisation an den schneller abgekühlten Rändern des Magmakörpers. Im Gegensatz zu einem Granit, bei dem im gesamten Pluton verteilte Kristalle heranwachsen, wachsen bei einem Pegmatit die Kristalle von den Rändern ins Innere.

Da die Diffusion in der Schmelze so langsam ist, sammeln sich inkompatible Elemente und Wasser in einem dünnen Bereich der Schmelze unmittelbar vor der ins Innere wachsenden Kristallfront an. Diese dünne Grenzschicht hat eine andere Zusammensetzung und damit andere physikalische Eigenschaften als die übrige Schmelze. Sie enthält sehr viel Wasser, was sie weniger viskos macht und die Diffusion beschleunigt. Bereichsweise kann die Konzentration seltener Elemente so hoch werden, dass exotische Minerale gebildet werden: zum einen jene, die auch im Granit als winzig kleine akzessorische Minerale enthalten sind und nun plötzlich beachtliche Größe erreichen, zum anderen Minerale, die nur in Pegmatiten vorkommen. Sind dies Minerale, die Bor, Phosphor oder Fluor enthalten, sinkt dabei der Gehalt an Flussmitteln in der Schmelze, was wiederum die Kristallisation anderer Minerale beschleunigt.

Das Zentrum des Pegmatits kristallisiert zuletzt. Hier treffen sich die angereicherten Schichten von beiden Seiten. Im Zentrum kommen daher am häufigsten exotische Minerale vor. Dort wird der Wassergehalt der Schmelze oft so hoch, dass das Wasser zu Gasblasen entmischt wird. Es bleiben dann Hohlräume, die als miarolitische Taschen bezeichnet werden und die manchmal mit Edelsteinen gefüllt sind. Bei manchen Zusammensetzungen gibt es hingegen einen fließenden Übergang von Silikatschmelze zu einem heißen wässrigen Fluid, das in der Umgebung zu einer hydrothermalen Mineralisation führt.

Interessant ist, dass die Kristallisation von unterkühlter Schmelze metastabil abläuft. Das Ergebnis ist, dass die Minerale in einer anderen Reihenfolge als in einem Granit kristallisieren. Während sich am Rand Kalifeldspat, Plagioklas, Quarz und Glimmer gleichzeitig bilden, gibt es später nur Kalifeldspat und Quarz, im Zentrum schließlich nur noch Quarz. Die Unterkühlung kann auch dazu führen, dass Quarz und Kalifeldspat miteinander verwachsen. Es entstehen große Feldspatkristalle, in die runenförmiger Quarz eingewachsen ist. Das nennt man „Schriftgranit“.

Die Mehrzahl der Pegmatite besteht nur aus Feldspat, Quarz und Glimmer. Insbesondere Pegmatite, die in großer Tiefe kristallisieren, sind kaum mit exotischen Elementen angereichert. Das liegt eventuell daran, dass sie zu nah an der Quellregion liegen und daher keine extreme Fraktionierung stattfand (Černý 1992, Černý & Ercit 2005).

Entsprechend sind Pegmatite mit Edelsteinen und exotischen Erzmineralen auf die obere Kruste beschränkt. Welche Elemente dabei am stärksten angereichert werden, ist vor allem von der Zusammensetzung des aufgeschmolzenen Ausgangsgesteins abhängig und damit indirekt vom tektonischen Regime (Martin & De Vito 2005, Černý & Ercit 2005). Bei Kompression, also an Subduktionszonen und in der dicken Kruste unter Hochgebirgen entstehen im Zusammenhang mit I-Typ- und S-Typ-Graniten vor allem Pegmatite, in denen es zu einer starken Anreicherung von Lithium, Cäsium, Tantal und weiteren Elementen kommt (LCT-Pegmatite). Pegmatite, die in einem kontinentalen Graben oder in der Spätphase einer Gebirgsbildung (vor allem A-Typ-Granit) durch Dehnung entstanden, reichern sich stärker in Niob, Yttrium und den Seltenerdmetallen an und sie enthalten Fluorminerale wie Fluorit oder Topas (NYF-Pegmatite).

Der ersten Fraktionierungstrend (LCT-Pegmatite, Kompression) geht von Beryll-Pegmatit (der manchmal Turmalin, selten Topas enthält) aus. Bei stärkerer Anreicherung kommen das Niob-Tantal-Erz Coltan und verschiedene Phosphatminerale hinzu. Schließlich entstehen sehr vielfältige Pegmatite, bei denen Lithium-Turmalin (Elbait), der Lithium-Glimmer Lepidolith (wenn viel Fluor vorhanden ist), Spodumen (bei hohem Druck) und eine Reihe weniger bekannter Minerale eine Rolle spielen (Černý & Ercit 2005).

Merkwürdig ist, dass unterschiedliche Pegmatite oft konzentrisch um einen Granit angeordnet sind: In der Nähe des Granits findet man dann Pegmatite ohne exotische Minerale, etwas weiter weg Beryll-Pegmatite, noch entfernter Lithium-Pegmatite. Wie es zu dieser Zonierung kommt, ist nicht geklärt. Eine magmatische

Fraktionierung von einer Pegmatitsorte zur nächsten ist dabei unwahrscheinlich, da die stark unterkühlte Schmelze kaum noch beweglich ist. Es könnte sein, dass sich hier eine Zonierung mit unterschiedlich stark fraktionierten Restschmelzen widerspiegelt, die bereits im großen Granitpluton vorhanden war (Černý 1992).

Auf die LCT-Pegmatite in Minas Gerais komme ich nochmal zurück. Die spektakulärsten Museumsstufen von Aquamarin kommen aus Pegmatiten im nördlichsten Zipfel von Pakistan, wo sich Hindukusch und Karakorum treffen. Dort findet man unglaublich ästhetisch angeordnete Gruppen von perfekten Aquamarinkristallen, oft zusammen mit hellen Glimmerschuppen.

Die bei Dehnung entstehenden NYF-Pegmatite sind nicht nur wichtige Lagerstätten von Niob, Tantal, Seltenerdmetallen, Uran und Zinn; sie können auch kostbaren Topas enthalten, manchmal zusammen mit Beryll. Außerdem ist der Kalifeldspat oft grün oder blau gefärbt und trägt dann den Namen Amazonit: Die Schmelze enthält viel Blei und kaum Schwefel, was den Einbau von Blei in Kalifeldspat erzwingt. Durch Strahlung führt das zur grünen bis blauen Färbung (Martin et al. 2008).

Topas kommt am häufigsten im Zusammenhang mit A-Typ-Graniten vor, also mit Graniten, die durch Dehnung entstanden sind. Bei diesen kann es in der Restschmelze zu einer extremen Anreicherung von Fluor, Chlor, Lithium, Zinn und anderen Elementen kommen. Das Fluor verschiebt das Eutektikum zu einer geringeren Temperatur und einer exotischeren Zusammensetzung, gleichzeitig wird die Schmelze dünnflüssiger, was eine effektive Trennung von Schmelze und Kristallen ermöglicht.

Manchmal hat sich diese Restschmelze durch Konvektion im oberen Bereich des weitgehend erstarrten Granitplutons angesammelt und erstarrt dort zu einem Topas-Granit. Oft entsteht am Kontakt zum Nebengestein ein Randpegmatit, und zum Teil dringt Schmelze durch Spalten in das Nebengestein ein und bildet dort Topas-Pegmatitgänge.

Topas

$Al_2[F_2 \mid SiO_4]$	Inselsilikat
Kristallsystem:	orthorhombisch
Mohs-Härte:	8
Spaltbarkeit:	vollkommen
Bruch:	muschelig
Farbe:	farblos, gelb, braun, blau, grün, rosa

Kristalle sehr formenreich. Vorkommen in Topas-Granit, Pegmatit, Greisen und auf Seifen. Hoher Glanz. Farblos bis honigfarben, orange, pink oder blau. Fundorte: Brasilien, Ural, Karakorum, USA, Sachsen.

Imperial Topas: orangerot oder pink, Fundort Ouro Preto in Minas Gerais, Brasilien.

„Goldtopas" ist eine irreführende Handelsbezeichnung für gebrannten Amethyst.

Topas-Granite gibt es auch in Europa. Ein Vorkommen gehört zu den mehr als eine Milliarde Jahre alten Rapakivi-Graniten in Finnland (Haapala & Lukkari 2005). Jünger sind Topas-Granite im Erzgebirge, die nach der variszischen Gebirgsbildung entstanden (Webster et al. 2004, Rickers et al. 2006).

Die Spitzkoppe in Namibia ist ein Beispiel für einen Topas-Granit, der in einem kontinentalen Graben entstand (Haapala et al. 2007). Die Dehnung wurde durch den Tristan-Hotspot ausgelöst und führte schließlich zur Trennung von Afrika und Südamerika und zur Bildung des Südatlantiks. Zu Beginn der Dehnung ergossen sich Lavaströme als Flutbasalte über eine Region, die heute in zwei Teile auf beiden Seiten des Atlantiks geteilt ist und die wir in Kapitel 7 erneut besuchen. Auch Teile der unteren Erdkruste wurden aufgeschmolzen. Die starke Erosion nach der Bildung des Atlantiks legte die Granitplutone des Grabensystems frei; sie ragen zum Teil als Inselberge auf. Neben der

Großen und der Kleinen Spitzkoppe gehören auch Erongo (wo es Pegmatit mit Aquamarin gibt) und Brandberg dazu.

Während der Kristallisation eines Topas-Granits kommt es in der Schmelze zu einer so starken Anreicherung von Wasser, dass schließlich ein aggressives, fluorreiches, wässriges Fluid entmischt wird. Dieses kann mit dem bereits festen Granit oder mit dem Nebengestein reagieren, das zu sogenannten Greisen umgewandelt wird (Bettencourt et al. 2005). Greisen besteht fast nur aus Quarz, da der Feldspat vollständig ersetzt wurde. Oft enthält das Gestein auch Topas, Turmalin und Zinnerz. Die reaktiven heißen Fluide können ein Gestein nahe der Erdoberfläche auch zu einer Brekzie zerbrechen und anschließend regelrecht mit Topas verkleben. Der Schneckenstein im sächsischen Vogtland ist so eine mit Topas imprägnierte Brekzie im Schlot eines erloschenen Vulkans. Der kleine Felsen wurde zu Beginn des 18. Jahrhunderts von August dem Starken gekauft und anschließend abgebaut. Einige der Topase vom Schneckenstein können im Grünen Gewölbe in Dresden bewundert werden, andere befinden sich in den Kronjuwelen des englischen Königshauses. Nur ein kleiner Rest des Felsens ist noch übrig und steht unter strengem Naturschutz.

Da Topas-Granite bei Dehnung entstehen, ist es auch möglich, dass die Schmelze bis an die Oberfläche aufsteigt. Im Westen der Vereinigten Staaten findet derzeit ein Orogenkollaps statt: Die Basin-and-Range-Provinz ist eine Region, die großräumig gedehnt wird und in der sich unzählige Gräben gebildet haben. Hier hat man Topas-Rhyolithe gefunden (Christiansen et al. 2007), also das vulkanische Äquivalent zum Topas-Granit. Es handelt sich um Staukuppen, die als zähe Masse an die Oberfläche gepresst werden. Der Topas kommt in Hohlräumen vor, die sich durch Entgasung gebildet haben. Hin und wieder fand man auch roten Beryll. Die rote Varietät von Beryll ist extrem selten und nur von Topas-Rhyolithen im Westen der USA bekannt. Die Rhyolithe sind in diesem Fall möglicherweise aus älteren

Graniten ausgeschmolzen worden, die während einer früheren Subduktion entstanden waren.

Die weltweit größte Konzentration von edelsteinhaltigen Pegmatiten ist der Nordosten des brasilianischen Bundesstaats Minas Gerais (Proctor 1984, Morteani et al. 2000). Die Landschaft wird von grünen Hügeln und vielen großen Granit-Inselbergen geprägt. Das tropische Klima bewirkt eine intensive chemische Verwitterung, bei der jedes von Boden bedeckte Gestein zu Tonmineralen und Quarzsand zersetzt wird. Die Edelsteine aus einem zersetzten Pegmatit widerstehen der Verwitterung und bleiben im Boden. Man findet daher nicht nur Edelsteinpegmatite, sondern auch viele sekundäre Vorkommen im Boden und in Flussseifen.

In Minas Gerais wurden schon mehrere Millionen Karat an Beryll, Chrysoberyll, Topas, Turmalin und Kunzit gefördert. In dieser Schätzung sind die großen Mengen an weniger wertvollen Schmucksteinen wie Rosenquarz, Rauchquarz und Amazonit nicht mitgezählt. Die ersten Vorkommen entdeckten aus europäischer Sicht Portugiesen, die in der Mitte des 16. Jahrhunderts von ihren Siedlungen an der Küste die ersten Expeditionen in das Inland machten. Als sie in die damals dicht bewaldete, kaum durchdringbare Berglandschaft einfielen, suchten sie nach Gold und nach den grünen Edelsteinen, die sie bei lokalen Stämmen gesehen hatten und für Smaragd hielten. Die erste Expedition kam nach drei Jahren erfolglos zurück. Die zweite und dritte Expedition hatte etwas mehr Glück, die Abenteurer fanden grüne und blaue Edelsteine und an einem anderen Ort Gold. Die grünen „Smaragde" und blauen „Saphire" stellten sich später allerdings als grüne und blaue Turmaline und als Aquamarin heraus.

Nun dauerte es erstaunlicherweise nochmals hundert Jahre bis zur vierten und erfolgreichsten Expedition in das fabelhafte „Land der Smaragde". Die Expedition startete 1674 in São Paolo und dauerte sieben Jahre. Viele Teilnehmer setzten sich unterwegs ab und gründeten die ersten Siedlungen dieser Region.

Die Expedition fand schließlich tatsächlich den „Smaragd-Berg"
ihrer Träume, einen Pegmatit, der fast nur aus Glimmer und grünem Turmalin bestand. Glücklich wurde der Expeditionsleiter
damit jedoch nicht. Er erkrankte wenig später an Malaria, und
die Experten in Lissabon bezeichneten die grünen Kristalle als
„wertlosen Turmalin".

Danach fand man lange Zeit nur sporadisch Edelsteine, vor
allem, wenn man in Flüssen auf der Suche nach Gold war. Das
änderte sich erst, als es zu Beginn des 18. Jahrhunderts zu einem
Goldrausch kam, in dessen Folge immer mehr Edelsteine gefunden wurden. Darunter waren übrigens auch die ersten Diamanten außerhalb Indiens, die einen regelrechten Diamantenrausch
auslösten. Mitte des 18. Jahrhunderts wurde die erste größere
Topas-Mine eröffnet. Bis ins 19. Jahrhundert mussten aus Afrika
verschleppte Sklaven in den Gold- und Edelsteinminen arbeiten.
Bei all dem Reichtum wuchsen einige Siedlungen innerhalb weniger Jahrzehnte zu großen Städten heran, die heute berühmt für
ihre Barockarchitektur sind.

Da im 19. Jahrhundert im industrialisierten Europa die Nach-
frage für Edelsteine stark anstieg, machten sich immer mehr
Menschen auf die Suche. Deutsche Siedler gehörten zu den
Pionieren, und viele der Kristalle wanderten zum Schleifen nach
Idar-Oberstein.

Die meisten Edelsteine wurden von Garimpeiros ausgegraben, von unabhängigen Edelsteinsuchern, die ihr Glück in kleinen, mit der Schaufel gegrabenen Gruben suchten. Wenn es
irgendwo einen größeren Fund gab, strömte schnell eine ganze
Armee von Garimpeiros zusammen, die Wald und Wiesen in
eine Mondlandschaft verwandelten, selbst wenn keine weiteren
Kristalle gefunden wurden. Wenn es in Dürreperioden zu Ernte-
ausfällen kam, versuchten viele Bauern ihr Glück mit Edelsteinen. Nur wenige Garimpeiros wurden reich, viele arbeiteten ihr
Leben lang, ohne jemals einen größeren Fund zu machen.

Während des Zweiten Weltkriegs wurde systematisch nach Pegmatiten gesucht, weil Beryllium, Tantal, Lithium, Feldspat und Glimmer auch für die Rüstung wichtig sind. Auch nach dem Krieg entstanden in den neu entdeckten Pegmatiten Hunderte Bergwerke, die großen multinationalen Konzernen gehören. Zum Teil sind das lange Stollen und große Hallen, in anderen Fällen offene Steinbrüche. Mit Bulldozern und Dynamit werden dort neben Rohstoffen für die Industrie auch Edelsteine abgebaut. Es gibt noch immer Garimpeiros, die sich eher an die sekundären Lagerstätten halten.

Fast alle Pegmatite in Minas Gerais entstanden während der Brasiliano-Gebirgsbildung im späten Proterozoikum (Morteani et al. 2000). Bei dieser kollidierten die Kratone Brasiliens mit dem übrigen Gondwana. In Minas Gerais war das der São-Francisco-Kraton, der mit dem Kongo-Kraton kollidierte. In der dicken Krustenwurzel des Gebirges wurden die tiefsten Bereiche der kontinentalen Kruste teilweise zu Granitmagma aufgeschmolzen. Die meisten Pegmatite entstanden am Ostrand des São-Francisco-Kratons in der Spätphase der Gebirgsbildung, als die tektonischen Bewegungen schon weitgehend abgeschlossen waren, die kühle Krustenwurzel jedoch langsam aufgeheizt wurde. Neben kaum entwickelten Muskovit-Pegmatiten gibt des zusammen mit S-Typ-Graniten viele LCT-Pegmatite mit Beryll, Turmalin, Spodumen und diversen Phosphaten (Morteani et al. 2000, Baijot et al. 2011, Scholz et al. 2011). Dazu kommen NYF-Pegmatite mit Topas, Beryll, Zirkon, Amethyst und Phosphaten (Angeli 2011). Im Süden von Minas Gerais hat die Erosion tiefere Krustenbereiche freigelegt. Hier gibt es nur weniger extrem fraktionierte Pegmatite, die keine Edelsteine enthalten.

Wenden wir uns zuletzt wieder dem Smaragd zu. Wir wissen bereits, dass der grüne Beryll seine Färbung dem beigemengten Chrom (und geringeren Mengen Vanadium) verdankt. Auch Alexandrit enthält Chrom. Diese Varietät von Chrysoberyll, die unter verschiedenen Lichtquellen ihre Farbe wechselt, haben wir bereits im ersten Kapitel kennengelernt. Alexandrit ersetzt Smaragd bei sehr hohen Temperaturen oder bei einem Mangel an SiO_2, beide Minerale werden oft in denselben Lagerstätten gefunden.

Im Gegensatz zum inkompatiblen Beryllium, das in den hoch entwickelten Pegmatiten angereichert wird, ist Chrom ein kompatibles Element, das vor allem in sehr siliziumarmen „ultrabasischen" Gesteinen zu finden ist. Chrom passt nämlich sehr gut in Diopsid. Das ist ein Mineral der Pyroxengruppe, das eines der wichtigsten Minerale im Erdmantel und in Basalt und Gabbro ist. Der Diopsid des Erdmantels enthält so viel Chrom, dass er Chromdiopsid genannt wird. Bei der Fraktionierung ist Chrom eines der Elemente, das durch den Einbau in Diopsid am schnellsten aus der Schmelze verschwindet. Schon leicht fraktionierte Basalte oder Gabbros enthalten kaum Chrom.

Das Zusammentreffen von Beryllium und Chrom ist daher ein Paradox. Tatsächlich können Smaragd und Alexandrit nur dort entstehen, wo die beiden gegensätzlichen Gesteine nebeneinander vorkommen. Das kann passieren, wenn die Pegmatit-Schmelze in ein chromreiches Gestein eindringt oder wenn der Pegmatit und das chromreiche Gestein durch die Bewegung an einer Verwerfung aneinandergeraten. Da es unterschiedliche chromreiche Gesteine gibt und Tektonik und Metamorphose eine mehr oder weniger wichtige Rolle spielen können, unterscheiden sich die Smaragdvorkommen sehr voneinander.

Bei den chromreichen ultrabasischen Gesteinen handelt es sich fast immer um Stücke aus dem Erdmantel, die sich in die Erdkruste verirrt haben. Am häufigsten ist Serpentinit, der entsteht, wenn Peridotit des Erdmantels durch Wasser hydratisiert wird. Mantelgesteine können sich aber auch zu anderen Gesteinen umwandeln: Im Swat-Tal in Pakistan beispielsweise findet man Smaragd in einem weichen Gestein aus Talk und Magnesit (Magnesiumkarbonat); hier müssen größere Mengen CO_2 mit dem Gestein reagiert haben.

Die Stücke aus dem Erdmantel gehören zu sogenannten Ophiolithkomplexen, sind also Stücke ozeanischer Lithosphäre, die in ein Deckengebirge eingebaut wurden. Ophiolithe markieren nach der Kollision zweier Kontinente die Naht zwischen den Kontinenten. Fast alle Smaragdvorkommen befinden sich in solchen Nähten, die freilich oft so alt sind, dass das dazugehörige Hochgebirge längst abgetragen ist.

Beim Kontakt zwischen einem Pegmatit und einem ultrabasischen Gestein wie Serpentinit kann es durch Diffusion und durch Fluide zu einem Austausch von Elementen kommen, was als Metasomatose bezeichnet wird. Serpentinit saugt geradezu Silizium, Alkalien und andere Elemente an. Am Kontakt zwischen den beiden gegensätzlichen Gesteinen entsteht dadurch eine charakteristische Abfolge von dunklen Gesteinen, die Blackwall („schwarze Wand") genannt wird: Talk-Schiefer, Aktinolith-Schiefer, Chlorit-Schiefer und Biotit-Schiefer.

Einem großen Granit macht der Austausch nur am Rand etwas aus; ein kleiner Pegmatit verliert vor allem Silizium und Alkalien und wandelt sich mit der Zeit zu einem Quarz-Plagioklas-Gestein um (siehe auch Kapitel 9).

Das Beryllium wandert ebenfalls. Die meisten Vorkommen von Smaragd befinden sich in den Blackwalls zwischen Pegmatit und ultrabasischen Gesteinen: Entweder eingewachsen in die Blackwall-Schiefer, oder in hydrothermalen Adern mit Quarz und Feldspat. Der Transport von Beryllium ist am effektivsten, wenn das Wasser Fluor und Karbonat enthält und im Wasser Beryllium-Fluoro-Karbonat-Komplexe gebildet werden. Da der Glimmer, der in der Blackwall kristallisiert, das Fluor einbauen kann, verschwindet dieses wieder aus dem Wasser. Damit verringert sich die Löslichkeit von Beryllium, das als Smaragd ausfällt.

Es muss nicht immer einen direkten Kontakt zwischen den gegensätzlichen Gesteinen geben. Im Ural konnten aus Pegmatiten entweichende Fluide an einer Verwerfung aufsteigen und dort mit den ultramafischen Gesteinen eines Ophioliths reagieren. Die

Smaragde befinden sich hier vor allem in glimmerreichen Partien eines stark zerscherten Ophioliths und in Quarz-Feldspat-Adern.

Tektonische Strukturen und die Kontraste in den mechanischen Eigenschaften unterschiedlicher Gesteine sind sowohl beim Eindringen von Pegmatit als auch bei der Zirkulation von Fluiden von Bedeutung. Dies wurde unter anderem bei der Fundstelle bei Ianapera auf Madagaskar festgestellt (Andrianjakava et al. 2009). Der Name des Dorfes leitet sich vom französischen Satz *„il y en a des pierres"* ab – *„da gibt es Steine"*. Tatsächlich werden in der Umgebung nicht nur Smaragd, sondern auch Alexandrit, Turmalin, roter Granat und Rubin gefunden.

All diese Edelsteine entstanden im Präkambrium (im späten Proterozoikum) durch die panafrikanische Gebirgsbildung: Hierbei wurde der Großkontinent Gondwana durch mehrere Kollisionen zwischen Minikontinenten und Inselbogen zusammengesetzt. Der sogenannte Mosambik-Gürtel, die Hauptachse des ehemaligen Hochgebirges, zieht sich von Ägypten parallel zur Küste durch Ostafrika und umfasst auch Madagaskar, Südindien, Sri Lanka und einen kleinen Teil der Antarktis. Diese Gebirgsbildung war äußerst effektiv in der Edelsteinproduktion; man kann fast von einem „Edelsteingürtel" sprechen (Dissanayake & Chandrajith 1999). Das Brasiliano-Gebirge, in dem die Pegmatite von Minas Gerais entstanden, war ein weiterer Gebirgszug der panafrikanischen Gebirgsbildungen.

Das häufigste Gestein bei Ianapera ist ein Gneis – ehemalige Sedimente, die beim endgültigen Zusammensetzen von Gondwana tief versenkt wurden. In einer späteren Phase der Gebirgsbildung stieg der angeschmolzene Gneis entlang einer großen Scherzone wieder auf. Weitere Gesteine wurden während der Gebirgsbildung als Linsen und Schlieren in den Gneis eingearbeitet: zum Beispiel Marmor, zu Amphibolit umgewandelter Basalt und ultrabasische Gesteine (die hier weitgehend aus Tremolit, Talk und Karbonaten bestehen).

Zum Ende der Gebirgsbildung drangen noch Granite ein. Dabei entstanden auch viele kleine, maximal metergroße Pegmatite, die unter anderem farblosen Beryll, Turmalin und roten Granat enthalten.

Blackwalls gibt es bei Ianapera nicht nur zwischen Pegmatit und ultrabasischen Gesteinen, sondern auch abseits der Pegmatite zwischen den ultrabasischen Gesteinen und dem Paragneis und als metasomatische Zonen innerhalb der ultrabasischen Linsen und Amphibolite. Smaragd ist in den Blackwalls in der direkten Umgebung eines Pegmatit am häufigsten; das Wasser konnte Beryllium aber auch zu entfernteren metasomatischen Zonen transportieren. Die besten Smaragde finden sich am Kontakt zwischen den Blackwalls und dem Paragneis. Vermutlich konnte hier das spätmagmatische Fluid am besten zirkulieren. Zum Teil drang auch Chrom in den Pegmatit ein; dort gibt es Beryll mit farblosem Kern und schwach grünem Rand.

Häufig entstanden die Smaragde und die Blackwalls nicht schon beim Eindringen des Pegmatits, sondern erst bei einer späteren Metamorphose. In den antiken Smaragdminen in Ägypten gibt es zum Beispiel gleich drei Generationen von Beryll (Grundmann & Morteani 2008). Die Region besteht aus unterschiedlichsten metamorphen Gesteinen, die ebenfalls auf die Panafrikanische Gebirgsbildung zurückgehen. Die Gesteine der Region sind durch Metamorphose umgewandelte Ophiolite, Sedimente und Granite. Die Smaragde kommen an einer großen Überschiebung vor, wo sich Serpentinite und andere ultrabasische Gesteine über Pegmatite geschoben haben. Zum Teil wurden dabei Pegmatite in die Blackwalls geschert. Die Pegmatite enthalten farblosen, magmatisch gebildeten Beryll. Kurz darauf wurde ein Teil des Berylliums von den spätmagmatischen Fluiden des Pegmatits wieder mobilisiert. Da diese Fluide auch mit dem chromreichen Nebengestein reagierten, kristallisierte nun eine schwach grüne Generation von Beryll. Schließlich folgte durch eine weitere Gebirgsbildung eine Metamorphose, bei der erneut

Beryllium in einem Fluid mobilisiert wurde, während metamorphe Reaktionen Chrom freisetzten. Die beiden Elemente wurden maximal einen halben Meter weit transportiert. Die Kristallisation von Smaragd fand daher sehr kleinräumig statt und war von der lokalen Konzentration von Chrom und Beryllium abhängig.

Im Habachtal in Österreich (Nwe & Grundmann 1990) wurde Smaragd schon von den Römern abgebaut. Dieser Fundort ist eher historisch wichtig, da die Kristalle von geringer Qualität sind. Wir befinden uns in der „unteren Schieferhülle" des Tauernfensters, die hier aus Glimmerschiefer, Amphibolit und Serpentinit besteht. Die Gesteine sind Teil einer alten Naht zwischen zwei Kontinenten. Sie wurden schon in der variszischen Gebirgsbildung einer Metamorphose ausgesetzt. Damals stiegen in der Nähe auch große Granitplutone auf – der heutige „Zentralgneis" der Hohen Tauern. Bei der Bildung der Alpen wurde das Ganze erneut umgewandelt. Der Smaragd befindet sich in Blackwalls, die erst während der alpinen Gebirgsbildung entstanden. Es handelt sich um einen der wenigen Fundorte ohne eine offensichtliche Verbindung zu Pegmatiten. Das Beryllium kam vermutlich aus dem Glimmerschiefer, und es wurde vorgeschlagen, dass es von untermeerischen Vulkanen „ausgeatmet" wurde und so in den später zum Glimmerschiefer umgewandelten Tonstein kam. Möglicherweise gab es aber auch hier Fluide, die von einem irgendwo versteckten Pegmatit stammen.

Auch in Minas Gerais gibt es Smaragd in Zusammenhang mit Pegmatiten, die in basische und ultrabasische Gesteine des Kratons eingedrungen sind. Interessanterweise sind diese Pegmatite mehr als eine Milliarde Jahre älter als die anderen Edelsteinpegmatite dieser Provinz. Sie entstanden bereits bei einer früheren Gebirgsbildung.

Bis auf eine einzige Ausnahme hängen weltweit alle Vorkommen von Smaragd mehr oder weniger direkt mit Magmatismus zusammen. Die Ausnahme ist Kolumbien, das die schönsten und hochwertigsten Smaragde liefert (Cheilletz & Giuliani 1996, Branquet et al. 1999, Banks et al. 2000).

Sie wurden schon vor der Ankunft der Spanier abgebaut, die lokalen Herrscher schmückten sich mit ihnen, andere wurden als Opfergabe an die Götter in einen See geworfen. Als die Spanier im 16. Jahrhundert Kolumbien eroberten, bemächtigten sie sich der Minen und sammelten die geopferten Steine vom Grund des Sees. Seither wurden die Vorkommen geradezu geplündert. Derzeit produziert Kolumbien jährlich Smaragd im Wert von 500 Millionen Dollar und stellt etwa 60 % der Weltproduktion. Die Vorkommen sind jedoch inzwischen nahezu erschöpft.

In Kolumbien kommen die Smaragde in hydrothermalen Adern vor, die sich in einem schwach metamorphen Tonschiefer befinden. Selbst das heiße Wasser, das die hydrothermalen Adern bildete, stammt aus dem mächtigen Sedimentstapel.

Die Vorkommen befinden sich nicht weit von der Hauptstadt Bogotá in zwei schmalen Streifen, die sich auf beiden Seiten der Östlichen Kordillere entlangziehen. Die beiden Streifen sind zu unterschiedlichen Zeiten durch unterschiedliche Tektonik entstanden. Bei beiden liefen jedoch dieselben chemischen Reaktionen ab.

Die Sedimente wurden im Laufe der Kreidezeit in einem großen Backarc-Becken abgelagert, das durch Dehnung im Hinterland der Subduktionszone entstanden war. Dort sammelten sich Schichten von Sandstein, Kalkstein und schwarzem Tonstein an, dazwischen hin und wieder Lagen von Salz und Gips.

Die Smaragdvorkommen auf der Ostseite der späteren Östlichen Kordillere entstanden zum Ende der Kreidezeit. Zu diesem Zeitpunkt hob sich weiter westlich die Zentrale Kordillere. Das Backarc-Becken fiel dabei trocken. Die älteren Salzhorizonte befanden sich durch die Überlagerung mit Sedimenten bereits in 7 Kilometer Tiefe, wo Temperaturen von mehr als 250 °C herrschten. Wasser, das durch den Sedimentstapel strömte, löste das Salz und wurde zu einer heißen Salzsole. Durch eine kaum merkliche

Dehnung, die möglicherweise nur eine von der Schwerkraft ausgelöste Rutschung war, verschob sich der Sedimentstapel ein wenig auf dem nassen Salzhorizont. Durch Wasser und die leichte Bewegung zerbrachen die umgebenden Gesteine zu Brekzien.

Das heiße Salzwasser reagierte mit dem schwarzen Tonschiefer: Natrium und Kalzium reicherten sich im Gestein an, während fast alle anderen Elemente ausgelaugt wurden. Bereiche des Tonschiefers haben sich dabei so stark umgewandelt, dass sie seither entweder fast nur aus dem Feldspat Albit bestehen, oder fast nur aus Kalzit und Dolomit. Bei diesem Austausch wurden unter anderem die Elemente Beryllium, Chrom und Vanadium freigesetzt, die in winzigen Spuren im Glimmer und im Bitumen des Tonschiefers enthalten waren.

Weit kam das Wasser allerdings nicht, denn Tonschiefer ist eine effektive Barriere. In Dehnungsrissen fielen Kalzit und Pyrit aus, in kleinen Mengen auch andere Minerale, darunter Fluorit und Smaragd.

Eine wichtige Rolle bei der Lösung und Ausfällung scheint die Reduktion von Sulfat aus dem Salzwasser zu H_2S gespielt zu haben, einhergehend mit der Oxidation des im Tonschiefer enthaltenen Bitumens zu Kohlensäure. Kohlensäure und H_2S wirken sich auf die Löslichkeit vieler Elemente aus. Das H_2S bewirkte schließlich, dass Eisen schon vor der Kristallisation von Smaragd als Pyrit ausfiel. Damit sorgte es indirekt für die ungewöhnlich intensive Farbe, für die Smaragde aus Kolumbien so berühmt sind: Smaragd aus anderen Vorkommen enthält Fe^{3+}, was die Grünfärbung verringert. Außerdem scheint beim Ausfällen in den Adern die Vermischung von unterschiedlich zusammengesetzten Salzlösungen eine Rolle zu spielen.

Die Vorkommen auf der Westseite der Östlichen Kordillere entstanden erst wesentlich später, nämlich in dem Moment, als im mittleren Tertiär das Becken etwas zusammengequetscht wurde. Dabei wurde das Zentrum des Beckens zur Östlichen Kordillere aufgefaltet. Auslöser war eine Veränderung der Bewegung an der Subduktionszone.

Die Östliche Kordillere ist ein Falten- und Überschiebungsgürtel, vergleichbar mit dem Faltenjura. Da sich die Bewegungsrichtung mehrmals änderte, wurde der Sedimentstapel durch Überschiebungen und kleine Seitenverschiebungen in viele kleinere tektonische Blöcke zerlegt. Diesmal liefen im Westteil der aufsteigenden Kordillere dieselben Reaktionen zwischen Tonschiefer und Salzwasser ab, nur konnten in diesem Fall die heißen Lösungen entlang der Seitenverschiebungen aufsteigen, bis sie in einer Falte gefangen waren und erst dort mit dem Tonstein reagierten. Gleichzeitig sorgten die Überschiebungen auf der Ostseite des Gebirgszugs dafür, dass die tieferen Gesteine, in denen sich die älteren Adern befinden, an die Oberfläche befördert wurden.

6

Die ältesten Zirkone: Zeugen aus dem Hades

Die Erde war kurz nach ihrer Geburt vor 4,54 Milliarden Jahren ein lebensfeindlicher rot glühender Feuerball. Das Sonnensystem war damals noch nicht so aufgeräumt wie heute, es hatte sich gerade erst aus einem Nebel aus Gas und Staub gebildet, und zwischen den jungen Planeten wimmelte es geradezu von weiteren Materieklumpen. Unzählige Himmelskörper bombardierten daher die Erde, manche so groß wie kleine Planeten. Es gab zunächst noch keine Atmosphäre, sodass auch kleinere Meteoriten ungebremst aufschlugen. Dazu kam die Wärme aus dem Erdinneren: Die durch den Zerfall radioaktiver Isotope freigesetzte Energie war damals sechsmal größer als heute. An der Erdoberfläche brodelte daher ein höllisch heißer Magmaozean.

Nach der gängigen Theorie kollidierte vor 4,5 Milliarden Jahren ein Himmelskörper von der Größe des Mars mit der Erde. Das muss einen guten Teil der Erde aufgeschmolzen haben. Ein großer Spritzer wurde dabei aus der Erde geschlagen und in eine Umlaufbahn geschossen, er kreist seither als Mond um die Erde. Wie wir aus Zählungen der Mondkrater wissen, ging das heftige Bombardement von Meteoriten weiter, und vor 3,9 Milliarden Jahren erreichte es einen letzten Höhepunkt.

Wie lange dauerte es, bis die Erde soweit abgekühlt war, dass sich eine Kruste bilden konnte? Wann konnte Wasser kondensieren und sich zu den ersten Ozeanen ansammeln? Wann gab es die ersten primitiven Lebensformen? Diese Fragen sind nicht leicht zu beantworten. Wichtige Hinweise dazu verdanken wir kleinen Zirkonkristallen, die wie eine Zeitkapsel erstaunlich viele Informationen über die Frühzeit der Erde in sich tragen.

Zu den ältesten bisher gefundenen Gesteinen gehört ein Gneis im Nordwesten von Kanada, der auf 4,0 Milliarden Jahre datiert wurde. Die ältesten bekannten Gesteine, die eindeutig in einem Ozean abgelagert wurden, sind 3,8 Milliarden Jahre alte Sedimente im Südwesten von Grönland. Beide stehen zu Beginn des Archaikums, das vor 2,5 Milliarden Jahren endete. In diesem langen Zeitabschnitt entstanden die ersten Kontinente, die bis heute als Kratone erhalten sind (Kapitel 3). In den Ozeanen lebten gleichzeitig immer mehr Einzeller, die Sauerstoff produzierten und eine freundlichere Atmosphäre schufen.

Aus den ersten 540 Millionen Jahren der Erdgeschichte sind hingegen keine Gesteine als direkte Zeugen erhalten und wir können die damaligen Bedingungen nur mit viel Fantasie aus indirekten Beobachtungen ableiten. Dieses im Dunkeln liegende Zeitalter wurde in Anlehnung an die Unterwelt der griechischen Mythologie Hadaikum getauft. Es dauerte immerhin doppelt so lang wie Erdmittelalter (das Zeitalter der Dinosaurier) und Erdneuzeit zusammen.

Aus dem Hadaikum stammen die ältesten bekannten Minerale, nämlich bis zu 4,4 Milliarden Jahre alte Zirkone, die in den Jack Hills im Westen von Australien gefunden wurden. Der Fundort liegt im staubigen Outback, 800 Kilometer nördlich von Perth. Nur ein paar kleine Bäume und Büsche haben auf dem kargen, rötlich gefärbten Gestein Wurzeln geschlagen. Es handelt sich um ein Konglomerat, das genau genommen durch eine Metamorphose zu einem Metakonglomerat umgewandelt worden ist. Der Schotter wurde im Laufe des Archaikums abgelagert; vermutlich in einem Delta an der Mündung eines großen Flusses ins Meer. Das Konglomerat ist also wesentlich jünger als die Zirkone selbst, aber dennoch alt im Rahmen der Erdgeschichte. Die Zirkone stammen offensichtlich aus magmatischen Gesteinen, die irgendwo im Einzugsgebiet des Flusses abgetragen wurden

---

Zirkon

$Zr[SiO_4]$	Inselsilikat	
Kristallsystem:	tetragonal	
Mohs-Härte:	7½	
Spaltbarkeit:	unvollkommen	
Bruch:	muschelig	
Farbe:	braun, rot, gelb, farblos, selten grün, blau	

Meist Dipyramiden, kurze Prismen oder Kombination. Akzessorisches Mineral in vielen magmatischen und metamorphen Gesteinen. Verbreitet in Sanden und Sandsteinen, angereichert in Seifen. Größere Kristalle in Pegmatiten. Oft schwach radioaktiv. Wichtig für die Datierung von Gesteinen. Wichtigster Rohstoff für Zr, das insbesondere für feuerfeste Materialien verwendet wird. Fundorte von Zirkon in Edelsteinqualität: Australien, Kambodscha, Myanmar, Sri Lanka, Thailand. Auch in Bayern und Sachsen.

Hyazinth: Gelbrote bis rotbraune Varietät.

Matara-Zirkon: Farblose Varietät aus Sri Lanka, optische Eigenschaften ähnlich Diamant. Früher irreführend „Matara-Diamant" genannt.

(Cavosie et al. 2004). Zirkon ist ein besonders widerstandsfähiges Mineral, das nicht nur Erosion und Abtragung, sondern selbst eine relativ starke Metamorphose unbeschadet überstehen kann.

Zirkon ist auch ein schöner Edelstein, der in einer Vielzahl von Farben vorkommt. Typisch sind braun, rot, orange und gelb, es gibt aber auch farblose, grüne, schwarze und blaue Kristalle. Er hat eine sehr starke Lichtbrechung und Doppelbrechung. Seine Brillanz und sein Feuer kommen dem Diamanten so nahe, dass früher farblose Zirkone aus Sri Lanka unter der irreführenden Bezeichnung „Matara-Diamant" verkauft wurden. Am beliebtesten sind blaue Zirkone. Weniger wertvolle rötlich-braune Zirkone können durch „brennen" in blaue verwandelt werden. Nur ein Bruchteil der auf dem Markt erhältlichen blauen Zirkone hat eine natürliche Färbung. Inzwischen leidet dieser natürliche Edelstein daran, dass sein Name von vielen Menschen mit der billigen, künstlich hergestellten Diamant-Imitation Zirkonia verwechselt wird.

Während große schleifwürdige Zirkone seltener sind, ist das Mineral in Form von winzigen Kristallen ein verbreiteter Bestandteil von Granit.

Da Zirkon sehr widerstandsfähig ist und bei der Verwitterung nicht angegriffen wird, sammelt er sich bei der Erosion eines Granits im Flussschotter und an Stränden an. Dabei können richtige Lagerstätten entstehen. Diese werden abgebaut, um Zirkonoxid herzustellen, ein sehr hartes und feuerfestes Material.

Wird dieses Sediment oder ein Granit in die Tiefe versenkt und zu einem metamorphen Gestein umgewandelt, wächst oft neuer Zirkon um die älteren Zirkonkristalle. Häufig sind daher zonierte Zirkone mit einem alten magmatischen Kern und einem oder mehreren jüngeren metamorphen Rändern, die sich durch andere Spurenelemente auszeichnen. Es ist auch möglich, dass ein älterer Kristall aus dem Nebengestein in ein Granitmagma fällt. Dann wächst um den Kristall eine zweite magmatische Zone. Ein einziger Kristall kann somit Aufschluss über eine komplexe geologische Geschichte geben.

Sogar in angereichertem Mantel können Zirkone entstehen. In Bayern und Sachsen haben Basalte, die im Tertiär im Zusammenhang mit dem böhmischen Egergraben eruptierten, bis zu 3 Zentimeter lange Zirkone in Edelsteinqualität an die Oberfläche gebracht. An diesen farblosen, gelben und rötlichen Kristallen konnte gezeigt werden, dass sie im Gleichgewicht mit dem Mantel standen und dort zwischen 20 und 60 Millionen Jahre verbracht haben (Siebel et al. 2009).

Zirkon ist nicht nur widerstandsfähig genug, um ungemütliche Bedingungen zu überstehen, er ist zugleich eine hervorragende geologische Uhr. Er enthält nämlich Spuren der radioaktiven Elemente Uran und Thorium. Deren Zerfallsprodukt, das Blei, bleibt im Kristallgitter gefangen. Direkt nach der Kristallisation enthält Zirkon kein Blei, aber die Uhr fängt sofort an, zu ticken. Aus den Verhältnissen der jeweiligen Isotope kann somit das Kristallisationsalter berechnet werden. Im Vergleich zu anderen Mineralen hat Zirkon den Vorteil, dass Blei nur bei sehr hohen Temperaturen durch das Kristallgitter diffundieren und entweichen kann, was die Uhr auf null zurückstellen würde: Die sogenannte Schließungstemperatur liegt nur wenig unter dem Schmelzpunkt von Granit. Dadurch ist die Datierung von Zirkon die zuverlässigste Methode, um das Alter eines Granits zu bestimmen. Ein Problem stellt allerdings die eigene radioaktive Strahlung dar, die das Kristallgitter zerstören kann, was zu einem Verlust von Blei führt. Ein Zirkon mit verunstaltetem Kristallgitter sieht schon mit bloßem Auge hässlich braun und trüb aus. Für eine Datierung müssen also geeignete Kristalle ausgewählt werden.

Die Isotopenverhältnisse werden in der Regel mit einer SHRIMP gemessen. Die Abkürzung steht für *Sensitive High Resolution Ion Microprobe*. Das Akronym ist vermutlich auch von der Form des Gerätes inspiriert: Mit etwas Fantasie sieht es aus wie eine riesige, auf der Seite liegende Garnele. In ihrem Kopf und den Fühlern befinden sich die Probekammer und eine Vorrichtung, die einen auf die Probe gerichteten Ionenstrahl erzeugt. Der Schwanz der Garnele ist ein Massenspektrometer, der aus der Probe geschlagene Ionen analysiert.

Mit diesem Gerät ist es möglich, Punkte mit einem Durchmesser von weniger als 10 µm zu messen. Das bedeutet, dass selbst bei kleinen Kristallen die magmatischen und metamorphen Zonen getrennt untersucht werden können. Zunächst werden Zirkonkristalle mit Schweretrennung aus einem gemahlenen Gestein gewonnen, per Hand sortiert und in Kunstharz eingegossen. Dieser Block wird angeschliffen, poliert und mit einer dünnen Goldschicht bedampft, bevor er in die Maschine eingeführt wird. Nachdem in der Probenkammer ein Vakuum hergestellt wurde, kann mit einem fokussierten Strahl aus Sauerstoffionen auf den gewählten Probenpunkt geschossen werden. Die Goldschicht sorgt dafür, dass elektrische Ladung abfließen kann, denn sonst würde sich die Probe unter dem Ionenstrahl aufladen, was den Ionenstrahl ablenken würde. Der Strahl bohrt während der Analyse ein etwa 1 µm tiefes Loch in den Kristall. Das dabei freigesetzte Probenmaterial ist zum Teil ebenfalls ionisiert und kann elektromagnetisch abgesaugt werden. Diese Ionen werden im angeschlossenen Massenspektrometer nach ihrem Gewicht sortiert: Der Ionenstrahl wird in einem Magnetfeld abgelenkt, dabei bewegen sich leichte Isotope auf einer engeren Kurve als schwere Isotope.

Um sicherzugehen, dass der Kristall im Laufe seines Daseins kein Blei verloren hat, macht man sich die unterschiedlichen Zerfallsreihen der Uranisotope ^{238}U und ^{235}U zunutze: Beide sollten dasselbe Alter ergeben. Ist dies nicht der Fall, hat der Kristall etwas Blei verloren. Wenn dies mehrmals oder über einen langen Zeitraum hinweg geschah, sind die Daten nicht zu gebrauchen. Häufig passierte das jedoch nur einmal und dann lässt sich aus mehreren Messpunkten mit unterschiedlich starkem Bleiverlust nicht nur das Kristallisationsalter bestimmen, sondern auch der Zeitpunkt, an dem das Blei aus dem Kristall diffundieren konnte. Dies ist möglicherweise das Alter einer späteren Metamorphose.

Bereits 1983 stellte man fest, dass die Zirkone von Jack Hills aus dem Hadaikum stammen. Je mehr Kristalle gemessen wurden, desto größer wurde die Zeitspanne der ermittelten Kristallisationsalter. Zwei Jahrzehnte später wurde ein Kristall auf ein Alter von 4,4 Milliarden Jahren datiert (Wilde et al. 2001). Der älteste bekannte Kristall ist damit 400 Millionen Jahre älter als das älteste bekannte Gestein. Die Erde selbst ist nur etwa 150 Millionen Jahre älter, der Mond nur 100 Millionen Jahre! Das war überraschend, da man zuvor geglaubt hatte, dass weder Gesteine noch einzelne Kristalle die höllisch heißen Bedingungen des Hadaikums überleben konnten. Forscher versuchen seither, anhand der winzigen Kristalle möglichst viel über das Hadaikum zu erfahren. Hunderte Kilogramm Gestein wurden gesammelt, um Material für weitere Untersuchungen zu gewinnen. Bald folgten weitere überraschende Erkenntnisse.

Eine der ersten Fragen ist natürlich, aus welchem Gestein die Zirkone ursprünglich stammen. Zirkone kommen zwar am häufigsten in Granit und ähnlichen sauren (siliziumreichen) magmatischen Gesteinen vor, gelegentlich aber auch in basischen (siliziumarmen) Magmatiten, in metamorphen Gesteinen und sogar im Erdmantel.

Abgesehen von den bei einer späteren Metamorphose im Archaikum gewachsenen Rändern zeigen die Kristalle das typische Zonierungsmuster magmatischer Zirkone. Man fand in den Kristallen zudem mikroskopisch kleine Einschlüsse von anderen Mineralen, darunter Quarz, Feldspat, Glimmer und Amphibol. Diese sind typisch für einen Granit und ähnliche magmatische Gesteine. Auch die Gehalte von Spurenelementen wie den Seltenerdmetallen sind typisch für Zirkone aus Graniten (Cavosie et al. 2006).

Granite und ähnliche siliziumreiche Magmatite können jedoch nur entstanden sein, wenn es bereits eine Erdkruste gab (Kapitel 5). Der globale Magmaozean muss also bereits erstarrt gewesen sein. Ob die Granite sich durch Fraktionierung aus einer Basaltschmelze entwickelt haben, oder ob sie aus der Erdkruste ausgeschmolzen wurden, ist mit weniger Sicherheit zu sagen. Die Spurenelemente deuten eher auf das Aufschmelzen von Kruste hin.

Allein durch ihre Existenz brachten die uralten Zirkone unser ursprüngliches Bild ins Wanken, dass es über das gesamte Hadaikum hinweg einen weltweiten Magmaozean gegeben haben könnte. Eine Entdeckung mit noch weiterreichenden Folgen brachte eine Untersuchung der Sauerstoffisotope dieser Kristalle. Es gibt drei verschiedene Sauerstoffisotope, ^{16}O, ^{17}O, ^{18}O, die sich in ihrer Anzahl der Neutronen und damit in ihrem Gewicht unterscheiden. Das Isotop ^{16}O macht fast 99,8 % des Sauerstoffes der Erde aus, ^{18}O etwa 0,2 % und ^{17}O ist so selten, dass es in der Regel nicht gemessen wird. Da bei chemischen Reaktionen vor allem die Konfiguration der Elektronen und die Größe eines Atoms von Bedeutung sind, verhalten sich die Isotope bei chemischen Reaktionen nahezu identisch. Daher sollten die Verhältnisse überall auf der gesamten Erde gleich sein. Bei manchen Prozessen wirkt sich das unterschiedliche Gewicht dennoch aus, da leichtere Isotope etwas schneller Diffundieren und beim Verdampfen von Wasser bevorzugt in die Gasphase gehen.

Das Verhältnis $^{18}O/^{16}O$ wird üblicherweise als $\delta^{18}O$ relativ zur Zusammensetzung von Meerwasser angegeben weil dieses gut durchmischt wird und daher relativ homogen ist: Das $\delta^{18}O$ von Meerwasser ist per Definition 0. Im Gegensatz dazu ist das Wasser in Flüssen und Seen und Regenwasser sehr variabel, zwischen -40 ‰ und 5 ‰. Das liegt daran, dass sich das unterschiedliche Gewicht der Isotope beim Verdunsten und Kondensieren auswirkt. Sedimente haben ebenfalls eine starke Variation, zwischen 10 ‰ und 30 ‰.

Bei magmatischen Prozessen wie Aufschmelzen und Kristallisation verändert sich das $\delta^{18}O$ hingegen nur wenig. Der Erdmantel hat ein homogenes $\delta^{18}O$ von etwa 5,7 ‰ und frische Basalte haben fast denselben Wert. Granitmagma hat ein leicht erhöhtes $\delta^{18}O$, weil die Fraktionierung der Isotope temperaturabhängig ist. In Zirkon wird diese Veränderung jedoch durch Fraktionierung zwischen Zirkon und Schmelze so gut ausgeglichen, dass er beinahe das gleiche Isotopenverhältnis haben sollte wie ein Zirkon im Erdmantel.

Wenn Gesteine verwittern, verschiebt sich das Verhältnis jedoch. Verwitterung mit kühlem Wasser führt generell zu deutlich höheren Werten, die Reaktion mit heißem Thermalwasser hingegen zu deutlich niedrigeren Werten.

In den hadaischen Zirkonen erwartete man konstante Sauerstoffisotopenverhältnisse, die dem Erdmantel entsprechen. Die gemessenen Werte waren jedoch wesentlich variabler: In den Zirkonen, die jünger als 4,2 Milliarden Jahre alt waren, wurden Werte zwischen 5,3 ‰ und 7,3 ‰ gemessen. Die höheren Werte können nur erklärt werden, wenn entweder ein Basalt aufgeschmolzen wurde, der bereits durch Wasser verwittert war oder wenn in der Quellregion des Granits auch Sedimente waren, die aufgeschmolzen wurden. Beide Möglichkeiten setzen voraus, dass es auf der Erdoberfläche flüssiges Wasser und vermutlich sogar Ozeane gab, und zwar spätestens vor 4,2 Milliarden Jahren (Cavosie et al. 2005). Die Oberflächentemperatur muss also zu diesem Zeitpunkt bereits unter 100 °C gelegen haben. Die Erde hat sich offensichtlich deutlich schneller abgekühlt, als man vorher angenommen hatte: In der zweiten Hälfte des Hadaikums gab es keinen höllisch heißen Magmaozean, sondern Ozeane aus Wasser und ein relativ angenehmes Klima, in dem vielleicht sogar Leben möglich war.

Umso heißer diskutieren die Forscher seither, welche Folgerungen sich daraus ergeben. Haben sich die ersten primitiven Lebensformen vielleicht schon im Ozean des späten Hadaikums gebildet? Die Evolution hätte damit deutlich mehr Zeit gehabt. Gab es damals schon Kontinente oder nur eine Basaltkruste ähnlich der heutigen ozeanischen Kruste? Gab es eine Plattentektonik wie heute oder liefen völlig andere Prozesse ab? Warum sind keine Gesteine aus dem Hadaikum erhalten?

Tatsächlich ist eine relativ schnelle Abkühlung auch nach thermodynamischen Überlegungen wahrscheinlich. Zum einen beraubten die großen Meteoriteneinschläge die frühe Erde immer wieder um ihre Atmosphäre – insbesondere die Kollision, die zur Entstehung des Mondes führte. Daher gab es eine viel stärkere Wärmeabstrahlung ins All. Selbst nach einem großen Einschlag dürfte die Erde sich in spätestens 10 Millionen Jahren soweit abgekühlt haben, dass ihre Oberfläche wieder erstarrte. Zum anderen isoliert diese durch Abkühlung immer dickere Kruste von der Hitze aus dem Erdinneren, was moderate Temperaturen an der Oberfläche ermöglicht. Erst als die Erde genug abgekühlt war, entstand durch Entgasung an Vulkanen und durch Einschläge von Kometen und anderen Himmelskörpern eine neue Atmosphäre.

Manche Geologen haben dennoch Zweifel, ob die Isotopendaten nicht auch anders erklärt werden können. Manche der Zirkone hatten offensichtlich Risse in ihren Kernen, die durch radioaktive Strahlung entstanden waren. Heißes magmatisches Wasser, das von in der Umgebung aufsteigenden Graniten stammen könnte, kann durch diese Risse in den Kristall eindringen. Die Risse können dabei mit einem erhöhten $\delta^{18}O$ verheilen. Demnach wären Ozeane nicht notwendig, um die Variation in den Isotopendaten zu erklären (Hoskin 2005). Dieser alternative Prozess scheint jedoch nur auf manche der gemessenen Kristalle zuzutreffen.

Interessant ist ein Vergleich mit jüngeren Zirkonen des Präkambriums, die in aller Welt gesammelt wurden (Valley et al. 2005). Das Präkambrium umfasst die Zeit von der Geburt der Erde bis zum plötzlichen massenhaften Auftreten von Schalentieren – ein ziemlich langer Abschnitt der Erdgeschichte, der weiter in Proterozoikum, Archaikum und Hadaikum unterteilt wird. In den Zirkonen blieb die Variation von $\delta^{18}O$ seit dem Hadaikum bis zum Ende des Archaikums unverändert. Dass es zum Beginn des Archaikums keine plötzliche Änderung gab, ist ein weiteres Indiz dafür, dass die Ozeane auch schon im späten Hadaikum vorhanden waren. Nach dem Archaikum nimmt im Lauf des Proterozoikums die Variation von $\delta^{18}O$ immer mehr zu, was damit erklärt wird, dass immer mehr Sedimente und alterierte magmatische Gesteine von der Plattentektonik erfasst und recycelt wurden.

Mit Lithiumisotopen konnte die aus den Sauerstoffisotopen gewonnene Erkenntnis weiter untermauert werden (Ushikubo et al. 2008). Die Verhältnisse von ^6Li und ^7Li können durch magmatische Prozesse nur minimal verändert werden, während die

Interaktion mit Wasser starke Auswirkungen hat. Wichtig sind dabei die Verwitterung auf dem Land und die Reaktion mit hydrothermalem Wasser, die vor allem auf dem Ozeanboden von großer Bedeutung ist. Die starke Streuung der Lithiumisotope in den Zirkonen kann nur erklärt werden, wenn es bereits Wasser gab. Möglicherweise sprechen die Daten sogar dafür, dass es bereits bedeutende Mengen kontinentaler Kruste gab, die durch eine starke Verwitterung angegriffen wurde.

Aber wie sehr ähnelte die Welt im Hadaikum wirklich der unseren? Ob es bereits Kontinente gab und eine Plattentektonik, die mit der heutigen Erde vergleichbar wäre, ist sehr umstritten. Es ist genauso gut denkbar, dass auf der Erde ganz andere Prozesse stattfanden, die wir heute gar nicht mehr beobachten können. Gegen eine hadaische Plattentektonik spricht, dass die ältesten erhaltenen Kontinente erst im Archaikum entstanden sind. Wir wissen bereits, dass die kontinentale Kruste durch Magmatismus an Subduktionszonen entsteht. Ozeanische Kruste wird ständig neu gebildet und an Subduktionszonen wieder vernichtet, während kontinentale Kruste nicht nur erhalten bleibt, sondern immer mehr wird. Weil keine Gesteine aus dem Hadaikum erhalten sind, glauben einige Forscher, dass es damals noch keine beweglichen Platten gab. Stattdessen soll es eine durchgehende Kruste aus Basalt oder Komatiit gegeben haben, die durch das Erstarren eines weltweiten Magmaozeanes entstand und eher mit der Kruste des Mondes vergleichbar ist. Diese starre Kruste verschwand, nachdem zu Beginn des Archaikums die Subduktion einsetzte.

An dieser Stelle ist erwähnenswert, dass Zirkon aus einer Brekzie des Mondes ebenfalls auf 4,4 Milliarden Jahre datiert wurde (Nemchin et al. 2009). Zu diesem Zeitpunkt muss der Magmaozean des Mondes bereits bis auf wenige Prozent Schmelze erstarrt gewesen sein. Doch zurück zur Erde im Hadaikum.

Im Gegensatz zum Mond hätte es auf der starren Basaltkruste riesige Schichtvulkane gegeben, an denen die Basaltkruste wesentlich dicker war. In der Tiefe unter diesen Schildvulkanen konnte verwitterter Basalt zu Granitmagma aufgeschmolzen werden, in dem unsere Zirkone kristallisierten. Nach diesem Modell entstand im Hadaikum eventuell nur wenig kontinentale Kruste, deren Nichtvorhandensein erklärt werden müsste. Vielleicht waren die Granite sogar nur eine lokale Kuriosität? Es ist ebenso möglich, dass es bereits kleine Kontinente gab, deren Kruste jedoch durch Verwitterung und spätere Gebirgsbildungen wieder recycelt wurde.

Die Gegner dieser Theorie müssen hingegen erklären, warum keine kontinentale Kruste erhalten ist. Wir wissen, dass sich im Archaikum die Platten sechsmal schneller bewegt haben als heute, da die Erde noch heißer war. Das müsste umso mehr für das Hadaikum gelten. Kontinente müssten entsprechend schnell gewachsen sein. Wurde die Kruste durch eine Phase mit extrem starkem Meteoriteneinschlag wieder aufgeschmolzen?

Vielleicht gab es nur kleine Kontinente, die durch weniger dramatische Prozesse verschwanden. Die Verwitterung war damals vermutlich wesentlich stärker als heute, da die Atmosphäre mehr CO_2 enthielt und zudem die Temperatur unter der Erdoberfläche höher war. Die Folge wäre eine intensive chemische Tiefenverwitterung, die schnell aus einem freigelegten Granit ein lockeres Material aus Quarz und Ton macht, das leicht abgetragen werden kann. Vielleicht ist von den ältesten Kontinenten (abgesehen von den Zirkonen) nur Quarzsand übrig, der nicht datiert werden kann. Es ist auch denkbar, dass hadaische Kruste nicht mehr als solche erkannt werden kann, weil sie in späteren Gebirgsbildungen zu metamorphen Gesteinen umgewandelt wurde. Wer weiß, möglicherweise sind irgendwo in den alten Kratonen doch noch Gesteine aus dem Hadaikum versteckt und wir haben nur nicht intensiv genug danach gesucht.

Die Forscher beließen es nicht bei den bisher beschriebenen Erkenntnissen, sondern versuchten, noch mehr aus den einzigen Zeugen des Hadaikums herauszukitzeln. Zirkon hat die

Eigenschaft, in Abhängigkeit von der Kristallisationstemperatur Spuren von Titan in sein Kristallgitter einzubauen. Unter günstigen Umständen kann aus dem Titangehalt eines Zirkons dessen Bildungstemperatur berechnet werden. Da in unserem Fall der Titangehalt des Magmas nicht bekannt ist, konnte nur eine grobe Abschätzung gemacht werden. Man kam dabei auf etwa 700 °C (Harrison et al. 2010). Das ist eine typische Temperatur für wasserreiche Granitmagmen. Es gibt auch andere niedrigtemperierte Magmen, die aber aufgrund anderer Spurenelemente ausgeschlossen werden können. Das Thermometer unterstützt somit die bisherige Annahme, dass die Granite aus einem an Wasser gesättigten Krustengestein, möglicherweise einem verwitterten Basalt, ausgeschmolzen wurden.

Anhand der winzigen in den Zirkonen eingeschlossenen Minerale wurde versucht, die Temperatur mit einer Abschätzung des Drucks und damit der Tiefe zu ergänzen. Dafür untersuchte man den Einbau von zusätzlichem Silizium in den Hellglimmer Muskovit, und den Einbau von zusätzlichem Aluminium in Hornblende. Dabei kam man auf einen deutlich höheren Druck, als man erwartet hatte. Der entsprechende geothermische Gradient, also die Zunahme der Temperatur mit der Tiefe, ist demnach geringer, als man für das Hadaikum annimmt, er liegt sogar unter dem heutigen Durchschnitt. Solche niedrigen geothermischen Gradienten sind typisch für Subduktionszonen. Das ist vielleicht auf den ersten Blick überraschend, wenn wir an die vielen Vulkane denken, die sich über den abtauchenden Platten aneinanderreihen. Abseits der Vulkangebiete ist von der magmatischen Hitze jedoch nichts zu spüren, im Gegenteil kühlt die kalte abtauchende Platte die Erdkruste ab. Die Forscher werteten diese Daten als ein Hinweis, dass es im Hadaikum bereits eine Plattentektonik gab (Hopkins et al. 2008).

Andere Forscher stellten fest, dass unter den vielen untersuchten Zirkonkristallen hin und wieder ein Körnchen ist, das mikroskopisch kleine Einschlüsse von Diamant enthält (Menneken et al. 2007). Diese Mikrodiamanten sehen aus wie solche, die man aus Ultrahochdruckgesteinen kennt (Kapitel 4) und werden ebenfalls als Argument für hadaische Plattentektonik gedeutet.

Ganz so zwangsläufig ist die Interpretation, dass es Subduktionszonen gab, allerdings nicht. Es kann Prozesse gegeben haben kann, die heute nicht mehr stattfinden. Eine Möglichkeit ist eine Art vertikale Tektonik, die auf Englisch „sagduction" genannt wird. Demnach formt sich unter der Basaltkruste ein Tropfen, der wie ein umgekehrter Diapir absinkt. Mit diesem hypothetischen Prozess versucht man auch Strukturen zu erklären, die man in manchen Gesteinen aus dem Archaikum sehen kann. Computermodelle zeigen, dass der Prozess durchaus plausibel ist. Dieses Modell passt gut zu einer Welt ohne Plattentektonik.

In den letzten Jahrzehnten kam mit dem Lu/Hf Isotopensystem ein weiteres Werkzeug zur Entschlüsselung der in den Zirkonen eingeschlossenen Geheimnisse hinzu (Kemp et al. 2010). Dabei nutzen wir den radioaktiven Zerfall von ^{176}Lu zu ^{176}Hf. Im Gegensatz zum Uran-Blei-System findet der Zerfall nicht im Zirkon statt. Diesmal geht es um Prozesse, die vor der Kristallisation des Zirkons abliefen.

Hafnium, darunter das beim Zerfall entstandene Tochterisotop, ist ein seltenes Element, das sich fast identisch wie Zirkonium verhält. Die beiden Elemente kommen daher immer zusammen vor, auch in Zirkon. Das radioaktive Mutterisotop ^{176}Lu wird hingegen nicht in Zirkon eingebaut.

Wir werden gleich sehen, dass aus diesem Isotopensystem Hinweise auf die Bildung und Entwicklung der Erdkruste abgeleitet werden können.

Lutetium und Hafnium sind inkompatible Spurenelemente. Beim Aufschmelzen des Erdmantels geht Hafnium fast vollständig in die Schmelze. Lutetium ist jedoch weniger inkompatibel und bleibt teilweise im Mantel zurück: Dieses Seltenerdmetall passt in den Granat, der ein wichtiges Mineral im Erdmantel ist.

Bei jeder Schmelzbildung ändert sich das Lu/Hf-Verhältnis sowohl im Erdmantel als auch im ausgeschmolzenen Basalt.

Die Hafnium-Isotope sind im ersten Moment in Mantel und Basalt identisch, aber mit der Zeit entwickeln sie sich immer weiter auseinander: Die unterschiedlichen Konzentrationen an Lutetium bewirken einen unterschiedlich schnellen Zuwachs an ^{176}Hf, das durch den Zerfall des radioaktiven ^{176}Lu entsteht. Der Zerfall läuft sehr langsam ab. Die Halbwertszeit liegt ungefähr bei 36 Milliarden Jahren. Das ist zehnmal länger als das Alter der Erde, seit Entstehung des Sonnensystems ist also nur ein kleiner Bruchteil des ^{176}Lu zu ^{176}Hf zerfallen.

Zum Vergleich verwenden wir die Hafnium-Isotopenkonzentrationen in kohligen Chondriten, die als Modell für die durchschnittliche Gesamterde dienen (Kapitel 4). Daraus können wir ein Verhältnis für jeden Zeitpunkt der Erdgeschichte berechnen. Dieses Modell wird CHUR genannt und in der Folge geht es um die Abweichung der Hafnium-Isotope in Zirkonkristallen von dieser CHUR-Linie.

Wenn es keine Fraktionierung zwischen Lutetium und Hafnium gäbe, wäre das Verhältnis der Hafniumisotope in jedem Gestein der Erde mit dem CHUR zum selben Zeitpunkt identisch. Nachdem zum ersten Mal in der Erdgeschichte größere Basaltmengen aus dem Mantel geschmolzen wurden und die erste Erdkruste bildeten, hatten Mantel und Kruste ein unterschiedliches Verhältnis der Elemente Hafnium und Lutetium. In der Kruste nimmt das ^{176}Hf jetzt langsamer zu als im CHUR-Modell, im Mantel schneller. Bei jedem weiteren Aufschmelzen verschiebt sich die weitere Entwicklung.

Man stellte fest, dass in einem Diagramm, in dem die Abweichung von CHUR gegen die Zeit aufgetragen ist, alle Messpunkte zwischen zwei Geraden liegen, die bei 4,5 Milliarden Jahren die CHUR-Linie schneiden. Die beiden Geraden entsprechen der Entwicklung von basaltischer und granitischer Kruste, die durch ein Ausschmelzen aus dem Erdmantel vor 4,5 Milliarden Jahren entstanden. Dies wird als der Zeitpunkt interpretiert, an dem ein weltweiter Magmaozean erstarrte. Die Granite des Hadaikums scheinen nur durch Recycling dieser ersten Kruste entstanden zu sein, die offensichtlich 400 Millionen Jahre lang kaum verändert wurde. Erst in Zirkonen aus dem Archaikum gibt es eine Verschiebung und starke Streuung der Daten, wie sie es beim erneuten Ausschmelzen von Basalten aus dem Mantel zu erwarten ist.

Diese Daten sprechen dafür, dass die Plattentektonik erst zum Ende des Hadaikums einsetzte, denn mit Plattentektonik hätte es eine ständige Neubildung und Vernichtung der Kruste gegeben. Außerdem scheint die Kruste noch relativ dünn gewesen zu sein: Der Mantel war weniger stark in den inkompatiblen Elementen abgereichert als im Archaikum.

Die Erde muss im Hadaikum kühler gewesen sein als man es vor einem Jahrzehnt noch glaubte, aber sie scheint sich dennoch sehr von der heutigen Erde unterschieden zu haben. Die Vorstellung von Magmaozeanen stimmt offensichtlich nur für die ersten 50 Millionen Jahre, was im Rahmen der Erdgeschichte eine ziemlich kurze Zeitspanne ist. Bereits kurz nach der Entstehung des Mondes erstarrte der Magmaozean zu einer durchgehenden Basaltkruste. Als die Erdoberfläche auf 100 °C abgekühlt war, begannen vor etwas mehr als 4,2 Milliarden Jahren starke Regenfälle, und es gab das erste flüssige Wasser. Die Basaltkruste wurde ab diesem Zeitpunkt hydratisiert, so wie es auch an heutigen Meeresböden der Fall ist. Durch fortgesetzten Magmatismus bildeten sich große Schildvulkane, unter denen der alte hydratisierte Basalt unter jüngeren Basalten begraben wurde. Durch die Hitze des Vulkanismus oder durch die Hitze aus radioaktivem Zerfall wurde der alte hydratisierte Basalt so heiß, dass kleine Mengen von Granitmagma entstanden und aufstiegen. Aus diesen stammen die Zirkone von den Jack Hills. Erst 400 Millionen Jahre später setzte zu Beginn des Archaikums die Plattentektonik ein. Die ersten Kontinente entstanden, gleichzeitig verschwand die ursprüngliche Basaltkruste in den Subduktionszonen.

Wir haben bereits eine Ahnung davon, welch ein hervorragendes Werkzeug Zirkon für die Wissenschaft ist. Auch bei der Erforschung jüngerer Gebirge spielt er eine Rolle. Bei der genauen Datierung von Gesteinen geht es ja nicht nur um die Zahl selbst, sondern auch darum, die Reihenfolge von Prozessen zu entschlüsseln. Zirkone können aber noch mehr: Sie geben nicht nur Hinweise über die Zeit von Magmatismus bei einer Gebirgsbildung, sondern auch über die Hebung, die das Gebirge anschließend durch Auftrieb und Erosion erfuhr. Zu diesem Zweck nutzen wir die spontane Spaltung des Uranisotops ^{238}U. Mit einer bestimmten Wahrscheinlichkeit zerfällt dieses Isotop nicht auf dem normalen Weg über eine lange Reihe von α- und β-Zerfallen, sondern spaltet sich in zwei etwa gleich große Kerne und ein paar Neutronen. Die beiden Hälften fliegen in entgegengesetzte Richtungen auseinander und hinterlassen im Kristallgitter eine etwa 20 µm lange Spur der Zerstörung, die als Spaltspur bezeichnet wird.

Zirkon und Apatit sind für die Datierung mit der Spaltspuren-Methode am besten geeignet. Die Spaltspuren können durch Anätzen sichtbar gemacht und die Anzahl pro Fläche ausgezählt werden. Diese Anzahl ist abhängig vom Urangehalt und vom Alter; es braucht also nur noch der Urangehalt bestimmt werden. In der Regel wird dazu die Probe mit thermischen Neutronen beschossen, was eine Spaltung von ^{235}U induziert und weitere Spaltspuren erzeugt. Da das Verhältnis der beiden Uranisotope bekannt ist, kann nun ein Alter berechnet werden.

Diese Spaltspuren verheilen schon bei geringer Hitze relativ schnell: Für Zirkon wird eine Schließungstemperatur von etwa 240 °C angegeben, für Apatit von etwa 120 °C. Unterhalb dieser Temperaturen bleiben die Spaltspuren erhalten. Das ermittelte Alter gibt also an, wann das Gestein zum letzten Mal diese Temperatur hatte, die wesentlich tiefer ist als die magmatische Temperatur.

Genau genommen ist die Schließungstemperatur eine empirisch ermittelte Schwelle, die anhand von Proben aus Bohrlöchern kalibriert wurde. Die Geschwindigkeit des Verheilens nimmt nämlich mit steigender Temperatur kontinuierlich zu. Bei Apatit verheilen die Spaltspuren im Intervall zwischen 60 °C und 120 °C so langsam, dass sie kürzer werden, aber nicht vollständig verschwinden. Das entsprechende Temperaturintervall hängt beim Zirkon offensichtlich von weiteren Faktoren ab, beginnt aber bei 170 °C.

Da die Schließungstemperaturen von Apatit und Zirkon weit auseinanderliegen und beide Minerale relativ häufig sind, ist die Kombination ihrer Spaltspurenalter hervorragend geeignet, um Hebungs- und Abtragungsraten in Gebirgen zu ermitteln, oder um die Sedimentationsraten in Becken zu bestimmten.

In den Alpen wurden in den letzten Jahrzehnten Hunderte Proben mit dieser Methode datiert. In ihrer Gesamtheit erlauben sie erstaunlich präzise Aussagen über die Hebungsgeschichte der Alpen (Vernon et al. 2008). So zeigte sich, dass sich die Hebungsrate in den Alpen in jüngerer Zeit verdoppelt hat: Vor 10 Millionen Jahren hoben sie sich je nach Region um 0,2 bis 0,3 Meter pro Jahr, in den letzten 5 Millionen Jahren stieg die Hebung auf Werte zwischen 0,3 und mehr als 1 mm pro Jahr an. Insbesondere in den nördlichen Schweizer Alpen und in den Französischen Alpen nahm die Hebung rapide zu.

7

Nicht ganz so heiß gekocht: Amethyst, Achat und Opal

Weiße, donnernde Vorhänge aus Wasser stürzen sich von allen Seiten in eine 80 Meter tiefe Schlucht aus schwarzem Basalt. An den Felsen der Inseln, die zwischen den 20 großen und mehr als 200 kleineren Wasserfällen liegen, klammert sich ein üppiger Regenwald. Die Iguaçu-Fälle an der Grenze zwischen Argentinien und Brasilien gehören zu den gewaltigsten Wasserfällen der Erde. Die tosenden Wassermassen entfalten genug Kraft, um die Schlucht in die harten Basaltschichten zu schneiden: Sie unterhöhlen die Felskante von unten, was zum Nachstürzen weiterer Felsmassen führt.

Die Basalte sind Teil der Paraná-Flutbasaltprovinz, die den Südzipfel von Brasilien und Uruguay umfasst und bis nach Paraguay und Argentinien hineinreicht. In der frühen Kreidezeit wurde das gesamte Gebiet Lavastrom um Lavastrom mit einer mehrere Hundert Meter dicken Basaltschicht überdeckt. An seiner dicksten Stelle, etwa 500 Kilometer westlich von São Paulo, sind es sogar 1700 Meter.

Die Basalte entstanden, als sich der Tristan-Hotspot durch die Kruste von Gondwana bohrte. Ein Hotspot, wie beispielsweise das Paradeexemplar Hawaii, ist die Auswirkung eines im Mantel aufsteigenden Diapirs aus heißem Mantelmaterial. Diese Diapire beginnen an der Kern-Mantel-Grenze (Kapitel 3) und steigen wie die Wülste einer Lavalampe auf. Der Kopf eines Diapirs breitet sich oft wie der Hut eines Pilzes seitlich aus. Ist der Kopf bis knapp unter die Erdkruste aufgestiegen, wird eine Episode von extrem starkem Vulkanismus ausgelöst. Ein paar Millionen Jahre lang, was im geologischen Sinn eine kurze Zeitspanne ist, rissen inmitten von Gondwana immer wieder Spalten auf, an denen regelrechte Lavavorhänge in die Höhe schossen und unvorstellbar große Lavaströme speisten. Diese Flutlaven können Hunderte von Kilometern weit fließen, Strom für Strom wurde eine Fläche mit Basalt überdeckt, die größer ist als alle östlichen deutschen Bundesländer zusammen.

Ein Hotspot, der unter einem Kontinent aufsteigt und sich regelrecht in diesen hinein brennt, kann auch eine starke Dehnung auslösen, die im Extremfall zum Zerbrechen des Kontinents führt. In unserem Fall trennten sich Afrika und Südamerika; dazwischen öffnete sich der Südatlantik. Die Flutbasaltprovinz wurde dadurch in zwei Teile auf beiden Seiten des Atlantiks geteilt, die östliche Fortsetzung ist die wesentlich kleinere Etendeka-Flutbasaltprovinz in Namibia, der wir in Kapitel 5 bereits begegnet sind. Der Manteldiapir steigt noch immer unter dem Atlantik auf und befeuert einen typischen Hotspot, die Vulkaninsel Tristan da Cunha.

Aus der Paraná-Flutbasaltprovinz kommen die oft metergroßen Geoden, die mit tiefvioletten Amethystkristallen ausgekleidet sind. Sie werden häufig in Museen und den Schaufenstern von Juwelierläden ausgestellt. Bis zum 18. Jahrhundert war Amethyst ein teurer und begehrter Edelstein, doch der Preis ist regelrecht abgestürzt, seitdem diese reichen Vorkommen gefunden wurden. Amethyst ist die einzige Quarzvarietät, die früher als „echter" Edelstein und nicht als „Halbedelstein" galt.

Quarz ist ein „Allerweltsmineral", das in den verschiedensten Gesteinen als wichtiger Bestandteil vorkommt. Im Kapitel über Pegmatite haben wir bereits mehrere magmatisch gebildete Varietäten kennengelernt. Als Schmucksteine und Museumsstufen sind vor allem hydrothermal gebildete Kristalle von Bedeutung.

Die Löslichkeit von SiO_2 nimmt in heißem Wasser mit der Temperatur zu, beim Abkühlen des Wassers oder durch Mischung von Wasser kann daher Quarz kristallisieren. In alkalischem Wasser spielt eine Veränderung im pH-Wert ebenfalls eine Rolle, da bei einem hohen pH-Wert die Löslichkeit wesentlich höher ist. Klare Bergkristalle und manchmal Rauchquarze finden sich auf alpinen Zerrklüften, die beim Aufstieg eines Gebirges durch Druckentlastung aufreißen und durch die heiße Lösungen fließen können. Zusammen mit Erz und weiteren Mineralen ist Quarz zudem ein typisches Mineral in hydrothermalen Gängen.

Ein Hydrothermalsystem kann durch die Hitze eines Magmas in Vulkangebieten oder über einem Pluton angetrieben werden. Auch die Überlagung von Sedimenten treibt Wasser nach oben, da das Porenvolumen abnimmt. Häufig ist jedoch ein weniger naheliegender Effekt für den Aufstieg von hydrothermalem Wasser verantwortlich: Steigt ein Gestein aus der Tiefe auf, dehnt sich das Wasser in seinen Poren aus. Da sich das Porenvolumen dabei nicht ändert, wird Wasser über kleine Risse nach oben gedrückt. Dies passiert sowohl bei der Abtragung eines Gebirges als auch bei Dehnung in einem Grabenbruch. In einem Graben sinkt zwar die obere Kruste ab, die mittlere und untere Kruste wird jedoch plastisch auseinandergezogen und ausgedünnt, was zum Aufstieg von großen Mengen Wasser aus der Tiefe führt (Staude et al. 2009).

Auch Amethyst und Achat können in hydrothermalen Gängen wachsen. Selten gibt es Amethyst in Pegmatiten. Am häufigsten sind Amethyst und Achat als späte Bildungen in Gasblasen von alten Lavaströmen. In flüssiger Lava sind Wasser und Gase wie CO_2 gelöst, die sich beim Abkühlen der Schmelze entmischen und kleine Gasblasen bilden, die aufsteigen und sich zu größeren Blasen vereinigen. Typischerweise sind diese zentimeter- bis dezimetergroß. Da die Oberfläche eines Lavastromes am schnellsten abkühlt, sammeln sich oft viele solcher Blasen im oberen Bereich des Stromes unter einer festen Kruste an. Auch an der

Quarz

SiO$_2$	Gerüstsilikat bzw. Oxid	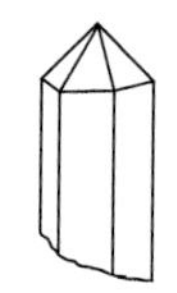
Kristallsystem:	trigonal (Tiefquarz)	
Mohs-Härte:	7	
Spaltbarkeit:	keine	
Bruch:	muschelig	
Farbe:	farblos, verschiedene Farben	

Quarz ist ein wichtiges gesteinsbildendes Mineral und Hauptbestandteil in Granit, Gneis, Sandstein usw. Trigonaler Tiefquarz wandelt sich bei mehr als 600 °C in hexagonalen Hochquarz um. Bei wesentlich höheren Temperaturen sind die Polymorphe Tridymit und Cristobalit stabil. Bei sehr hohem Druck wandelt sich Quarz in das Polymorph Coesit, unter extrem hohem Druck in Stishovit um.

Bergkristall: Farbloser, hydrothermal gebildeter Quarz auf alpinen Zerrklüften und in hydrothermalen Gängen. Auch in Pegmatiten. Weit verbreitet.

Rauchquarz: Braune Varietät, Farbe durch Strahlung. Auf alpinen Klüften oder in Pegmatit.

Morion: Dunkelbrauner bis schwarzer Rauchquarz.

Amethyst: Violette Varietät, Farbe durch Strahlung, wenn Spuren von Fe^{3+} im Kristallgitter vorhanden sind. In Geoden in Vulkaniten und in hydrothermalen Gängen. Wichtigste Fundorte: Brasilien, Uruguay.

Citrin: Gelbe Varietät. Selten natürlich. Kann durch Brennen aus Amethyst erzeugt werden.

Goldtopas: Irreführender Handelsname für „Citrin", der durch Brennen von Amethyst erzeugt wurde.

Prasiolith: Grüne Varietät. Selten natürlich. Kann durch Brennen aus Amethyst und durch Bestrahlen aus farblosem Quarz erzeugt werden.

Rosenquarz: Rosafarbene Varietät. Farbe durch fein verteilte Fasern eines Borsilikats. In Pegmatit, selten hydrothermal.

Tigerauge, Falkenauge: Entsteht durch Verdrängen von Asbest. Gelblich bzw. blau mit Lichtreflexen an den Fasern.

Mikrokristalliner Quarz

Chalcedon (im weiten Sinn): Mikrokristalliner Quarz aus feinen verdrehten Fasern, häufig gebändert. Einschließlich Achat, Karneol, Onyx, Sarder, Chrysopras.

Chalcedon (im engen Sinn): grauer bis bläulicher Chalcedon.

Achat: Rhythmisch gebänderter, unterschiedlich gefärbter Chalcedon, häufig als Füllung in Geoden („Mandelfüllung", zum Beispiel Idar-Oberstein), auch in hydrothermalen Gängen (zum Beispiel Freiberger Korallenachat).

Karneol: Rotbrauner Chalcedon. Vorkommen in verwitterten Sedimenten.

Onyx: Schwarz-weiß gebänderter Chalcedon.

Sarder (Sardonyx): Braun-weiß gebänderter Chalcedon.

Chrysopras: Grüner Chalcedon. Färbung durch eingeschlossene nickelhaltige Schichtsilikate.

Jaspis: Körniger mikrokristalliner Quarz, viele Fremdeinschlüsse. Vorkommen in verwitterten Vulkaniten zusammen mit Achat.

Heliotrop: Jaspis mit roten Hämatit-Einschlüssen.

Plasma: Jaspis mit grünen Chlorit-Einschlüssen.

Prasem: Grüner Jaspis.

abgeschreckten Basis eines Stromes können Gasblasen eingefangen werden. Die Füllung dieser Hohlräume mit Amethyst, Opal, Achat oder auch mit Kalzit oder Zeolithen geschieht erst wesentlich später. Heißes Wasser, das durch das Gestein strömt, laugt bestimmte Elemente aus dem Gestein aus, das dadurch teilweise zu Tonmineralen umgewandelt wird. Insbesondere Glas,

das in Lavagesteinen in der feinkörnigen Grundmasse enthaltenen sein kann, zersetzt sich schnell. Aus dem Wasser können in
Hohlräumen langsam Kristalle wachsen. Wenn das Wasser stark
an SiO_2 übersättigt ist, bildet sich eine mikrokristalline Varietät
von Quarz, die aus mikroskopisch kleinen Fasern besteht, die
ineinander verdreht sind: Chalcedon. Bei nur leichter Sättigung
wachsen stattdessen größere Quarz- oder Amethystkristalle, was
wesentlich langsamer geschieht.

Amethystgeoden gibt es an vielen Fundorten. Die beeindru-
ckende Größe von mehreren Metern erreichen sie aber nur in
der Paraná-Flutbasaltprovinz. Dort kommen sie nur in wenigen
Lavaströmen vor und bilden einen regelrechten Horizont vol-
ler Drusen. Die Geoden werden in kleinen Stollen abgebaut,
die insgesamt zwischen 2000 und 3000 Tonnen pro Jahr liefern.
Die kommerziell lohnenden Vorkommen konzentrieren sich
auf zwei kleine Regionen innerhalb der Flutbasaltprovinz: Zum
einen in Rio Grande do Sul (dem südlichsten Bundesstaat Brasiliens) rund um das Städtchen Amethista do Sul, das unweit der
argentinischen Grenze liegt; zum anderen auf den Nordwesten
von Uruguay.

Die Amethystgeoden haben außen eine Rinde aus einem dunkelgrünen Glimmer namens Celadonit. Dadurch sind sie leicht
aus dem Nebengestein zu lösen. Es folgt eine Rinde aus Chalcedon, dann farblose Quarzkörner, die nach innen immer violetter
werden, bis die Kristallisation mit den perfekten Amethystkristallen endet. Manchmal sitzt auf dem Amethyst noch vereinzelt ein
Kalzit- oder Gipskristall. Der Glimmer entstand bereits durch
die Verwitterung des Basalts. Dann folgte Chalcedon aus einer
stark an SiO_2 übersättigten Lösung. Die Konzentration von SiO_2
sank mit der Zeit, und sobald die Stabilitätsgrenze von Chalcedon
unterschritten war, wuchs stattdessen Quarz. Die Anreicherung
von oxidiertem Eisen im Wasser führte zu einem kontinuierlichen Übergang zu Amethyst. Die Änderung von Form, Größe
und Anordnung der Quarz- und Amethystkristalle ist die Folge

einer „geometrischen Auslese", da günstig orientierte Kristalle bevorzugt wuchsen (Commin-Fischer et al. 2010).

Nach der herkömmlichen Vorstellung handelt es sich auch bei diesen riesigen Geoden um Gasblasen, die sich unter der abgekühlten Oberfläche eines Lavastromes angesammelt haben. Dabei spielte nicht nur das Wachstum der Gasblasen durch Diffusion und Entgasung des Magmas eine Rolle, sondern auch die Ausdehnung bei der Druckentlastung und die Vereinigung von vielen kleineren Gasblasen (Proust & Fontaine 2007a). Die längliche Form soll durch die schnellere Abkühlung des Magmas im Kontakt mit dem angereicherten Gas erklärbar sein. Es wäre denkbar, dass sich schon kurz nach Ausfließen des Basalts ein Hydrothermalsystem ausbildete, das Glas in der Grundmasse des Basalts schon wieder anlöste und die Hohlräume mit Amethyst ausfüllte (Proust & Fontaine 2007b). Wahrscheinlicher ist, dass die Füllung mit Amethyst erst wesentlich später in einem zweiten Schritt erfolgte (Gilg et al. 2003, Commin-Fischer et al. 2010), und zwar nach Datierungen des Celadonits zwischen 40 und 60 Millionen Jahre nach dem Ausfließen des Basalts. Das Wachstum der Kristalle dauerte offensichtlich rund 20 Millionen Jahre. Die Flüssigkeitseinschlüsse deuten darauf hin, dass die Temperaturen des Wassers deutlich unter 100 °C lagen. Das warme Wasser stieg vermutlich aus den Sandsteinen auf, die unter dem Basalt liegen. Dabei könnte eine Rolle gespielt haben, dass zu diesem Zeitpunkt der Südatlantik bereits entstanden war und die Küste sich als Grabenschulter gehoben hatte. Das führte in der ehemaligen Wüste zu Regenfällen, die den porenreichen Sandstein unter den Flutbasalten mit Grundwasser auffüllten. Das in der Tiefe aufgeheizte Wasser stieg aus dem Sandstein in die Basalte auf, laugte deren Grundmasse aus und füllte die Geoden. Das SiO_2 in den Geoden stammt zum größten Teil aus dem ausgelaugten Basalt, auch wenn ein Beitrag aus den Sandsteinen nicht ausgeschlossen werden kann.

Kleinere Gasblasen sind in Lavaströmen häufig, sie konzentrieren sich meist nahe der Oberfläche und an der Basis, weil der Strom dort schneller abkühlt. Die Theorie, dass auch die riesigen Geoden durch Entgasung des Magmas entstanden, hat eine große Schwäche: Warum können solche großen Geoden nicht auch in anderen Regionen der Welt gefunden werden, wenn die Entstehung so einfach ist? Alternativ wurde vorgeschlagen, dass die Geoden bei Wasserdampfexplosionen durch eine Interaktion von Lava und Oberflächenwasser entstanden, was aber wenig wahrscheinlich ist: Die Basalte eruptierten in einer Sandwüste. Ein weiteres Problem ist, dass die größeren Geoden generell im massiven Zentrum eines Lavastromes vorkommen, ohne Verbindung mit den blasenreichen Partien nahe der Oberfläche und an der Basis.

Eine neuere Theorie erklärt stattdessen nicht nur die Füllung der Geoden, sondern auch die Entstehung der Geoden selbst durch die nachträgliche Einwirkung von heißem Wasser (Duarte et al. 2009). Die Autoren stellten fest, dass der Basalt unterhalb der Geoden zu einer Brekzie zerbrochen ist, was in ihrem Modell eine wichtige Rolle spielt.

Demnach stieg langsam heißes Wasser aus dem Sandstein in die schon lange abgekühlten Basalte auf und begann mit der Verwitterung des Basalts zu Glimmer und Tonmineralen. Die Wassertemperatur wird auf 100 bis 150 °C geschätzt. In dicken Lavaströmen, die zu Säulen erstarrt sind, konnte das Wasser schnell in Klüften aufsteigen. In dünnen, massigen Lavaströmen wirkte der unverwitterte Basalt hingegen als Barriere, und das Wasser stieg darin nur mit der fortschreitenden Verwitterung auf. Sobald es auf diese Weise weniger als 20 Meter unter der Oberfläche angekommen war, konnte der Wasserdruck stellenweise größer als der lithostatische Druck des Gesteins werden. In diesem Moment kam es am Wasserspiegel zu kleinen Explosionen, die den Basalt in einem schmalen Horizont zu Brekzien zerbrachen. Entlang von Rissen konnte das Wasser mit Überdruck auch in den massiven Basalt darüber eindringen – aus diesen „Abzweigungen" der Brekzien entstanden später die Geoden. Im zerbrochenen Gestein konnte das Wasser schneller fließen, was die Verwitterung und Lösung des Basalts beschleunigte. Am effektivsten war die Verwitterung dort, wo die Brekzien am weitesten nach oben reichten. Im Extremfall wurden dort so viele Stoffe abtransportiert, dass große Lösungshohlräume entstanden. Die verstärkte Lösung an den oberen Bereichen der Hohlräume könnte auch die Form der Geoden erklären, die oft einen flachen Boden und eine hohe gewölbte Kuppel haben. Sobald das Wasser einen Weg an die Oberfläche gefunden hatte, sank der Wasserdruck und statt weiterer Lösung begann die langsame Kristallisation von Chalcedon und Amethyst.

Die Entstehung von Achat hat einige Gemeinsamkeiten mit den Amethyst-Geoden: Heißes Wasser transportierte SiO_2, das in Hohlräumen im Gestein abgelagert wurde. Bei den Amethystgeoden wurde die Übersättigung an SiO_2 immer geringer, bei der Bildung von Achat blieb sie hoch. Geoden, die ganz oder teilweise mit Achat gefüllt sind, kommen häufig vor, allein in Deutschland gibt es Hunderte Fundorte. Achat kann in einer Vielzahl von Umgebungen aus hydrothermalem Wasser entstehen, es gibt Achat in Sedimenten und in Adern in metamorphen Gesteinen. Am häufigsten sind Füllungen von Hohlräumen in Vulkangesteinen – und zwar relativ unabhängig von deren Zusammensetzung, von Basalt bis Rhyolith. Idar-Oberstein verdankt die Entwicklung seiner Schmucksteinindustrie den reichen Vorkommen an schönen Achaten, die bei der Verwitterung von Vulkangesteinen des Perm herausgelöst werden. Besonders viele Achate werden in Flutbasaltprovinzen gefunden, wo sie viele ehemalige Gasblasen ausfüllen.

Achat ist eine gebänderte mikrokristalline Quarzvarietät. Die konzentrischen farbigen Bänder gehen auf eingeschlossene Eisenoxide zurück. Davon abgesehen gibt es weitere rhythmische Änderungen in Spurenelementen und Kristallformen, die nicht mit bloßem Auge zu sehen sind. Achat besteht überwiegend aus Chalcedon: feine, verdrehte Quarzfasern, die senkrecht zur Bänderung gewachsen sind. Sie können so klein sein, dass sie unter dem Mikroskop kaum zu sehen sind, während sie in anderen Bändern 0,1 mm lang werden. Die Drehung der Fasern kommt zustande, wenn am Rand der Faser Ionen wie Al^{3+} oder Fe^{3+} in das Kristallgitter eingebaut werden, die einen etwas größeren Ionenradius als Si^{4+} haben (Merino et al. 1995). Zwischen den Bändern aus Chalcedon befinden sich Lagen aus Quarzfasern, die länger und nicht verdreht sind. Es gibt auch sogenannte kryptokristalline Bänder, in denen die Kristalle so winzig sind, dass sie selbst unter dem Mikroskop nicht zu sehen sind. Wieder andere Bänder bestehen aus Moganit, einem metastabilem SiO_2-Polymorph mit monoklinem Kristallgitter.

All diese Bänder haben unterschiedliche Gehalte an Einschlüssen, Spurenelementen und als $(OH)^-$ eingebautem Wasser. Im Zentrum gibt es häufig einen von kleinen Quarzkristallen gesäumten Hohlraum, eine sogenannte Druse.

In geologischen Zeiträumen „altern" Achate: Die Größe der Mikrokristalle nimmt zu, der Anteil des metastabilen Moganits nimmt ab (Moxon & Carpenter 2009).

Zwei konkurrierende Theorien versuchen, die Entstehung von gebändertem Achat zu erklären. Nach der einen gehen die Bänder direkt auf das Kristallisieren aus der hydrothermalen Lösung zurück. Nach der anderen wurde der Hohlraum zunächst mit einem Klumpen Silikat-Gel gefüllt, der nachträglich kristallisierte.

Erstaunlicherweise scheint sich die Zusammensetzung des Gesteins kaum auf die Spurenelemente von Achat auszuwirken: Achat aus Basalt unterscheidet sich kaum von Achat aus sauren Vulkangesteinen (Götze et al. 2001). Das deutet auf die Bedeutung der Lösungsprozesse bei der Verwitterung hin, die nur bestimmte Elemente mobilisieren. Die Temperatur des Wassers ist vermutlich relativ niedrig, die Schätzungen liegen zwischen 50 und 250 °C.

Die Befürworter der ersten Theorie gehen von Veränderungen in der Lösung aus (Fallick et al. 1985, Heaney & Davis 1995, Götze et al. 2001, Lee 2007): Eine wichtige Rolle spielen demnach Schwankungen in der Konzentration von SiO_2 oder im Grad der Polymerisation. Demzufolge kommt es zu einem mehrfachen Eindringen von stark übersättigtem Wasser, in dem dann die Konzentration von SiO_2 und Spurenelementen mit fortschreitender Kristallisation sinkt.

Nach Heaney & Davis 1995 führt das Zusammenspiel der Kristallisationsgeschwindigkeit mit einer langsamen Diffusion in stark siliziumübersättigtem Wasser zu rhythmischen Veränderungen im Grad der Polymerisation unmittelbar vor der Kristallisationsfront und damit zu unterschiedlichem Kristallwachstum. Die Bänderung kann also auch ohne ein wiederholtes Eindringen von Wasser erklärt werden.

Nach der zweiten Theorie wird aus SiO_2-übersättigtem Wasser zunächst ein homogenes Gel abgeschieden, das aus Silikat-Polymeren, Wasser und Spurenelementen besteht. Dieses Gel beginnt von außen nach innen zu kristallisieren, wobei die Bänderung auf einen dynamischen, sich selbst organisierenden Prozess zurückgeht (Wang & Merino 1995). Eine Rolle spielt dabei, dass die Diffusion innerhalb des Gels sehr langsam ist. Die Autoren gehen davon aus, dass Ionen wie Al^{3+} als Katalysator für die Kristallisation von Quarz dienen können. Während die Kristallisation in das Gel hineinwandert, werden Wasser und Spurenelemente einschließlich Al^{3+} in einer Grenzschicht vor der Kristallisationsfront angereichert. Das beschleunigt zunächst das Wachstum, wodurch der Siliziumgehalt in der Grenzschicht sinkt. Das Wachstum wird wieder gebremst, bis die Diffusion den Mangel an Silizium ausgleichen kann. Die langsame Diffusion sorgt gleichzeitig dafür, dass die Kristallisationsfront morphologisch instabil ist: Sie wächst in Form von Nadelspitzen, was die Fasern des Chalcedons erzeugt. Die Schwankungen an Spurenelementen in der Grenzschicht bedingen die Bänderung der Einschlüsse und die Verdrehung der Fasern in den Chalcedonlagen. Die dadurch erzeugte oszillierende Zonierung in der Verteilung von Spurenelementen kann mathematisch als selbstaffine fraktale Geometrie beschrieben werden (Bryxina et al. 2002). Zuletzt bleibt im Zentrum Wasser mit einem geringen Gehalt an SiO_2 übrig, aus dem kleine Quarzkristalle wachsen und die Geode auskleiden. Manchmal wachsen in der Druse auch noch andere Minerale wie Kalzit oder Goethit (Eisenhydroxid), weil die entsprechenden Elemente im Restwasser angereichert wurden. Der Hohlraum entspricht der Volumendifferenz zwischen Gel und Achat.

Falls ein Gel austrocknet, ohne zu kristallisieren, erhalten wir eine amorphe Substanz. Damit komme ich zu einem weiteren Edelstein, der ebenfalls von Wasser in Hohlräumen von stark verwitterten Gesteinen abgelagert werden kann, nämlich Opal. Dieser kann in verwitterten Sedimenten oder Vulkangesteinen gefunden werden.

Bei Opal handelt es sich um amorphes SiO_2 mit einer variablen Menge an Wasser. Das bedeutet, dass die Atome nicht in einem Kristallgitter angeordnet sind, sondern mehr oder weniger chaotisch. Wie wir aus der Beugung von Röntgenstrahlen wissen, haben manche Opale in sehr kleinem Maßstab doch etwas Ordnung: Wissenschaftler unterscheiden daher amorphen Opal (Opal-A) von schwach kristallinem Opal (Opal-C und Opal-CT), in dem es eine kleinräumige Anordnung in Kristallgittern von SiO_2-Polymorphen gibt (entweder α-Cristobalit oder α-Cristobalit zusammen mit α-Tridymit). Zwischen diesen gibt es eine kontinuierliche Reihe, die vor allem von der Bildungstemperatur abhängt. Ein typischer Opal-A entstand bei weniger als 50 °C, ein typischer Opal-CT bei mehr als 190 °C (Rondeau et al. 2004).

Für uns ist die Unterscheidung von Edelopal, Feueropal und gemeinem Opal viel interessanter. Edelopale zeigen das lebhaf-

Opal

$SiO_2 \cdot n\,H_2O$

Kristallsystem:	amorph (Opal-A) oder teilweise kryptokristallin (Opal-C, Opal-CT)
Mohs-Härte:	5½-6½
Bruch:	muschelig

Edelopal: Zeigt farbiges Schillern (Opalisieren). Die Körperfarbe kann weiß, grau, blau, schwarz sein.

Gemeiner Opal: Zumeist farblos, verschiedene Farben. Kein Opalisieren.

Hyalit: Glasklarer farbloser Opal ohne Farbenspiel.

Feueropal: Roter Opal, leichtes farbiges Schillern (Irisieren).

Geyserit: Opalkrusten (Kieselsinter) an heißen Quellen.

te farbige Schillern, das als Opalisieren bezeichnet wird. Häufig haben sie eine weiße Körperfarbe, es gibt aber auch graue, blaue, grüne oder schwarze Edelopale, wenn andere farbige Minerale als Verunreinigung eingeschlossen sind. Das schillernde Farbenspiel entsteht, weil sie aus winzigen Kügelchen zusammengesetzt sind. Diese sind so klein, dass sie nur unter einem Elektronenmikroskop zu sehen sind. Wie Billardkugeln sind sie als dichte Kugelpackung neben- und übereinandergelegt, in den Hohlräumen dazwischen befindet sich Wasser. Wenn die Größe der Kügelchen ungefähr der Wellenlänge des sichtbaren Lichts entspricht, wird das Licht gebeugt und es kommt zu Interferenzen. Im Zentrum der winzigen Opalkügelchen befindet sich ein Mineralkörnchen, das als Nukleus diente. Diese Mineralkörnchen machen den Spurenelementgehalt von Opal aus (Senior & Chadderton 2007).

Wesentlich häufiger als Edelopal ist jedoch sogenannter gemeiner Opal, der das farbige Schillern nicht zeigt, weil die

Kügelchen nicht die geeignete Größe haben. Gemeiner Opal ist häufig wasserklar, kann aber durch Einschlüsse auch verschieden gefärbt sein. In pinkfarbenem Opal wurde zum Beispiel ein fein verteiltes Schichtsilikat namens Palygorskit gefunden, das an seiner Oberfläche einen organischen Farbstoff absorbiert hatte (Fritsch et al. 2004). Blauer gemeiner Opal ist durch fein verteilte Kupferminerale gefärbt. Wasserklaren gemeinen Opal gibt es zum Beispiel auch am Kaiserstuhl.

Orangeroter Feueropal zeigt oft ebenfalls ein leichtes farbiges Schillern, das diesmal als Irisieren bezeichnet wird. Seine Färbung kommt meist durch eingeschlossenes, fein verteiltes Eisenhydroxid. Er ist typisch für Vulkangebiete, wo Opal in stark verwitterten sauren Vulkangesteinen entstehen kann. Am wichtigsten ist Mexiko; weitere Fundorte gibt es zum Beispiel in Äthiopien, Kasachstan, in der Türkei und den USA. Entsprechend der großen Temperaturspanne von Hydrothermalsystemen in der Umgebung von Vulkanen können sowohl Opal-A als auch Opal-C und Opal-CT entstehen.

Edelopal ist hingegen typisch für Vorkommen in Sedimentgesteinen und wird generell bei niedrigen Temperaturen gebildet (Opal-A). Ein Sonderfall sind die historisch wichtigen Vorkommen in der Slowakei, die von der Antike bis ins 19. Jahrhundert die sogenannten ungarischen Opale lieferten und seither erschöpft sind. Dort kommt Edelopal in einem erloschenen Vulkangebiet vor, allerdings in Adern, die ein Konglomerat aus Andesit-Kieseln durchziehen, also in einem Sediment aus Vulkangestein. Die Entstehungsbedingungen scheinen hier eher den Bildungen in Sedimentgesteinen zu entsprechen (Rondeau et al. 2004).

Heutzutage werden etwa 95 % aller Edelopale im australischen Outback gefördert, und zwar überwiegend aus verwitterten Sedimenten am Rand des Großen Australischen Beckens in South Australia, New South Wales und Queensland. Brasilien steht abgeschlagen an zweiter Stelle. In Australien ist die Stadt

Coober Pedy dafür bekannt, dass sich dort alles um den schillernden Edelstein dreht. Aufgrund der großen Hitze leben viele Bewohner der Stadt in Höhlen, die sie in den Boden gegraben haben. Die Umgebung ist von kleinen Schächten und Stollen geradezu durchlöchert.

Wie die Entstehung von Edelopal genau abläuft, ist noch umstritten. Manche halten Opal einfach für ein Verwitterungsprodukt. Andere weisen darauf hin, dass die Vorkommen oft entlang von Verwerfungen auftreten und demnach tektonische Bewegungen eine Rolle spielen könnten. Nach einer anderen Theorie entsteht er stattdessen aus dem Wasser, das an artesischen Brunnen aufsteigt. Eventuell spielen zudem Mikroorganismen wie Bakterien eine wichtige Rolle. In manchen Fällen wurden bereits vorhandene Hohlräume verfüllt, in anderen Fällen entstand der Raum durch gleichzeitiges Weglösen von Karbonat. So gibt es Opal in der Form von Kalzitkristallen, Saurierknochen und Muschelschalen.

Fast alle australischen Opale finden sich in stark verwitterten Sedimenten aus der Kreidezeit, und zwar stets in geringer Tiefe knapp unter der Erdoberfläche (Horton 2002). In der Kreidezeit war der Meeresspiegel so hoch, dass ein großer Teil des Großen Australischen Beckens von einem flachen Meer überflutet war. Dieses war von Brackwasserlagunen, Küstenebenen und großen Flussdeltas umgeben. Im Meer wurden vor allem Tonsteine abgelagert, in Ufernähe Sandsteine.

In der späten Kreidezeit fiel der Meeresspiegel wieder, das Meer zog sich zurück. Im frühen Tertiär war Zentralaustralien von einem tropischen Wald bedeckt. Die Sedimente waren einer intensiven chemischen Verwitterung ausgesetzt, durch die Einwirkung von organischen Säuren und Kohlensäure zersetzten sie sich bis in rund 100 Meter Tiefe. Übrig blieben vor allem Sandkörner und Tonminerale. In diesem Boden entstanden auch harte Horizonte aus Eisenkonkretionen.

Im mittleren Tertiär wurde das Klima in Australien immer trockener und eine heiße Wüste mit großen Salzseen ersetzte den tropischen Wald. Während zuvor im tropischen Klima saures Wasser für die Verwitterung verantwortlich war, setzte sich die Verwitterung nun mit eher alkalischem Grundwasser fort. Bei hohem pH-Wert ist die Löslichkeit von SiO_2 in Wasser um ein Vielfaches höher als unter neutralen oder sauren Bedingungen. Bei einer starken Verdunstung können sich dabei im Boden knapp unter der Oberfläche feste verkieselte Horizonte bilden, die Silcrete genannt werden.

Vor ungefähr 24 Millionen Jahren kam es in Australien zu leichten tektonischen Verformungen, welche die Sedimente zu sanften Wellen verfalteten. An den Faltensätteln und ihren nach beiden Seiten abfallenden Schenkeln bildeten sich besonders dicke Silcrete-Horizonte, was vermutlich mit dem sinkenden Grundwasserspiegel zusammenhängt. Möglicherweise führte die starke Lösung und anschließende Ausfällung von SiO_2 auch zur Bildung von Opal, und zwar bevorzugt am Kontakt zu wasserundurchlässigen Schichten wie Tonsteinen oder Eisenkonkretionen in den Faltensätteln knapp unter dem Silcrete-Horizont. Nur wo der Grundwasserspiegel weit genug absank, konnte Opal erhalten bleiben (Horton 2002).

Die Theorie, dass Edelopal nicht durch Verwitterung, sondern an artesischen Quellen gebildet wird, ist an den Prozess angelehnt, mit dem synthetischer Opal produziert wird. Zudem sind unscheinbare graue Krusten aus Opal, die Kieselsinter genannt werden, eine typische Bildung an heißen Quellen und Geysiren. Die Theorie erklärt sogar die kleinen Kügelchen, die für das Farbenspiel verantwortlich sind. Sie wurde am Lightning Ridge in New South Wales entwickelt (Deveson 2002), der für wertvollen schwarzen Opal bekannt ist. Die Fundorte liegen dort auf einer Linie, in deren Verlängerung einige aktive und fossile artesische Quellen aufgereiht sind.

Winzige im Wasser suspendierte Kristalle können als Keim dienen, um den eine Kruste aus amorphem SiO_2 abgelagert wird. Solche Kügelchen werden beispielsweise im geothermischen Kraftwerk Wairakei in Neuseeland aus dem Wasser gefiltert. Dieser Prozess kann nicht nur in heißem Thermalwasser, sondern auch in relativ kühlem alkalischen Wasser stattfinden, wenn der pH-Wert langsam abfällt – etwa durch Mischung oder durch Sulfidverwitterung. Es entsteht eine kolloidale Suspension aus Wasser und Silikatkügelchen, was in der Technik als Kieselsol bezeichnet wird. Bei einem hohen pH-Wert sind die Kügelchen geladen und sie stoßen sich gegenseitig ab. Sinkt der pH-Wert gegen 7 (neutral), wird die Ladung verringert. Die Kügelchen stoßen sich nicht mehr ab, sondern werden durch Van-der-Waals-Kräfte zusammengehalten. Zunächst bilden sie Ketten, die sich schließlich zu einer dichten Kugelpackung zusammenfügen. Sinkt der pH-Wert allerdings zu schnell, klumpen sie chaotisch zu gemeinem Opal zusammen. Damit die Kügelchen zu einer ausreichenden Größe heranwachsen, um das Farbenspiel von Edelopal hervorzurufen, muss das Wasser leicht alkalisch bleiben und darf nicht viel Salz gelöst haben.

Schließlich können manche tonreiche Gesteine oder die Eisenkonkretionen im Boden als Membran dienen, an der die Kügelchen aus der Suspension gefiltert werden und sich als Edelopal abscheiden. Vielleicht spielen dabei rhythmische Wasserdruckänderungen, die in artesischen Systemen häufig sind, eine unterstützende Rolle.

Die Produktion von synthetischem Opal funktioniert ähnlich (Filin et al. 2002). Zunächst wird ein Kieselsol hergestellt: Als Reaktionsmedium wird statt Wasser ein Gemisch aus Wasser und Alkohol genutzt, in dem Kieselsäuretetraethylester gelöst wird. Um kleine Keime scheidet sich daraus langsam amorphes SiO_2 ab. Es dauert einige Wochen, bis die Kügelchen ausreichend groß sind. Entweder durch Zentrifugieren (schnell) oder durch spontane Sedimentation (sehr langsam, aber wesentlich bessere Qualität) werden die Kügelchen abgelagert und dann in einem Ofen getrocknet. Nun hat man ein zerbrechliches Material mit vielen Poren. Daher tränkt man das Material in Silikagel und sintert es in einem Ofen. Das Ergebnis wird zu billigem Modeschmuck verarbeitet.

Natürlicher Edelopal ist selten, und die schönsten Stücke erzielen horrende Preise, die manchmal weit über dem Karatpreis von Diamant liegen. Die Körperfarbe spielt für den Wert genauso eine Rolle wie die Intensität und das Muster des Farbenspiels. Schwarzer Opal ist sehr selten und deutlich teurer als weißer Opal. Am besten ist ein Opalisieren im sogenannten Harlekin-Muster: Farbflächen in Blau, Rot, Gelb und Grün, die gleichmäßig groß und im Idealfall im Schachbrettmuster angeordnet sind.

Im Gegensatz zu Edelopal ist Opal in Staub- bis Sandgröße alles andere als selten, da er massenhaft von Lebewesen produziert wird. Viele Pflanzen, zum Beispiel Gräser, Bohnen, Palmen und manche Bäume enthalten rigide Bauteile aus Opal, die Phytolith genannt werden. Diese sammeln sich auch in Böden an: Der B-Horizont eines Bodens kann im Extremfall zu mehr als 40 % aus biogenem Opal bestehen (Clarke 2003). An Riffen wachsen Kieselschwämme, deren Skelett ebenfalls aus Opal besteht. Auch einige Mikroorganismen, die als Plankton in Meeren, Seen und Flüssen treiben, umgeben sich mit einem Skelett aus Opal: Kieselalgen und Radiolarien (Strahlentierchen) sind zwei Beispiele, die in großen Mengen vorkommen. Unter dem Rasterelektronenmikroskop wird ein beeindruckender Formenreichtum dieser Opalhüllen sichtbar. In manchen Meeresbecken bestehen die Tiefseesedimente fast nur aus den Opalhüllen von abgestorbenen Mikroorganismen. Bei der Diagenese des Sediments wandelt sich der Opal in feinkörnigen Quarz um, das Sedimentgestein wird Chert, Hornstein oder Radiolarit genannt.

8

Vielfältiger Granat, präzises Thermometer

In der Spätantike und im Mittelalter gehörte roter Granat zu den beliebtesten Edelsteinen. Im Barock kam er erneut auf und im 19. Jahrhundert folgte eine Modewelle, die Granatschmuck auch in bürgerliche Hände brachte. Besonders beliebt waren die Granate aus Böhmen, die bereits in vielen gotischen Juwelen und Reliquienschreinen eingesetzt wurden. Seit dem 17. Jahrhundert wird böhmischer Granat industriell abgebaut, Prag wurde zum wichtigsten Handels- und Schleifzentrum. Es gibt jedoch nicht nur rote Granate, es kommen alle Farben vor außer blau. Die grünen Granate Demantoid und Tsavorit ragen als besonders kostbare Edelsteine heraus.

Bei den Granaten handelt es sich um eine ganze Gruppe von Mineralen (wie beim Turmalin, Kapitel 5): um Mischungen aus unterschiedlich zusammengesetzten Endgliedern, die alle dasselbe Kristallgitter haben. In der Regel gehört ein Kristall entweder zur „Pyralspit-Reihe" (Aluminium-Granate mit Mischungen aus den Endgliedern Pyrop, Almandin, Spessartin und Grossular) oder zur „Ugrandit-Reihe" (Kalzium-Granate mit Uwarowit, Grossular und Andradit).

Diese unterschiedlichen Granate kommen in vollkommen unterschiedlichen Gesteinen vor, als Schweremineral in Sedimenten, in einer Vielzahl von metamorphen Gesteinen, im Erdmantel, in metasomatischen Reaktionszonen und auch in manchen magmatischen Gesteinen.

Pyrop ist der feuerrote Granat. Die typische Farbe verdankt er seinem Chromgehalt. Wir haben ihn in Kapitel 3 bereits als wichtiges Mineral des Erdmantels kennengelernt. Im Granatperidotit des Erdmantels ist er der einzige Aluminiumträger. In unerreichbarer Tiefe versteckt, macht Pyrop also einen großen Teil der Erde aus. Wegen seiner hohen Dichte verirrt sich jedoch ein Granatperidotit nicht einfach so an die Oberfläche, außerdem wird Pyrop im Mantelgestein unter geringerem Druck durch Spinell und schließlich durch Plagioklas ersetzt. Wir wissen bereits aus Kapitel 4, dass Stücke aus dem Erdmantel oft in Gebirgen entlang der Naht zweier kollidierter Kontinente zu finden sind. Das ist häufig Serpentinit, der durch die Aufnahme von Wasser aus Peridotit entstand und eine deutlich geringere Dichte hat. Manchmal gibt es in diesen Nähten auch „alpine" Granatperidotite, wobei es sich dabei genaugenommen um metamorphe Gesteine handelt: Während und nach dem Einbau in die Kruste wurden sie mehrfach umgewandelt und wieder dehydratisiert. Oft sind ihre Granate erst durch eine Metamorphose an der Stabilitätsgrenze zwischen Granat- und Spinellperidotit entstanden.

Die Zusammensetzung der berühmten böhmischen Granate ist 75 % Pyrop-Endglied, 13 % Almandin-Endglied, und jeweils wenige Prozent Grossular-, Spessartin- und Uwarowit-Endglied. Auch sie stammen ursprünglich aus „alpinem" Granatperidotit beziehungsweise Serpentinit. Die Kristalle wurden allerdings mehrfach umgelagert (Seifert & Vrána 2005). Die Fundorte liegen rund 50 Kilometer nordwestlich von Prag. Am ergiebigsten sind Flussschotter aus dem Eiszeitalter, aber auch in Sandsteinen und Konglomeraten aus der Kreidezeit, dem Karbon und dem Perm kommen sie vor. Als Fremdkristalle finden sie sich zudem in den Schloten von tertiären Basaltvulkanen. Die Peridotite und Serpentinite selbst sind in Böhmen nicht aufgeschlossen. Aus Bohrungen wissen wir, dass sie im Grundgebirge direkt unter den Sedimenten zusammen mit Gneis und Schiefer vorkommen. Das Grundgebirge wurde während der variszischen Gebirgsbildung zusammengesetzt und umgewandelt, die Peridotite liegen auf der Naht dieser Gebirgsbildung.

Pyrop ist ein Hochdruckmineral und es ist kaum verwunderlich, dass er auch im Hochdruckgestein Eklogit eine Rolle spielt. Dieses schöne metamorphe Gestein besteht überwiegend aus einem grasgrünen alkalireichen Pyroxen namens Omphazit und aus rotem Pyrop, der hier allerdings etwa zur Hälfte die Granat-Endglieder Grossular, Almandin und Spessartin enthält. Eklogit entsteht durch die Umwandlung von Basalt unter hohem Druck in einer Subduktionszone. Der Plagioklas ist dabei vollständig verschwunden.

Andere Granate können durch chemische Reaktionen in sehr unterschiedlichen metamorphen Gesteinen entstehen: etwa in Amphiboliten, Granuliten und Charnockiten.

Besonders wichtig ist der braun-rote bis dunkelrote Almandin bei der Umwandlung von Tonstein zu Glimmerschiefer und weiter zu Gneis. Bei der Umwandlung von Tonsteinen laufen nacheinander sehr viele Reaktionen ab, bei denen neue Minerale gebildet werden. Almandin entsteht bei mehreren der Reaktionen (Bucher & Frey 1994).

Der erste Almandin kann in eisenreichen Metapeliten („metamorphen Tonsteinen") schon bei etwa 450 °C entstehen, er „saugt" alles Mangan auf und hat somit einen hohen Gehalt an Spessartin-Komponente. Zwischen 500 und 520 °C verschwindet das niedrigmetamorphe Mineral Chlorit und wird durch die Kombination Almandin und Biotit (Glimmer) ersetzt. Mit dieser Reaktion entsteht ein Granatglimmerschiefer. Das Mineralpaar Almandin und Biotit ist bis zu sehr hohen Temperaturen stabil. Chloritoid (ein weiteres niedrigmetamorphes Mineral) wird bei einer ähnlichen Temperatur durch Almandin und Staurolith ersetzt. Ab diesen Temperaturen kommt Almandin auch in weniger eisenreichem Glimmerschiefer vor. Ab etwa 600 °C reagiert eisenreicher Biotit zu magnesiumreichem Biotit, Almandin und Kalifeldspat. Bei 670 °C bricht schließlich das Mineral Staurolith zusammen; diesmal entstehen Almandin und Disthen.

Viele Museen stellen Granatglimmerschiefer aus den Ötztaler Alpen, dem Zillertal oder aus Norwegen aus. Die Kristalle wurden auch zu Schmuck verarbeitet: In mittelalterlichen Juwelen ist oft ein großer, dunkelroter Almandin mit vielen kleinen feuerroten Pyropen kombiniert. Es soll sogar fußballgroße Almandine geben. Dass solche großen, perfekt ausgebildeten Kristalle durch Metamorphose in einem festen Gestein wachsen können, ist durchaus erstaunlich. Dabei spielt Wasser in den Gesteinsporen eine große Rolle, das während der Reaktion für eine Umverteilung der Ionen sorgt. Am größten werden die Kristalle in Scherzonen, in denen Fluide mobiler sind und gleichzeitig die Verformung des Gesteins für eine gute Stoffzufuhr sorgt.

Der Granatglimmerschiefer der Zillertaler- und Ötztaler Alpen entstand bereits vor 50 Millionen Jahren bei der variszischen Gebirgsbildung aus 500 Millionen Jahre alten Tonsteinen. Die Riesenkristalle wuchsen erst später, als das Gestein während der Entstehung der Alpen deformiert wurde (Morteani & Grundmann 1995).

Grossular (orange, rot, braun oder gelblich) bildet sich in erster Linie durch Metasomatose, also durch einen Stoffaustausch zwischen unterschiedlichen Gesteinen. Dringt ein Granitmagma in Kalkstein oder Dolomit ein, kommt es durch die Hitze zu einer Kontaktmetamorphose. Gleichzeitig strömen Fluide, die aus dem Magma entweichen, durch das Karbonatgestein. Der Stoffaustausch verwandelt dieses in ein Silikatgestein: es entsteht ein Kalksilikatfels (mit Grossular, Diopsid, Epidot, Vesuvian) oder ein Skarn (der auch noch Metallerze enthält). Häufig ist Hessonit, die orangene Farbvarietät von Grossular. Es gibt auch Skarne mit Almandin oder Andradit.

Granat

Pyrop	$Mg_3Al_2[SiO_4]_3$
Almandin	$Fe_3Al_2[SiO_4]_3$
Spessartin	$Mn_3Al_2[SiO_4]_3$
Uwarowit	$Ca_3Cr_2[SiO_4]_3$
Grossular	$Ca_3Al_2[SiO_4]_3$
Andradit	$Ca_3Fe_2[SiO_4]_3$

Inselsilikate, Gruppe mit vollständiger Mischung der Endglieder innerhalb der Al-Granate („Pyralspit-Reihe") und innerhalb der Ca-Granate („Ugrandit-Reihe").

Kristallsystem:	kubisch
Mohs-Härte:	6½ – 7½
Spaltbarkeit:	undeutlich
Bruch:	muschelig, splittrig
Farbe:	Pyrop: rot, selten farblos. Almandin: dunkelrot, braunrot. Spessartin: gelb, orange, rotbraun. Uwarowit: grün. Grossular: farblos, braun, rot, orange, gelb, grün. Andradit: braun, schwarz, grün, gelb.

Vorkommen als gesteinsbildendes Mineral in einer Vielzahl von Gesteinen, zum Beispiel im Erdmantel (Granatperidotit), in Metamorphiten (Granatglimmerschiefer, Eklogit), in Pegmatiten. Wichtiger Edelstein; in der Wissenschaft wichtig als Thermometer und Barometer.

Demantoid: grüner Andradit.

Melanit, Schorlomit: Titan-Andradit (schwarz).

Topazolith: honiggelber bis grünlich-gelber Andradit.

Hessonit: braun-orangener Grossular.

Tsavorit: grüner Grossular.

In Serpentinit gibt es hin und wieder kleine „Gänge" eines merkwürdigen bunten Gesteins namens Rodingit. Dieses besteht fast nur aus orangenem Grossular und grünem Diopsid. Auch Epidot und Vesuvian kommen vor. Auf Klüften können wunderschöne Kristalle dieser vier Minerale gefunden werden. Die Rodingite waren ursprünglich Basaltgänge im lithosphärischen Mantel, die durch Metasomatose völlig verändert wurden: Während der Hydratisierung des Mantels zu Serpentinit oder während einer Hochdruckmetamorphose eines Ophiolithkomplexes (Li et al. 2008) wurde dem Basalt soviel SiO_2 entzogen, dass ein neues Gestein entstand.

Ähnlich kann in Serpentiniten und anderen „ultrabasischen" Gesteinen auch Demantoid entstehen, eine durch Chrom smaragdgrün gefärbte Varietät des Andradits. Er ist der Teuerste unter den Edelsteinen der Granatgruppe. Er zeigt Diamantglanz, und trotz seiner intensiven Farbe kann die starke Dispersion ein buntes „Feuer" erzeugen. Manchmal enthält er Einschlüsse aus Asbest, die wie ein Pferdeschwanz aussehen und unter Sammlern beliebt sind. Am bekanntesten ist Demantoid aus dem Ural. In den italienischen Alpen wird Demantoid im Val Malenco gefunden.

Die Serpentinite, Gneise (beziehungsweise Granulite) und Gabbros im Val Malenco waren einmal die unterste kontinentale Kruste beziehungsweise der oberste lithosphärische Mantel des Großkontinents Pangäa (Trommsdorff et al. 2000). Im Jura zerbrach der Kontinent. Das Aufreißen des Penninischen Ozeans begann mit einer langsamen Dehnung, bei der lithosphärischer Mantel und Stücke der unteren Kruste entlang von flachen Verwerfungen freigelegt wurden. Die Bewegung war so langsam, dass fast kein Basaltmagma entstand, das normalerweise bei der Dehnung eine neue ozeanische Kruste bildet. Es kam zur Hydratisierung des nackt am Meeresboden liegenden Peridotits zu Serpentinit, der im Val Malenco als Antigoritschiefer bezeichnet wird.

In der Kreidezeit kam es nach der Schließung eines kleineren Meeresbeckens zu einer ersten Kollision. Die Gesteine wurden von dieser frühalpinen Gebirgsbildung erfasst: Erst tauchten sie ein wenig in einer Subduktionszone ab, anschließend wurden sie in den ostalpinen Deckenstapel integriert. In der späteren alpinen Gebirgsbildung schob sich der fertige ostalpine Deckenstapel über die penninischen Decken, die aus Einheiten des penninischen Ozeans bestehen.

In unmittelbarer Nachbarschaft der Serpentinite stieg schließlich der Bergeller Granitpluton auf, was zu einer Kontaktmetamorphose führte. In der Nähe des Granits war die Hitzeeinwirkung am stärksten während in größerer Entfernung nicht viel passierte. Im Serpentinit entstand an manchen Stellen Demantoid zusammen mit Asbest.

Uwarowit (Chrom-Granat) und Topazolith (ein honiggelber bis grüner Andradit, ohne Diamantglanz) entstehen ebenfalls durch Reaktionen in Serpentinit und anderen ultrabasischen Gesteinen. Uwarowit bildet nur winzige Kristalle und ist daher eher für Sammler interessant.

Der seltene Tsavorit ist ein grüner Grossular, dessen Farbe durch Vanadium hervorgerufen wird (Feneyrol et al. 2010). Dieser Edelstein wird nur in Kenia, Tansania und Madagaskar abgebaut. Er kristallisierte dort während der panafrikanischen Gebirgsbildung in kleinen Adern im metasomatisch veränderten Kontakt zwischen einem Grafit-Disthen-Gneis und Marmor. Ursprünglich handelte es sich um einen Sedimentstapel aus Tonsteinen, Kalksteinen und Evaporitlagen. Während der panafrikanischen Gebirgsbildung wurden die Gesteine hochgradig umgewandelt. Als die Gesteine in einer späten Phase der Gebirgsbildung verfaltet wurden, rissen in den Faltenscharnieren Klüfte auf, in denen Quarz, Tsavorit und Pyrit kristallisierten. Das Vanadium stammte aus dem Gneis, bei der Mobilisierung waren Sulfate aus Evaporiten beteiligt. Bei dieser Metasomatose konnten sich weitere Edelsteine bilden: In Nordtansania kommt

Tsavorit zusammen mit Tansanit vor, diesen vanadiumhaltigen Zoisit kennen wir bereits aus Kapitel 1. An mehreren Fundorten wurde auch Rubin (Kapitel 9) gefunden.

Der Mangan-Granat Spessartin kann bei der Metamorphose von Mangan-Lagerstätten entstehen, zum Beispiel wurde er in manganreichen Bändereisenerzen in Nigeria (Mücke 2005) gefunden. In den Alpen kommt er in unter Hochdruck umgewandelten kieseligen Tiefseesedimenten vor, und zwar im Aostatal (Italien) und im Maurienne-Tal (Frankreich). Das Mangan stammt hier ursprünglich von Manganknollen, die verstreut auf dem Boden der Tiefsee lagen und extrem langsam durch Ausfällung aus dem Meerwasser wuchsen.

Häufiger ist spätmagmatischer oder hydrothermaler Spessartin: Er wird oft in Pegmatiten, manchmal auch auf alpinen Zerrklüften gefunden. Namensgebend ist ein Pegmatit im Spessart. Das Mineral kommt auch in einem Phosphat-Pegmatit in der Oberpfalz vor. International sind Sri Lanka, Brasilien, die USA, Madagaskar, Pakistan und China (Fujian) zu nennen, meist sind die Kristalle orange oder rotbraun. In seltenen Fällen wurden Spessartin oder Almandin auch in sauren Vulkangesteinen gefunden.

Melanit und Schorlomit sind typisch für alkaline Magmen, zum Beispiel am Kaiserstuhl, einem erloschenen Vulkan bei Freiburg. Bei diesen tiefschwarzen, stark glänzenden Kristallen handelt es sich um Andradit mit einem hohen Titangehalt. Normaler Andradit ist braun, bei der Typlokalität dieses Minerals handelt es sich um hydrothermale Adern in einer Kupferlagerstätte in Brasilien.

Für Geologen gehört Granat zu den wichtigsten Mineralen, um die Bildungsbedingungen eines Gesteins zu entschlüsseln. Bestimmte Mineralpaare wie Granat und Glimmer tauschen in Abhängigkeit von der Temperatur Eisen- und Magnesiumionen aus. Aus den Verhältnissen dieser Elemente in den beteiligten Mineralen kann die Bildungstemperatur berechnet werden.

Die Zusammensetzung von Granat und Glimmer ist leicht mit einer Elektronenstrahlmikrosonde zu messen. Im Prinzip ähnelt das Gerät einem Rasterelektronenmikroskop, nur dass hier nicht die Oberfläche eines Körpers abgetastet wird. Man kann stattdessen auf einer polierten Fläche einen 1 μm großen Punkt auf seine Zusammensetzung untersuchen. Der fokussierte Elektronenstrahl schleudert Elektronen aus den inneren Schalen der Atome. Sie werden von einem Elektron aus einer höheren Schale ersetzt, wobei Röntgenstrahlung mit einer genau definierten Wellenlänge abgegeben wird. Durch eine geeignete Kalibrierung wird aus dem gemessenen Röntgenspektrum die genaue Zusammensetzung der Probe berechnet.

Das Mineralpaar Granat und Biotit ist häufig und kommt in einem großen Temperaturintervall vor. Das macht es zu einem wichtigen Geothermometer. Die ermittelten Bedingungen der Metamorphose sind wichtig für die Entwicklung von tektonischen Modellen, die den Ablauf einer Gebirgsbildung erklären. Manchmal kann Granat auch als Barometer dienen. Dafür sind prinzipiell Reaktionen geeignet, die mit einer Volumenänderung einhergehen. Im 3. Kapitel haben wir bereits die „Majorit-Komponente" in Granat kennengelernt, die als Barometer für den Erdmantel funktioniert. Pyrop ist ebenfalls ein Anzeiger von hohem Druck: Er ist erst bei 11 Kilobar stabil, was dem Druck in einer Tiefe von mindestens 36 Kilometern entspricht.

Gleichzeitig sind Granate oft ein Archiv für die Deformationsgeschichte eines Gesteins: Bei Scherbewegungen rotieren die Kristalle, während andere Minerale verformt und im Druckschatten der Granate neu gebildet werden. Aus dem Gesteinsgefüge um einen Granat kann daher auf die Bewegungsrichtung geschlossen werden.

9

Edles Aluminiumoxid: Rubin und Saphir

Bei Korund, dessen Farbvarietäten Rubin und Saphir zu den absoluten Stars unter den Edelsteinen zählen, handelt es sich um nichts anderes als Aluminiumoxid. In diesem Kapitel geht es noch um einen weiteren Edelstein, der häufig zusammen mit Korund vorkommt, und zwar um Spinell, also Magnesium-Aluminiumoxid.

Aluminiumoxid, das klingt ziemlich gewöhnlich. Nach Sauerstoff und Silizium ist Aluminium das dritthäufigste Element in der Erdkruste. Außerdem ist Korund bei so ziemlich jedem Druck und bei jeder Temperatur stabil. Aber nur wenige Gesteine enthalten so viel Aluminium, dass Korund gebildet wird.

Tatsächlich ist der Aluminiumgehalt eines Gesteins nicht der wichtigste Faktor. Die schönsten Rubine werden in Marmor gefunden, der natürlich sehr wenig Aluminium enthält. In Tonsteinen, die sehr viel Aluminium enthalten, gibt es im Gegensatz dazu keinen Korund.

Das liegt daran, dass Aluminium ein Hauptbestandteil vieler Silikatminerale ist. In einem Basalt oder Granit wird alles Aluminium bei der Kristallisation von Feldspat verbraucht. In aluminiumreichen S-Typ Graniten kristallisiert auch noch Hellglimmer (Muskovit), der sehr viel Aluminium enthält. Für Korund bleibt dabei nichts übrig. In metamorphen Gesteinen ist Aluminium an der Bildung von Glimmer, Granat, Disthen, Andalusit, Sillimanit, Staurolith, Jadeit, Cordierit und vielen weiteren Mineralen beteiligt.

Korund kann sich daher nur bilden, wenn im Gestein Aluminium deutlich gegenüber Silizium überwiegt. Das ist nur selten der Fall – obwohl es eine Reihe völlig unterschiedlicher Prozesse gibt, die dennoch dazu führen.

Durch chemische Verwitterung kommt es zu einer Anreicherung von Aluminium: Die wasserlöslichen Bestandteile werden weggespült, das nahezu unbewegliche Aluminium bleibt zurück. Es entstehen Tonminerale, die von Flüssen abtransportiert und im Meer als Tonstein abgelagert werden. In tropischen Böden kann die Verwitterung von Silikatgesteinen im Extremfall soweit fortschreiten, dass Krusten aus dem Aluminiumerz Bauxit entstehen. Bauxit kann auch aus dem Höhlenlehm in tropischen Karstgebieten gebildet werden. Doch selbst bei dieser starken Anreicherung haben wir kein Glück: Bauxit besteht aus Aluminium-Hydroxiden wie Gibbsit oder Diaspor.

Die effektivste Möglichkeit, um Korund zu bilden, ist die Metamorphose einer Bauxitlagerstätte. Leider entstehen dabei nicht gerade Edelsteine, sondern eher derbe Massen, in denen Korund mit Quarz und Eisenerz gemischt ist. Das Gestein wird Schmirgel genannt und als Schleifmittel benutzt.

Auf der griechischen Insel Naxos wird Schmirgel schon seit der Antike abgebaut. Er kommt dort in kleinen Linsen in Marmor vor. Dabei handelte es sich ursprünglich um Bauxit in Höhlen. Der Kalkstein tauchte in einer Subduktionszone ab und stieg dann auf ein mittleres Krustenniveau auf. Später führte Dehnung zu einer Aufwölbung, und es kam zu einer weiteren Metamorphose, die in den benachbarten Gneisen sogar zur Schmelzbildung führte. Geologen sprechen von einem metamorphen Kernkomplex. Der Korund entstand bereits während der Subduktion (Feenstra & Wunder 2002). Es gibt auch Schmirgellagerstätten, die bei geringem Druck durch die Hitze eines Granits entstanden, also durch Kontaktmetamorphose.

Auch in einem Magma ist die Kristallisation von Korund möglich, wenn dieses viel Aluminium und gleichzeitig relativ wenig Silizium enthält. Das kann in Syenit der Fall sein, der im Gegensatz zu Granit keinen Quarz enthält. Allerdings sind Syenite mit Korund extrem selten. Hin und wieder hat man in Lava eingeschlossene Fragmente gefunden. An der Erdoberfläche ist nur ein einziges Vorkommen bekannt: In Kenia wird bei Garba Tula ein Syenitgang abgebaut, der bis zu 2 Zentimeter große blaue, gelbe und grüne Saphirkristalle enthält (Simonet et al. 2004). Syenitmagma kann durch Fraktionierung aus Basaltschmelzen entstehen wenn diese einen leicht erhöhten Alkaligehalt haben (Alkalibasalt), weil sie aus einer angereicherten Mantelquelle stammen. Das war wohl auch in Garba Tula der Fall, trotz des hohen Gehalts an Al und Zr kann ein Beitrag von Krustenschmelzen ausgeschlossen werden. Syenit ist typisch für tiefe Stockwerke in kontinentalen Grabenbrüchen. Der Syenitgang in Kenia hat nichts mit dem Ostafrikanischen Graben zu tun, er entstand bereits während der schon mehrfach genannten panafrikanischen Gebirgsbildung.

Die Mehrzahl der Saphire werden in Seifenlagerstätten abgebaut, die im Zusammenhang mit Alkalibasalten kontinentaler Gräben stehen. Diese Kristalle können nicht im Basaltmagma kristallisiert sein. Es handelt sich um Fremdkristalle, die vom Basalt lediglich an die Oberfläche gebracht wurden. Typisch ist die Kombination von blauem, gelbem und grünem Saphir mit Zirkon und Spinell, manchmal kommt auch Rubin vor. Rubin und ein Teil der Saphire stammen ursprünglich aus metamorphen Gesteinen der unteren Kruste (mehr dazu später). Die anderen müssen magmatisch sein.

Aufgrund der Einschlüsse gehen wir davon aus, dass die meisten dieser Saphire in einem CO_2-reichen Syenitmagma kristallisierten, entweder innerhalb des lithosphärischen Mantels oder in der unteren oder mittleren Kruste (Limtrakun et al. 2001, Graham et al. 2008). Diese Schmelze entstand entweder durch

Korund

Al_2O_3	Oxid
Kristallsystem:	trigonal
Mohs-Härte:	9
Spaltbarkeit:	keine
Bruch:	muschelig
Farbe:	farblos, rot, blau, grün, orange, gelb

Kristalle tafelig, tonnenförmig oder steile Dipyramiden. Vorkommen: In Marmor, in Gneis und Granulit, in metasomatischen Reaktionszonen, in Syenit. Fremdkristalle in Basalt. Sehr teurer Edelstein. In der Technik wichtig als Schleifmittel, für kratzfeste Bauteile, als Feuerfestmaterial, für resistente Scheiben, als Laser (Titan-Saphir-Laser, Rubin-Laser).

Rubin: Rote Varietät, Färbung durch Chrom.

Saphir: Blaue Varietät, Färbung durch Eisen und Titan.

Grüner Saphir, gelber Saphir: Grüne und gelbe Varietäten.

Padparadscha: Orangene Varietät, Färbung durch Chrom und Gitterfehler.

Stern-Rubin, Stern-Saphir: Korund mit systematisch eingewachsenen Rutilnadeln, die einen sternförmigen Lichteffekt (Asterismus) hervorrufen.

Schmirgel: Derbes Gemenge von Korund, Eisenerz und Quarz.

Fraktionierung eines Alkalibasalts oder durch ein geringes Aufschmelzen eines stark angereicherten Mantels zu einer alkalinen Schmelze. Bei manchen Vorkommen muss es zudem zu einer Mischung dieser Magmen mit Schmelzen aus der Kruste gekommen sein (Yui et al. 2003).

Oft kristallisierten die Saphire etwa in derselben Zeitspanne, in der auch die Basalte aufstiegen. Vermutlich entstanden die Sye-

---

Spinell

$MgAl_2O_4$	Oxid
Kristallsystem:	kubisch
Mohs-Härte:	8
Spaltbarkeit:	undeutlich
Bruch:	muschelig
Farbe:	alle Farben, insbesondere rot, blau, grün

Meist Oktaeder. Vorkommen überwiegend in metamorphen Gesteinen, oft zusammen mit Korund. Chromspinell ist ein wichtiges Mineral im Erdmantel. Spinell im weiten Sinn ist eine Mineralgruppe, die unter anderem Chromit (ein Chromerz), Plenoast (schwarzer, eisenhaltiger Spinell) und Magnetit (ein Eisenerz) umfasst.

---

nitschmelzen bei sehr geringen Schmelzgraden zu Beginn einer Grabenbildung. Während der Hauptphase der Dehnung kam es zu einem stärkeren Aufschmelzen, Basaltmagma transportierte die Saphirkristalle an die Oberfläche (Sutherland et al. 1998).

In Afrika gibt es Lagerstätten dieses Typs in Nordkenia und Ruanda, in Nigeria und auf Madagaskar. Australien hat viele Vorkommen in Tasmanien und entlang der Great Divide Range, die zwischen Melbourne und dem nördlichen Queensland parallel zur Pazifikküste verläuft. Sie entstanden im Zusammenhang mit dem Auseinanderbrechen von Gondwana ab der späten Kreidezeit. Jünger sind die unzähligen Vorkommen in Asien, in Thailand, Kambodscha, Laos, Vietnam, Ostchina und Sibirien. Sie hängen alle indirekt mit der Kollision im Himalaja zusammen: Während sich Indien immer weiter in den eurasischen Kontinent schiebt, weichen große Krustenblöcke wie China und Südostasien zum Pazifik aus. Die Bewegung erfolgt an großen Seitenverschiebungen, in deren Umgebung es lokal zu Dehnung und zur Grabenbildung kommen kann. Vermutlich war der lithosphärische Mantel der gesamten Region erst kurz zuvor durch die Subduktion der Tethys angereichert worden (Graham et al. 2008).

Metasomatose ist ein weiterer Prozess, bei dem Korund entstehen kann (Simonet et al. 2008). In den bisherigen Kapiteln ging es bei diesem Begriff um Elemente, die einem Gestein durch Fluide zugeführt werden. Diesmal geht es um die Kehrseite des Prozesses: um einen Verlust an löslichen Stoffen wie SiO_2 (Desilifizierung), während das nahezu immobile Aluminium zurückbleibt. Dieser Prozess kann in Gesteinen aus Quarz und Feldspat wie Pegmatit und Gneis ablaufen, wenn sie in den Kontakt mit siliziumarmen Gesteinen kommen, zum Beispiel mit Serpentinit. Daher ist es kein Wunder, dass manchmal Beryll und Korund in unmittelbarer Nachbarschaft gefunden werden.

Saphir aus solchen desilifizierten Pegmatiten gibt es in Südkenia, in Tansania und Kaschmir. Da Pegmatitgänge relativ kleine Gesteinskörper sind, wandeln sie sich im Extremfall vollständig in ein Gestein um, das fast nur noch aus Korund und Plagioklas besteht und Plumasit genannt wird. Der Kontakt von Pegmatit mit Marmor kann ähnliche Folgen haben, in der als Skarn bezeichneten Reaktionszone zwischen beiden Gesteinen kann ebenfalls Saphir entstehen, wie Beispiele in Sri Lanka, Ostafrika und Madagaskar zeigen. Bei Gneis kann nur eine schmale Zone am Kontakt zum ultrabasischen Gestein genug Silizium verlieren. Beispiele gibt es in Grönland, Neuseeland und Kenia.

In aluminiumreichen Gneisen, die durch Metamorphose von Tonsteinen entstehen, kann ein Aufschmelzen (Anatexis) einen ähnlichen Effekt haben. Bei geringen Schmelzgraden geht viel Silizium in das Granitmagma, während ein großer Teil des Aluminiums zurückbleibt. Dies könnte einen Teil zu den Seifenlagerstätten in Sri Lanka und Ostafrika beigetragen haben.

Eine weitere Möglichkeit ist eine hochgradige Metamorphose unter Bedingungen, die in der unteren Kruste herrschen. Es gibt Gneise mit Rubin oder Saphir, die manchmal auch noch andere Edelsteine wie Granat, Spinell, Sapphirin und Cordierit enthalten. Sie waren so heiß, dass sie bei Anwesenheit von Wasser geschmolzen wären. Die Gesteine enthalten den Pyroxen Enstatit und tragen Namen wie Granulit und Charnockit.

Die von Alkalibasalt an die Oberfläche geschleppten Rubine, wie sie in Australien und Thailand gefunden werden, stammen aus Graniten der unteren Kruste. In Sri Lanka und Südindien sind solche hochmetamorphen Gesteine großflächig an der Oberfläche aufgeschlossen, sie sind für den Großteil des Edelsteinreichtums von Sri Lanka verantwortlich und gehen wieder einmal auf die panafrikanische Gebirgsbildung zurück. Weitere Beispiele finden sich in Südkenia, Tansania und Madagaskar.

Es ist nicht ganz klar, ob es sich bei diesen Graniten einfach um aluminiumreiche Lagen innerhalb ehemaliger Sedimente handelt oder ob auch hier eine großräumige Desilifizierung stattgefunden hat. Durch eine Metasomatose zwischen Serpentinit und plagioklasreichen Gesteinen unter solchen extremen Bedingungen (obere Amphibolit- und Granulitfazies) können auch bunte exotische Gesteine entstehen. Am bekanntesten ist der Anyolit aus Tansania, der aus grasgrünem Zoisit mit pinkfarbenen zentimetergroßen Rubinen besteht.

Die schönsten Rubine stammen aus Marmor. An diesen Fundorten kommen auch die schönsten Spinelle vor. Rote Spinelle sehen Rubinen sehr ähnlich, und tatsächlich handelt es sich bei manchen berühmten „Rubinen" tatsächlich um Spinell: etwa der „Timur-Rubin" und der „Rubin des Schwarzen Prinzen", die sich beide in den britischen Kronjuwelen befinden.

Spinell im weiten Sinn ist eine große Mineralgruppe, die beispielsweise auch das Eisenerz Magnetit und das Chromerz Chromit umfasst. Als Edelstein ist nur Spinell im engen Sinn ($MgAl_2O_4$) interessant, der oft zusammen mit Korund auftritt. Wir haben dunkelgrünen bis bräunlich-schwarzen Chromspinell bereits als wichtiges Mineral im oberen Erdmantel kennengelernt. Bei geringem Druck ist er dort statt Granat die einzige Aluminiumphase. Spinell in Edelsteinqualität gibt es in unterschiedlichen magmatischen und metamorphen Gesteinen zusammen mit Korund. Das kubische Mineral kristallisiert meist als Oktaeder und kommt in allen Farben vor. Häufig sind unscheinbare braune oder schwarze Kristalle; als Edelstein sind vor allem rote, blaue und grüne Kristalle gefragt.

Marmor mit Korund und Spinell gibt es in Birma, Vietnam, Nepal, Pakistan, Afghanistan, Tadschikistan, Tansania und im Ural. Abgesehen von denen in Tansania und im Ural sind all diese Vorkommen durch die Kollision Indiens mit Asien entstanden. Sie befinden sich alle in der Nähe von wichtigen Verwerfungen, an denen hochgradig metamorphe Gesteine aufsteigen und freigelegt werden konnten. Das sind zum einen die großen Deckenüberschiebungen im Himalaja, Hindukusch und Pamir, zum anderen kompressive Abschnitte an Seitenverschiebungen, die mit den Ausweichbewegungen in Ost- und Südostasien zusammenhängen (Birma, Vietnam).

Es wird vermutet, dass sowohl das Aluminium als auch das färbende Chrom aus dem Marmor selbst stammt und nicht von außen zugeführt wurde (Pêcher et al. 2002). Demnach handelte es sich ursprünglich um einen unreinen Kalkstein, der auch Tonminerale und Bitumen enthielt. Er war Teil eines dicken Sedimentstapels auf dem Kontinentalrand von Gondwana, zusammen mit Sandsteinen, Tonsteinen und Evaporiten (Garnier et al. 2008). Während der Kollision zwischen Indien und Asien tauchten diese Sedimente ab und wurden unter Bedingungen der Amphibolitfazies umgewandelt: Aus Tonstein entstand Gneis, Sandstein wurde zu Quarzit und Kalkstein zu Marmor. Bei den meisten Vorkommen drangen auch Granite und Pegmatite in der Umgebung ein, die aber vermutlich in keinem direkten Zusammenhang zu den Rubinen stehen.

Aus den Tonmineralen entstanden auf dem Weg nach unten zunächst Glimmer. Unter den höchsten metamorphen Bedingungen wurde der Hellglimmer im Marmor instabil und wandelte sich zu Korund, Feldspat und Wasser um – allerdings entstanden durch die geringe Mobilität des Aluminiums nur kleine Kristalle. Diese Reaktion lief eventuell nur in Ausnahmefällen ab, da der Marmor fast immer etwas Dolomit enthielt: Durch das vorhandene Magnesium kristallisierte nicht Korund, sondern Spinell.

Die großen Rubine wuchsen erst auf dem Rückweg des Gesteins, als zu Beginn der Abkühlung bei immer noch mehr als 620 °C die Reaktion von Spinell + Kalzit + CO_2 zu Rubin + Dolomit ablief.

In den Rubinen gibt es Einschlüsse von Schwefelwasserstoff, Schwefel, Carbonylsulfid und Salz. Sie legen nahe, dass Evaporite für eine kleinräumige Mobilisierung des Aluminiums sorgten und dadurch das Wachstum großer Kristalle ermöglichten. Organische Substanzen hatten das Sulfat der Evaporite zu H_2S reduziert, die Salze dürften unter den höchsten Temperaturen sogar geschmolzen sein. Das H_2S reagierte später mit Eisen zu Pyrit, der im Marmor fein verteilt ist.

In Vietnam gibt es im Zusammenhang mit Rubin-Marmor einen besonderen Typ von sekundären Lagerstätten: Die Kristalle haben sich in Höhlen in „unterirdischen Seifen" angereichert (Van Long et al. 2004).

10

Edelsteine in der Technik

Durch ihre besonderen Eigenschaften spielen manche Edelsteine auch in der Technik eine herausragende Rolle. Diamant und Korund stehen dabei allein schon aufgrund ihrer Härte an erster Stelle: Als Pulver oder Paste dienen sie als Schleif- und Poliermittel, außerdem werden sie zu Bohr- und Schneidwerkzeugen verarbeitet. Es gibt alle möglichen Werkzeuge, bei denen die Arbeit von Diamant verrichtet wird: Kreissägen für Steine und Beton, große Kettensägen, mit denen Marmor geschnitten wird, Tunnelbohrmaschinen mit diamantbesetzten Meißeln bis hin zu Diamantwerkzeugen für den Heimwerker. In der Medizin finden immer mehr Diamantskalpelle Verwendung, die garantiert nicht stumpf werden.

In vielen dieser Werkzeuge sind winzige Diamantkristalle in das Metall einer Trennscheibe, in Bohrmeißel oder in die Kette einer Säge eingebettet. Andere Trenn- und Schleifscheiben bestehen aus feinem Korund, der in Kunstharz gebunden ist. Es gibt aber auch Werkzeugteile, die vollständig aus Korund oder Diamant bestehen. In der Regel ist das polykristalliner Diamant, also ein Aggregat aus winzigen Kristallen. Diese Aggregate sind nicht nur wesentlich billiger als große Einkristalle, sie sind für manche Zwecke sogar besser geeignet. Ein Riss wird nämlich nicht über die Korngrenzen fortgesetzt und die Spaltbarkeit wirkt sich daher weniger aus. Polykristalline Aggregate kommen in vielen Diamantminen vor und werden als Bort bezeichnet. Auch die Carbonados aus Kapitel 4 gehören dazu. Zugleich ist es bei der synthetischen Herstellung von Diamant wesentlich einfacher, polykristalline Aggregate herzustellen, als größere Einkristalle. Es ist sogar möglich, Werkzeuge mit einem dünnen Diamantfilm zu beschichten und dadurch haltbarer zu machen. Auf die Diamantsynthese komme ich zum Schluss dieses Kapitels zurück.

Diamant ist das härteste Material, das wir kennen, und kann bekanntlich nur mit Diamant geschliffen werden. Selbst das ist nur möglich, weil die Härte in unterschiedlichen Orientierungen verschieden ist. Nicht nur verschiedene Flächen unterscheiden sich in ihrer Härte, sondern auch verschiedene Schleifrichtungen auf ein und derselben Fläche.

Diese Anisotropie der Ritzhärte in Abhängigkeit von der Richtung ist auch an anderen Kristallen zu beobachten. Sehr ausgeprägt ist sie bei Disthen, dessen prismatische Kristalle in Längsrichtung leicht mit einem Messer geritzt werden können (Mohs-Härte 4,5), während man in Querrichtung schon mit einem guten Stahlmesser Probleme hat (Mohs-Härte 6-7). Das liegt an der Anisotropie des Kristallgitters, das in bestimmte Richtungen durch eine hohe Bindungsenergie zusammengehalten wird, während sich das Messer in andere Richtungen durch die mechanische Beanspruchung leicht eingraben kann, weil nur geringe Bindungsenergien überwunden werden müssen. In einem unsymmetrischen (triklinen) Kristallgitter wie beim Disthen machen sich die Unterschiede besonders bemerkbar. Bei Diamanten sind die großen Unterschiede erstaunlich, weil alle Bindungen im Kristallgitter gleich stark und vollkommen symmetrisch angeordnet sind.

Wissenschaftler haben die Moleküldynamik beim Schleifen von Diamant modelliert (Pastewka et al. 2011), und mit ihrem Modell können sie die Abhängigkeit der Härte von der Schleifrichtung problemlos erklären. Demnach ist es vor allem ein Prozess, der an der Oberfläche des Kristalls angreift. Bei den Kohlenstoffatomen direkt an der Kristalloberfläche ist eines der

Elektronenorbitale nicht mit einem benachbarten Atom verbunden. Beim Schleifen bewegen sich die Oberflächen zweier Diamanten aneinander vorbei und Atome an der Oberfläche können eine kurzfristige Verbindung mit einem vorbeibewegten Kohlenstoffatom eingehen. Wenn die Bewegungsrichtung stimmt, werden sie aus dem Kristallgitter gerissen. Dabei entsteht amorpher Kohlenstoff, der von der Schleifscheibe wegbewegt wird und an der Luft teilweise zu CO_2 oxidiert. Die zum Herausreißen eines Atoms notwendige Energie hängt davon ab, wie es mit dem restlichen Kristallgitter verbunden ist und in welche Richtung die Bewegung stattfindet. In „weichen" Richtungen reichen drei bis vier Elektronenvolt aus, in den „harten" Richtungen sind etwa sechs Elektronenvolt notwendig, um das Atom aus dem Kristallgitter zu lösen.

Während diese Anisotropie das Schleifen von Diamant möglich macht, ist sie bei Werkstoffen aus polykristallinem Material von Nachteil: Weil dessen Kristallkörner unterschiedlich orientiert sind, ist es unmöglich, sie eben abzuschleifen. Für manche Anwendungen kommen daher nur Einkristalle infrage.

Diamanten sind nicht nur hart, sie haben weitere hervorragende Eigenschaften, die eine ganze Reihe von Anwendungsmöglichkeiten eröffnen. Zum Beispiel sind sie die besten Wärmeleiter, die wir kennen. Scheiben aus Diamant (auf Englisch Wafer) werden zum Beispiel benutzt, um bei Hochleistungsprozessoren die entstehende Hitze effektiv abzuleiten. Außerdem dehnen sich Diamanten bei Hitze kaum aus.

Eine andere Anwendung sind spezielle Fenster oder Beschichtungen, die extreme Bedingungen aushalten müssen, etwa in Reaktoren und speziellen Messinstrumenten in der chemischen Industrie und in der Raumfahrt. Diamanten werden nämlich von kaum einer Säure oder Base angegriffen.

Gleichzeitig sind sie nicht nur für sichtbares Licht transparent, sondern auch für UV- und Infrarotstrahlung. Die starke Diffraktion ermöglicht zudem eine effektive Aufspaltung der Strahlung nach der Wellenlänge.

Mit Hochdruckexperimenten, bei denen Substanzen in speziellen Pressen zusammengequetscht werden, entschlüsseln Wissenschaftler die Prozesse im Inneren der Erde. Die aufgewendete Kraft wird durch hydraulisch bewegte Stempel auf eine winzige Probenkammer fokussiert. Die inneren Bauteile dieser Pressen müssen einen extremen Druck aushalten. Ab einer bestimmten Größenordnung sind selbst robuste Werkstoffe wie Wolframcarbid nicht mehr geeignet, und es müssen Stempel aus Diamant verwendet werden.

Eine geradezu elektrisierende Anwendung hat schon wieder sehr an Bedeutung verloren: Die Diamantnadel im Tonabnehmer von Plattenspielern brachte ein halbes Jahrhundert lang Musik in Wohnzimmer und Clubs. Die Kristalle haben die Eigenschaft, dass sie eine elektrische Spannung aufbauen, wenn sie mechanisch belastet werden: Bei einer kaum merklichen elastischen Verformung werden sie zu einem Dipol. Das nennt man den piezoelektrischen Effekt, der auch bei Quarz, Korund und Turmalin auftritt. Dadurch kann die Diamantnadel die Schwingungen in den Rillen einer Schallplatte direkt in elektrische Spannung umwandeln. Die Signale müssen nur noch verstärkt werden, bevor sie an die Boxen geleitet werden.

Übrigens wird der piezoelektrische Effekt auch in Quarzuhren verwendet, nur umgekehrt: Der Quarzkristall wird durch eine Wechselspannung zum Schwingen angeregt. Da seine Resonanzschwingung sehr konstant ist, wird Quarz in Digitaluhren sozusagen als modernes Pendel benutzt.

Plattenspieler sind zwar nicht ausgestorben, aber nicht mehr alltäglich. Eine andere elektrische Eigenschaft könnte in Zukunft wichtiger werden. Diamanten sind normalerweise gute elektrische Isolatoren, aber eine Dotierung mit Bor macht daraus einen erstklassigen Halbleiter. Der Begriff „Dotierung" bezeichnet eine erwünschte Verunreinigung mit Spurenelementen in synthetisch hergestellten Kristallen. Beim Einbau eines Bor-Atoms in das Diamantgitter fehlt ein Elektron; es gibt ein „Elektronenloch". Diese „Löcher" können als positive Ladung durch das Kristallgitter wandern (p-Typ-Halbleiter). Die dazu notwendige Energie, die sogenannte Bandlücke, wird mit steigendem Bor-Gehalt immer geringer. Das geht so weit, dass stark dotierte Diamanten sogar Supraleiter sind: Bei eisigen Temperaturen um den absoluten Nullpunkt geht der elektrische Widerstand gegen Null.

Dotierter Diamant wird für einfache elektrische Bauteile, etwa in speziellen Sensoren, bereits eingesetzt. Das Problem, das die Anwendung als Halbleiter bisher einschränkt, ist die Schwierigkeit, auch n-Typ-Halbleiter herzustellen. Dazu muss mit einem Element dotiert werden, das ein Elektron zu viel hat. Das überschüssige Elektron kann dann als negative Ladung durch das Kristallgitter wandern. Leider ist Stickstoff für die Dotierung nicht geeignet, weil er im Diamantgitter nur drei kovalente Bindungen eingeht, während zwei Elektronen als glückliches Paar zusammenbleiben. Phosphor ist zwar geeignet, passt aber so schlecht in das Kristallgitter, dass er in viel zu geringen Konzentrationen eingebaut wird. Inzwischen experimentiert man mit einer Co-Dotierung aus unterschiedlichen Elementen und hofft, dass deren Kombination einen Gitterdefekt geben könnte, der als Elektronendonator geeignet ist. Erst wenn p-Typ- und n-Typ-Halbleiter kombiniert werden können, sind Bauteile wie Transistoren möglich und damit vielleicht irgendwann auch Computerchips für Hochleistungsrechner, die aus Diamant statt aus Silizium bestehen. Diese wären zwar deutlich teurer, aber die Schaltkreise könnten kleiner gebaut werden, weil undotierter Diamant ein perfekter Isolator ist. Gleichzeitig wäre eine höhere Taktfrequenz möglich, weil die Hitze schnell abgeleitet wird.

Korund ist die zweithärteste natürliche Substanz. Seine absolute Härte beträgt zwar nur ein Hundertvierzigstel der Härte des Diamants, dafür ist er aber wesentlich günstiger. Feinkörniger Korund wird in ergiebigen Schmirgellagerstätten abgebaut

(Kapitel 9) und kann auch in einem Lichtbogen aus dem Aluminiumerz Bauxit produziert werden. Bei vielen Anwendungen werden daher aus Kostengründen Korund-Werkzeuge bevorzugt. Korundpulver wird inzwischen sogar zum Sandstrahlen eingesetzt, da bei der Verwendung von Quarzsand gefährlicher Staub entsteht, der Silikose auslösen kann. Das Sandstrahlen ist auch die wichtigste technische Anwendung von Granat.

Größere synthetische Korundkristalle werden nach dem Verneuil-Verfahren hergestellt. Das Verfahren hat den Vorteil, dass man keinen Schmelztiegel benötigt, der die hohe Schmelztemperatur von Korund aushalten müsste. Aus einem kleinen Keimkristall und feinem Korundpulver kann mit diesem Verfahren eine große einkristalline „Schmelzbirne" hergestellt werden. Das Pulver rieselt auf den Kristall, über dem eine Knallgasflamme brennt. Es wird in der Flamme geschmolzen und sammelt sich als Schmelzfilm auf dem Kristall, der seiner Wachstumsgeschwindigkeit entsprechend abgesenkt wird. Die Firma Djeva in Lausanne hat mehr als 2000 Brenner, die nach diesem Verfahren künstlichen Korund und Spinell produzieren. Manche werden zu Schmucksteinen geschliffen. Die Hersteller vermarkten synthetische Edelsteine selbstbewusst als Alternative zu teuren Natursteinen. Diese können nur von Profis mit speziellen Methoden von natürlichen Edelsteinen unterschieden werden, müssen aber im Handel entsprechend gekennzeichnet werden. Wichtiger ist die massenhafte technische Anwendung von synthetischem Korund. Die Synthese ermöglicht es, Kristalle mit den gewünschten Eigenschaften und Beimengungen zu produzieren.

Korund hat hervorragende optische Eigenschaften und hält extreme Bedingungen aus. Er ist sehr hitzebeständig und kann als feuerfestes Material eingesetzt werden. Auch als Zusatzstoff für Hartbeton und Keramikfliesen wird er benutzt. Farbloser Saphir wird häufig als Spezialfenster verwendet. Auch die Scheiben mancher teurer Uhren und abriebresistente Bauteile im Uhrwerk bestehen aus synthetischem Korund. Die kratzfesten Scheiben – solange man es nicht mit Diamant versucht – werden oft „Saphirglas" genannt, obwohl es sich in Wirklichkeit nicht um Glas, sondern um einen synthetischen Kristall handelt.

Eine weitere Anwendung von Korund sind Laser. Der erste jemals gebaute Laser nutzte einen Rubinkristall. Inzwischen wird häufig titandotierter Saphir oder neodymdotierter Yttrium-Aluminium-Granat (YAG) als Laserkristall eingesetzt. YAG ist ein künstlicher „Edelstein", der in der Natur nicht vorkommt, aber manchmal als Diamantimitation geschliffen wird. YAG-Laser sind sehr leistungsfähig und werden zum Schneiden, Schweißen, Löten und in der Laserchirurgie eingesetzt.

Ein Festkörperlaser erzeugt einen monochromatischen parallelen Lichtstrahl, indem ein geeigneter Kristall durch andere Strahlen zum Leuchten angeregt wird. Das Anregen wird „pumpen" genannt. Das kann gepulst mit einer Blitzlampe, oder kontinuierlich, zum Beispiel durch einen anderen Laser geschehen. Dabei werden Elektronen auf ein höheres Energieniveau angehoben. Sie fallen spontan wieder auf das ursprüngliche Energieniveau zurück und strahlen ein Lichtquantum ab, das einer festen Wellenlänge entspricht. Der Effekt ist also die Umkehrung der Absorption, die den Kristallen ihre Farbe gibt (Kapitel 1). Auch diesmal sind die eingebauten Spurenelemente verantwortlich, und durch entsprechendes Dotieren des synthetisch hergestellten Kristalls können verschiedene Wellenlängen erzeugt werden. Um den Strahl zu verstärken, werden auf beiden Seiten des Kristalls parallele Spiegel angeordnet, von denen einer halb durchlässig ist und als Ausgang für den Laserstrahl dient.

Die meisten Laser haben eine feste Wellenlänge. Das besondere am Titan-Saphir-Laser ist, dass auf einer enormen Bandbreite unterschiedliche Wellenlängen eingestellt werden können. Das liegt daran, dass er viele Elektronenübergänge hat, die unterschiedliche Energien abstrahlen. Beim Verstärken kann mit einem dispersiven Element, das wie ein Prisma das Licht in die

Regenbogenfarben aufspaltet, die erwünschte Wellenlänge gewählt und bevorzugt verstärkt werden. Die ausgeblendeten Wellenlängen tragen zum Pumpen bei.

Smaragd ist ein weiterer teurer Edelstein, der synthetisch hergestellt wird, und zwar im hydrothermalen Verfahren. Als Rohstoff dient Beryll oder BeO, Al_2O_3 und SiO_2, dazu Spuren von Chrom als Dotierung. Diese Stoffe kommen zusammen mit einer wässrigen Lösung, die auf einen geeigneten pH-Wert gepuffert ist, in einen dicht verschließbaren Druckbehälter (Autoklav), in dem die Mischung auf hohe Temperaturen erhitzt wird. Bei einem geeigneten Temperaturgradienten scheidet sich um einen in der Mitte angebrachten Keimkristall neuer synthetischer Smaragd ab. Die Einschlüsse in den Kristallen verraten manchmal, aus welcher Lösung gezüchtet wird. Manchmal ist sogar Gold oder Platin eingeschlossen, mit dem die innere Wand des Autoklavs beschichtet ist. Mit hydrothermalem Verfahren werden auch große Mengen von Quarz produziert, sowohl für die Technik (Schwingquarz) als auch als Schmuckstein (Amethyst, Citrin und andere Varietäten).

Zirkon ist ein wichtiger Rohstoff für feuerfeste Keramiken, die zum Beispiel zum Auskleiden von Hochöfen benutzt werden und für Glasierungen für Fliesen, Porzellan, Waschbecken, Badewannen und Email. Dieser Edelstein ist zudem der wichtigste Rohstoff für das Element Zirkonium. Die Hülle der Uran-Brennstäbe in Atomkraftwerken besteht aus einer Zirkoniumlegierung. Zirkoniumoxid wird als feuerfestes Material benutzt. Daraus kann auch die preiswerteste und beste Diamantimitation hergestellt werden: Zirkonia. Das ist Zirkoniumoxid in einem kubischen Kristallgitter, das normalerweise nur bei Temperaturen über 2300 °C stabil ist. Durch ein Beifügen von Y_2O_3 und CaO bleibt die kubische Struktur auch bei Raumtemperatur erhalten. Zirkonia-Kristalle werden aus geschmolzenem Zirkoniumoxid gezüchtet. Das hat einen Schmelzpunkt von 2750 °C, was speziell gebaute Öfen erforderlich macht. Während das Innere durch Induktion erhitzt wird, kühlt man den Ofen von außen. Dadurch bleibt an der Wand des Tiegels eine feste Zirkoniumoxid-Schicht, die den Tiegel vor der aggressiven Schmelze schützt. Zirkonia wird bei der Herstellung von Spezialkeramik und Spezialgäsern benutzt und für preiswerten Schmuck geschliffen. Abgesehen vom geringen Preis ähnelt Zirkonia in vielen Eigenschaften dem Diamanten. Die für das Feuer zuständige Dispersion ist sogar etwas stärker, die Lichtbrechung etwas geringer. Zirkonia ist weicher als Korund und hat eine fast doppelt so hohe Dichte wie Diamant. Doch kehren wir vom Imitat zum Original zurück.

Derzeit werden jährlich mehr als 100 Tonnen synthetische Diamanten produziert. Das ist um ein Vielfaches mehr als die Förderung natürlicher Diamanten. Ganz billig sind die künstlichen Kristalle trotzdem nicht, denn die Verfahren sind aufwendig, und die Karatpreise liegen immerhin bei etwa einem Drittel des Karatpreises von natürlichen Diamanten.

Der Engpass in der Versorgung mit Industriediamanten während des Zweiten Weltkrieges brachte einige Firmen dazu, das herkömmliche Hochdruck-Hochtemperatur-Verfahren zu entwickeln (HPHT-Verfahren). In den 1950-er-Jahren gelang der Durchbruch, fast gleichzeitig in den USA (bei General Electrics) und in Schweden (ASEA). Knapp zwei Jahrzehnte später war es möglich, auch Diamanten in Edelsteinqualität von etwa einem Karat herzustellen.

In diesem Verfahren werden Grafit, Eisen und Nickel in eine spezielle Presse gesteckt. Das Gerät ist typischerweise so groß wie eine Waschmaschine. Große hydraulisch bewegte Stempel drücken die vielleicht zwei Kubikzentimeter große Kammer mit einem Druck von 5 Gigapascal zusammen. Das Prinzip dieser Presse besteht darin, dass die ausgeübte Kraft von den Stempeln auf eine kleine Fläche konzentriert wird. Ihre inneren Bauteile müssen selbst einen enormen Druck aushalten und sind daher aus speziellen Werkstoffen wie Wolframcarbid gefertigt. Die Kammer wird auf 1500 °C erhitzt, und der Kohlenstoff löst sich im geschmolzenen Metall auf. Langsam wachsen in der Metallschmelze Diamantkristalle heran. Das Metall dient als Katalysator und sorgt für den richtigen Redox-Zustand. Nach einiger Zeit nimmt man den Metallblock aus der Kammer. Das Metall wird mit Säure weggeätzt, die Diamanten bleiben erhalten. Von natürlichen Diamanten sind diese künstlichen Kristalle am leichtesten durch die Einschlüsse zu unterscheiden, die eben keine Silikatminerale, sondern Metalle sind.

Es ist relativ einfach, mit diesem Verfahren Mikrodiamanten herzustellen, die als Schleifpulver geeignet sind. Um größere Kristalle zu züchten, wird ein Keimkristall in die Kammer gegeben. So kann man Rohdiamanten mit bis zu 3 Karat (etwa 7 Millimeter Durchmesser) produzieren, was allerdings mehrere Monate dauert und entsprechend energieaufwendig ist. Häufig wird Stickstoff zugegeben, weil es das Wachstum beschleunigt. Die gezüchteten Kristalle sind dann allerdings gelb.

Natürliche Diamanten von geringem Wert werden immer häufiger durch Hochdruck-Hochtemperatur-Behandlung „veredelt". Wenn sie eine kurze Zeit in der Presse verbringen, verheilen Defekte im Kristallgitter, was die Farbe verändert. Aus braunen können farblose Diamanten gezaubert werden und in manchen farbigen Diamanten kann der Farbton verbessert werden. Die behandelten Kristalle müssen gekennzeichnet werden und haben einen wesentlich geringeren Wert. Allerdings ist der Nachweis der Behandlung fast unmöglich.

Da Diamant nur unter hohem Druck stabil ist, hielt man lange die Herstellung von Diamant unter niedrigem Druck für unmöglich. Inzwischen werden immer mehr Diamanten durch chemische Gasabscheidung (Chemical Vapour Deposition, CVD) unter niedrigem Druck produziert. Das Verfahren wurde in den 1980-er-Jahren vor allem in Japan entwickelt und in den letzten Jahrzehnten ständig verbessert.

Im CVD-Verfahren strömt ein Gasgemisch, das überwiegend aus Wasserstoff und zu etwa einem Prozent aus Methan besteht, durch eine kleine Synthesekammer. Das Gas, dessen Druck nur einen Bruchteil des Luftdrucks beträgt, wird mit Mikrowellen auf mehr als 600 °C, in manchen Laboren auf mehr als 1000 °C erhitzt. Bei diesen Temperaturen wird das Gas zu einem Plasma, das aus freien Protonen, CH_3-Radikalen und freien Elektronen besteht. Diamant ist die einzige feste Kohlenstoffphase, die unter diesen Bedingungen nicht von den reaktiven Protonen weggeätzt wird. Der Wasserstoff sorgt also dafür, dass statt Grafit die metastabile Phase Diamant gebildet wird. Auf der Oberfläche von geeigneten Substanzen wie Silizium, Silicarbit, Iridium, Wolfram oder Nickel scheidet sich langsam ein dünner Film aus polykristallinem Diamant ab. Das Kristallgitter der Basissubstanz dient als Vorgabe für das Kristallgitter der direkt darauf aufwachsenden Diamanten, was als Epitaxie bezeichnet wird. Voraussetzung ist, dass die Abstände in den Kristallgittern der beteiligten Substanzen möglichst ähnlich sind. Wird ein Diamant-Einkristall als Grundlage vorgegeben, wächst dieser sogar als Einkristall weiter.

Die typische Wachstumsrate betrug vor ein paar Jahren noch weniger als 10 µm pro Stunde. Um einen millimeterdicken Wafer zu erzeugen, mussten die Bedingungen mehrere Tage lang stabil bleiben. In den letzten Jahren wurde das Verfahren so weit verbessert, dass ein mehr als zehnmal schnelleres Wachstum möglich ist, was die Synthese deutlich rentabler macht. Außerdem sind immer größere (bis zu 10 × 10 Millimeter) und dickere (bis zu 5 Millimeter) einkristalline Wafer möglich. Es dauert nur noch einen Tag, um eine 3 Millimeter dicke Scheibe in Edelsteinqualität zu züchten.

Aus diesen Wafern lassen sich nicht nur Brillanten herausschneiden, sie ermöglichen auch völlig neue technische Möglichkeiten. Beispielsweise lässt sich die Dotierung mit Bor deutlich besser kontrollieren, als es im Hochdruck-Hochtemperatur-Verfahren der Fall war.

Es gibt ein drittes Verfahren, um kostengünstig winzige, wenige Nanometer große Diamantkriställchen herzustellen, die als

Poliermittel verwendet werden. Dazu bringt man kohlenstoffhaltigen Sprengstoff in einer von außen gekühlten Metallkammer zur Explosion. Dabei entstehen kurzfristig Druckwellen und hohe Temperaturen, die einen kleinen Teil des Kohlenstoffs zu Diamant und Lonsdaleit umwandeln – ganz ähnlich wie die Bildung von Diamant beim Einschlag eines Meteoriten (Kapitel 4).

Der letzte Schrei ist es, einen Diamanten aus der Asche von Verstorbenen, aus einer Haarlocke der Liebsten oder aus dem Fell eines Hundes pressen zu lassen. Eine Schweizer Firma hat sich auf „Erinnerungsdiamanten" aus Kremationsasche spezialisiert und ist mit diesem ungewöhnlichen Konzept bereits in alle Welt expandiert. Es braucht 500 Gramm Asche, eine HPHT-Presse und wenige Monate Zeit, um einen Brillanten von einem Karat zu zaubern. Die Firma versichert, dass „bei der Veredelung der Asche mit größter Sorgfalt und Pietät" vorgegangen wird. Das beginnt damit, dass im Labor alle anorganischen Substanzen aus der Asche getrennt werden, da reiner Kohlenstoff benötigt wird. Die Hersteller von „Liebesdiamanten" aus Haaren mogeln hingegen und verwenden Grafit als Rohstoff, der Diamant wird lediglich mit Spurenelementen aus den Haaren dotiert. Die Qualität der geschliffenen Brillanten kann man sich sogar von Gemmologen zertifizieren lassen – auch wenn der ideelle Wert der Erinnerung nicht anhand der „vier C" gemessen werden kann. Wenn sie einmal einen schönen Diamantring bewundern, kann es also durchaus sein, dass es sich dabei um Opa, die Liebste oder um Waldi handelt.

Glossar

Achat
Mikrokristalline Varietät von Quarz, SiO_2, in der Regel farbig gebändert. Siehe auch Chalcedon.

Adamant
Diamantglanz, bezeichnet die starke Reflexion von Licht an der Oberfläche.

Adamas
Griechisch für Diamant.

Adularisieren
Bläuliches oder gelbliches Schillern mancher Feldspäte (z. B. Mondstein) durch Interferenz von Licht, das an dünnen Entmischungslamellen reflektiert und gestreut wird. Siehe auch Opaleszenz.

Aggregat
Gemenge vieler Kristalle eines einzigen Minerals, kann zum Beispiel körnig, dicht oder stänglig sein.

Alexandrit
Varietät von Chrysoberyll, die einen Farbwechsel von bläulich-grün (bei Sonnenlicht) zu rot (bei Kunstlicht) zeigt. Teurer Edelstein. Siehe auch Alexandrit-Effekt.

Alexandrit-Effekt

Farbwechsel bei unterschiedlichen Lichtquellen (Sonnenlicht, Kunstlicht). Insbesondere bei Alexandrit, selten bei Granaten und Korund.

Allochromatisch

Fremdgefärbt, das heißt Färbung durch Spurenelemente, die nicht Bestandteil der normalen Kristallstruktur sind. Siehe auch: idiochromatisch.

Almandin

Mineral der Granatgruppe, $Fe_3Al_2[SiO_4]_3$. Dunkelrot. Typisch für Glimmerschiefer.

Ambroid

 Aus kleinen Stücken zusammengepresster Bernstein.

Amazonit

Handelsname für grünen bis bläulichen Mikroklin (Kalifeldspat, $K[AlSi_3O_8]$) in Edelsteinqualität. Vorkommen in Granitpegmatiten.

Amethyst

Violette Varietät von Quarz (SiO_2). Färbung durch Gitterdefekte um Fe^{4+}-Ionen, hervorgerufen durch ionisierende Strahlung.

Amorph

Nicht kristallin, das heißt chaotische Anordnung der Ionen, zum Beispiel Glas, Opal.

Andradit

Mineral der Granatgruppe, $Ca_3Fe_2[SiO_4]_3$. Die grüne Varietät Demantoid ist ein wichtiger Edelstein, seltener ist Topazolith (gelb bis grün).

Anisotropie

Durch das Kristallgitter verursachte Unterschiede physikalischer Eigenschaften (zum Beispiel Härte, Lichtbrechung) in unterschiedliche kristallografische Richtungen.

Aquamarin

Blaue bis türkisfarbene Varietät von Beryll, $Be_3Al_2(SiO_3)_6$. Vorkommen in Pegmatiten.

Archaikum

Geologisches Zeitalter (Teil des Präkambriums), vor 4,0 (älteste bekannte Gesteine) bis 2,5 Milliarden Jahren. Bildung der ersten Kontinente, erste Cyanobakterien.

Asterismus

Sternförmiger Lichteffekt in manchen Rubinen, Saphiren und Granaten (Sternrubin, Sternsaphir, Sterngranat). Durch Reflexion des Lichts an eingeschlossenen nadelförmigen Mineralen (zum Beispiel Rutil). Auch „Lichtstern" oder „Sternenglanz".

Aventurin

Grünlich schillernde Varietät von Quarz (SiO_2), mit Einschlüssen von feinen Schüppchen des grünen Chrom-Glimmers Fuchsit. Auch roter Aventurin mit Hämatit-Schüppchen.

Aventurisieren

Durch Reflexion an eingeschlossenen Glimmerschüppchen hervorgerufenes Schillern in Aventurin.

Bergkristall

Farblose Varietät von Quarz, schöne Kristalle in Klüften und Hydrothermalgängen. Verwendung als günstiger Modeschmuck.

Bernstein

Organischer Edelstein. Feste, amorphe organische Substanz aus fossilem Harz. Gelb bis braun. Ambroid: Aus kleinen Stücken zusammengepresster Bernstein.

Beryll

Mineral der Ringsilikate, $Be_3Al_2(SiO_3)_6$. Wichtigster Rohstoff für Beryllium; bedeutender Edelstein. Varietäten: Smaragd (grün), Aquamarin (blau), Heliodor (gelb), Morganit (rosa), Goshenit (farblos).

Bestrahlen

Manche Minerale wie Amethyst und Rauchquarz verdanken ihre Färbung Gitterdefekten, die durch natürliche Radioaktivität des Gesteins erzeugt werden. Diese Färbung kann auch durch künstliches Bestrahlen hervorgerufen oder intensiviert werden.

Blutdiamanten

Bezeichnung für Diamanten aus Konfliktregionen. Auch: Konfliktdiamanten. In einigen afrikanischen Bürgerkriegen finanzierten sich die beteiligten Warlords mit Diamanten. Der 2003 in Kraft getretene Kimberley-Prozess soll den Handel mit Blutdiamanten unterbinden.

Brasilianit

Seltenes Phosphatmineral, $NaAl_3(PO_4)(OH)_4$. Edelstein mit gelber bis grünlicher Farbe. Vorkommen in Pegmatit.

Brennen

Hitzebehandlung. Bewirkt bei manchen Mineralen eine intensivere Färbung oder einen Farbwechsel.

Brillant

Diamant im Brillantschliff. Oft fälschlich als Synonym für Diamant genutzt.

Brillantschliff
Wichtige Schliffform, insbesondere für Diamanten, mit der eine optimale Brillanz erreicht wird. Mindestens 32 Facetten um eine flache Tafel im oberen Teil, mindestens 24 Facetten im unteren Teil.

Brillanz
Aus dem Inneren eines Edelsteins reflektierte Lichtmenge. Abhängig vom Brechungsindex und Lüster (Glanz) des Edelsteins, von Schliff und Politur, Transparenz und Reinheit.

Bruch
Der Bruch eines Minerals durch Gewaltanwendung kann muschelig, uneben, glatt, faserig, splitterig oder erdig sein. Kann zur Bestimmung von Mineralen herangezogen werden.

Cabochon
Ein ovaler, nach oben gewölbter Glattschliff (das heißt ohne Facetten). Beliebt im Mittelalter, heute bei undurchsichtigen Edelsteinen. Auch Synonym für Glattschliff.

Carat
Siehe Karat.

Carbonado
Dunkle, polykristalline Varietät von Diamant, porös. Auch: schwarzer Diamant.

Chalcedon
Mikrokristalline Varietät von Quarz (SiO_2) aus feinen verdrehten Fasern. Häufig gebändert. Im engen Sinn: farblos bis bläulich grau. Im weiten Sinn: Überbegriff über Achat, Karneol, Chrysopras, Onyx, Sarder.

Chatoyieren
Siehe Katzenaugeneffekt.

Chrysoberyll

$BeAl_2O_4$. Edelstein, Vorkommen zusammen mit Beryll. Grün, gelb, braun, rötlich. Varietät: Alexandrit.

Chrysopras

Grüne mikrokristalline Varietät von Quarz (SiO_2). Färbung durch eingeschlossene nickelhaltige Schichtsilikate.

Demantoid

Cr-reiche grüne Varietät von Andradit, Granat mit der Zusammensetzung $Ca_3Fe_2[Si_3O_4]_3$. Teurer Edelstein.

Diamant

Hochdruckmodifikation von Kohlenstoff. Oft farblos, auch braun, gelb, blau, grün, rot, pink. Härteste bekannte Substanz, sehr hohe Wärmeleitfähigkeit, hervorragende optische Eigenschaften. Beliebtester Edelstein, wichtige technische Anwendungen.

Diatrem

Röhren-, bzw. karottenförmiger Vulkanschlot, bei hochexplosiven Magmen wie Kimberlit. Auch Durchschlagsröhre, englisch: *pipe*.

Dispersion

Aufspalten des Lichts in seine Spektralfarben, bewirkt das „Feuer" von Diamanten und anderen Edelsteinen.

Doppelbrechung

In Kristallen (außer kubische Kristalle) wird durchscheinendes Licht in zwei senkrecht zueinander polarisierte Teilstrahlen aufgeteilt.

Druse

Hohlraum im Gestein mit Kristallen an den Wänden. Oft Synonym zu Geode.

Edelstein

Alle als Schmuck verwendeten Minerale (zum Beispiel Diamant, Rubin, Smaragd), Mineralaggregate (zum Beispiel Jade) und organische Substanzen (Bernstein). Früher wurden nur wenige Minerale als Edelstein bezeichnet und von weniger wertvollen „Halbedelsteinen" abgegrenzt.

Einschluss

In einem Kristall eingeschlossene Fremdsubstanz, insbesondere andere Minerale, Wasser oder Gase.

Elbait

Lithium-Turmalin, $Na(Li, Al)_3Al_6[(OH, F)_4 | (BO_3)_3 | Si_6O_{18}]$. Kommt in allen Farben vor; häufig verschieden gefärbte Zonen innerhalb eines Kristalles. Folgende Turmaline sind in der Regel Farbvarietäten von Elbait: Indigolith (blau), Rubellit (rot, rosa), Verdelith (grün), Paraíba-Turmalin (neonblau). Beliebter Edelstein, vorkommen in Pegmatiten.

Erdkern

Innerste Schale der Erde, Legierung aus Eisen und Nickel.

Erdkruste

Oberste Schale der Erde. Ozeanische Kruste ist ca. 5 Kilometer dick und hat die Zusammensetzung von Basalt. Kontinentale Kruste ist ca. 35 Kilometer dick und ist aus unterschiedlichen Gesteinen zusammengesetzt, sehr inhomogen. In der Erdkruste sind alle Elemente angereichert, die nicht in die Hochdruckminerale des Erdmantels oder in die Metalllegierung des Erdkerns passen.

Erdmantel

Mittlere Schale der Erde, zwischen Erdkruste und Erdkern. Besteht aus Peridotit.

Facetten

Durch Schleifen eines Edelsteins angelegte Flächen mit geometrischen Formen.

Facettenschliff

Schliffformen mit Facetten, zum Beispiel Brillantschliff, Smaragdschliff, Treppenschliff, Tafelschliff, Herzschliff, Ovalschliff, Tropfenschliff, Scherenschliff.

Farbedelstein

Alle Edelsteine außer Diamant.

Feuer

Durch die Aufspaltung des Lichts in seine Spektralfarben (Dispersion) bewirktes farbiges Funkeln. Stark ausgeprägt bei Diamant, Zirkon und Demantoid.

Feueropal

Roter Opal, zeigt leichtes farbiges Schillern (Irisieren).

Fluid

Flüssigkeit aus wechselnden Verhältnissen von Wasser, gelösten Salzen, Kohlendioxid und anderen Gasen und Schmelze. Bei höherer Temperatur und höherem Druck (oberhalb des kritischen Punktes) gibt es keinen Unterschied zwischen Wasser und Wasserdampf, und Gase wie Kohlendioxid sind darin beliebig mischbar.

Fremdkristall

Kristall, der beim Aufstieg eines Magmas mitgeschleppt wurde, aber ursprünglich aus einem anderen Gestein stammt.

Funkeln

Spiel der Reflexionen an einem Edelstein bei Bewegung relativ zu Betrachter oder Lichtquelle.

Gang

Spalte, die durch hydrothermal gebildete Minerale ganz oder teilweise verfüllt wurde. Oder Spalte, in der Magma aufsteigt oder erstarrt ist.

Geode

Ganz oder teilweise mit Mineralen ausgefüllter (ehemaliger) Hohlraum im Gestein. Oft Synonym zu Druse.

Gemmologie

Edelsteinkunde (Wissenschaft). Zweig der Mineralogie.

Gestein

Natürliches Gemenge von Mineralen.

Glas

Amorph (das heißt chaotisch, nicht in einem Kristallgitter) erstarrte Schmelze. Häufig in der Grundmasse von schnell abgekühlter Lava, in Bims und Vulkanasche.

Glattschliff

Nach oben gewölbter Schliff ohne Facetten, mit rundem, ovalem, kissenförmigem oder rechteckigem Grundriss. Wichtig in der römischen Antike und im Mittelalter. Heute vor allem bei undurchsichtigen oder weichen Edelsteinen und bei Steinen mit Asterismus oder Katzenaugeneffekt. Siehe auch: Cabochon.

Granat

Gruppe von Silikatmineralen, mit Pyrop, Almandin, Spessartin, Grossular, Andradit, Uwarowit. Wichtige Edelsteine sind Pyrop, Demantoid (Varietät von Andradit), Hessonit und Tsavorit (Varietäten von Grossular). Siehe auch: Karfunkel, Yttrium-Aluminium-Granat.

Granitpegmatit

Siehe Pegmatit.

Greisen

Gestein, das fast nur aus Quarz besteht und manchmal oberhalb eines Granits zu finden ist. Kann Glimmer, Topas, Turmalin und die Erze Wolframit und Kassiterit enthalten. Entsteht durch Umwandlung des festen Granits durch reaktive Lösungen, die aus der letzten Restschmelze des Granitmagmas entweichen.

Grossular

Mineral der Granatgruppe mit der Zusammensetzung $Ca_3Al_2[SiO_4]_3$. Farblos, grün, zimtbraun, rot, gelb. In guter Qualität ein Edelstein. Varietäten: Hessonit (orange), Tsavorit (grün).

Habitus

Gestalt eines Kristalls, zum Beispiel tafelig, gedrungen, säulig, spießig, nadelig.

Hadaikum

Vor 4,54 bis 4,0 Milliarden Jahren. Erster Zeitabschnitt der Erdgeschichte ab der Entstehung der Erde, keine Gesteine erhalten. Teil des Präkambriums.

Halbedelstein

Veralteter Begriff für weniger wertvolle Edelsteine.

Härte

Ritzhärte, Resistenz beim Ritzen mit einem scharfkantigen Material. In der Regel wird die Härte auf einer relativen Skala im Vergleich zu 10 bestimmten Mineralen angegeben (Mohs-Härte). Die absoluten Härteunterschiede zwischen diesen Vergleichsmineralen sind sehr unterschiedlich.

Heliodor

Gelbe Varietät von Beryll, $Be_3Al_2(SiO_3)_6$. Auch: Goldberyll.

Heliotrop

Grüne, durch Einschlüsse rot gesprenkelte mikrokristalline Varietät von Quarz (SiO_2). Körniges Gefüge wie Jaspis.

Herzschliff

Ausgefallener Facettenschliff in Herzform.

Hessonit

Braunorange Varietät von Grossular, Granat mit der Zusammensetzung $Ca_3Al_2[SiO_4]_3$.

Hexagonal

Kristallsystem mit sechszähliger Drehsymmetrie. Typische Kristallformen: Sechs- oder zwölfseitige Prismen und Pyramiden.

Hydrothermal

Kristallisation aus heißer wässriger Lösung.

Idiochromatisch

Eigenfarbig. Farbe durch ein Element, das Bestandteil der normalen Kristallstruktur ist. Siehe auch: allochromatisch.

Idiomorph

Kristall in seiner Eigengestalt, mit ausgebildeten Kristallflächen. Gegensatz zu xenomorph.

Irisieren

Farbiges Schillern in Feueropal und Perlmutt.

Jade

Feine, faserige und verfilzte Masse aus entweder Jadeit ($NaAlSi_2O_6$, ein Hochdruckmineral der Pyroxen-Gruppe) oder Nephrit (feinkörnig-filzige Varietät der Amphibole Tremolit oder Aktinolith). In Ostasien beliebt. Grün.

Jaspis

Mikrokristalline Varietät von SiO_2 mit körnigem Gefüge und einem hohen Anteil an Fremdbeimengungen. Opak.

Juwel

Schmuckstück mit in Edelmetall gefasstem Edelstein. Bezeichnet manchmal auch einen geschliffenen Edelstein ohne Fassung.

Karat

Für Edelsteine gebräuchliche Gewichtseinheit, entspricht 0,2 g. Nicht zu verwechseln mit der gleichnamigen Einheit, in der die Reinheit von Gold angegeben wird.

Karfunkel

Altes Wort für rote Edelsteine, insbesondere Granat (Pyrop und Almandin), sowie Rubin und Spinell. Auch: Carbunculus.

Karneol

Roter bis rotbrauner Chalcedon (mikrokristalline Varietät von Quarz, SiO_2).

Katzenaugeneffekt

Effekt, der an die schlitzartigen Pupillen von Katzen erinnert. Hervorgerufen durch Reflexion an eingeschlossenen nadelförmigen Mineralen. Kommt insbesondere bei Chrysoberyll vor, auch in Quarz. Auch: Chatoyance.

Kimberlit

Magmatisches Gestein, das in Diatremen und Gängen vorkommt. Sehr arm an Silizium, reich an K, CO_2, Wasser. Enthält viele Bruchstücke von anderen Gesteinen, insbesondere aus dem Erdmantel. Manchmal Diamanten als Fremdkristalle.

Kluft

Riss im Gestein, kann Kluftminerale wie Bergkristall als hydrothermale Bildung enthalten.

Konfliktdiamanten

Siehe Blutdiamanten.

Korund

Aluminiumoxid, Al_2O_3. Varietäten: Rubin (rot), Saphir (blau), Padparadscha (orange). Korund in anderen Farben wird auch als gelber, grüner usw. Saphir bezeichnet. Wichtiger, teurer Edelstein. Sehr hart, hoher Schmelzpunkt, wichtig für die Industrie.

Kristall

Fester, homogener, anisotroper Körper. In einem Kristall sind die Atome regelmäßig auf festen Gitterplätzen angeordnet (Gegenteil von amorph). Ideal geformt hat er Kristallflächen, deren Symmetrie sich vom Kristallgitter herleitet (siehe Kristallsystem). Er kann aber auch unregelmäßig geformt Teil eines Gesteins sein. Fast alle Minerale bilden Kristalle (eine Ausnahme ist Opal).

Kristallsystem

Durch die Symmetrie des Kristallgitters bedingte Symmetriegruppen der Kristallformen: kubisch, tetragonal, hexagonal, trigonal, orthorhombisch, monoklin, triklin.

Kryptokristallin

Kristalle in einer Korngröße, die unter dem Mikroskop nicht aufgelöst werden kann, Nachweis durch Röntgenbeugung. Z. B. bei Opal-C und Opal-CT.

Kubisch

Kristallsystem. Alle drei Achsen gleich lang und im rechten Winkel. Typische Kristallformen: Würfel, Oktaeder.

Labradorisieren

Schillern in bläulichen bis metallisch glänzenden Farben, durch Beugung von Licht an Zwillingslamellen in Plagioklas (Feldspat).

Lapislazuli

Tiefblaues feinkörniges Gestein aus Lasurit: $Na_6Ca_2[(S, SO_4, Cl_2)_2 \,|\, Al_6Si_6O_{24}]$, Kalzit, Pyrit und anderen Mineralen. Kurz: Lapis.

Lherzolith

Gestein des Erdmantels (Peridotit), besteht aus Olivin und den Pyroxenen Diopsid und Enstatit. Dazu etwas Granat oder Spinell.

Lüster

An der Oberfläche des Edelsteins reflektierte Lichtmenge (Glanz).

Malachit

Kupferkarbonat, $Cu_2[(OH)_2|CO_3]$. Grün, opak. Häufig in der Verwitterungszone von Kupferlagerstätten, oft als feinkörnige, intern gebänderte Aggregate. Verwendung als Schmuckstein und im Kunstgewerbe.

Mandelfüllung

Mit Mineralen gefüllte ehemalige Gasblase in Lavagesteinen. Synonym zu Geode.

Mantel

Siehe Erdmantel.

Manteldiapir

Im Erdmantel finger- oder pilzförmig aufsteigendes heißes Mantelmaterial. Macht sich an der Erdoberfläche als Hotspot mit starkem Vulkanismus bemerkbar.

Metamorphose

Umwandlung eines Gesteins in der Tiefe (ohne Stoffaustausch, siehe auch Metasomatose).

Metamiktisierung

Zerstörung eines Kristallgitters durch Strahlung.

Metasomatose

Veränderung eines Gesteins durch Stoffaustausch mit einer wässrigen Lösung oder einem Magma.

Metastabil

Thermodynamischer Zustand, der nicht dem Zustand mit niedrigster Energie entspricht (stabil), bei dem jedoch aufgrund einer hohen Aktivierungsenergie keine Umwandlung zu einem stabilen Zustand stattfindet.

Migmatit

Teilweise aufgeschmolzener Gneis, Übergang zwischen metamorphem und magmatischem Gestein.

Mikrokristallin

Winzige, im Mikroskop erkennbare Korngröße von Kristallen. Siehe auch Chalcedon.

Mineral

Homogener, natürlicher Festkörper der Erde (und anderer Himmelskörper). Bis auf wenige Ausnahmen sind Minerale anorganisch und bilden Kristalle.

Mohs-Härte

Relative Skala der Ritzhärte, von 1 (Talk) bis 10 (Diamant). Nach Friedrich Mohs.

Mondstein

Bläulich oder gelblich schimmernder Kalifeldspat (Adular), $K[AlSi_3O_8]$.

Morganit

Rosafarbene Varietät von Beryll, $Be_3Al_2(SiO_3)_6$. Vorkommen in Pegmatiten. Selten.

Morion

Varietät von Quarz (SiO_2). Dunkler Rauchquarz, dunkelbraun bis schwarz.

Monoklin

Kristallsystem. Alle drei Achsen unterschiedlich lang, zwei davon im rechten Winkel, die dritte schief dazu.

Onyx

Schwarze mikrokristalline Varietät von Chalcedon (mikrokristalliner Quarz, SiO_2).

Opak

Lichtundurchlässig. Gegenteil von Transparent.

Opal

Amorphes oder kryptokristallines, wasserhaltiges SiO_2. Meist farblos oder milchigweiß, auch rot (Feueropal), gelb, schwarz, blau. Edelopal mit bunt schillerndem Farbenspiel (Opalisieren).

Opalisieren

Buntes Farbenspiel von Edelopal.

Orthorhombisch

Kristallsystem. Alle drei Achsen unterschiedlich lang, aber im rechten Winkel.

Ovalschliff

Facettenschliff in Ovalform.

Padparadscha

Orangene Varietät von Korund, Färbung durch Chrom und Gitterfehler.

Paraíba-Turmalin

Durch Kupfer intensiv „neonblau" gefärbter Elbait (Lithium-Turmalin). Sehr selten, sehr teuer.

Pegmatit

Magmatisches Gestein mit riesigen (einige Zentimeter bis einige Meter großen) Kristallen. Kommt zusammen mit Granit und ähnlichen Plutoniten vor und hat eine ähnliche Zusammensetzung wie diese. Enthält manchmal Edelsteine.

Peridot

Handelsbezeichnung für Olivin (Mg_2SiO_4) in Edelsteinqualität. Grün bis gelblich grün. Auch Chrysolith.

Peridotit

Gestein des Erdmantels, besteht überwiegend aus Olivin und Pyroxen. Überbegriff über Lherzolith, Harzburgit, Wehrlit, Dunit.

Perle

Von Muscheln (oder anderen Mollusken) erzeugtes weißes, leicht farbig schillerndes Kügelchen. Besteht aus dünnen konzentrischen Schichten von Perlmutt (überwiegend $CaCO_3$, zudem Wasser und organischen Substanzen). Das Schillern („Orient") kommt durch die Interferenz von Licht, das an den dünnen Schichten reflektiert oder gebrochen wird.

Pleochroismus

„Mehrfarbigkeit". Unterschiedliche Färbung bei Betrachtung eines Minerals aus unterschiedlicher Blickrichtung. Sehr ausgeprägt bei Cordierit. Siehe auch: Anisotrop.

Polykristallin

Material aus vielen kleinen Einzelkristallen gleicher Zusammensetzung. Vor allem bei künstlichen Werkstoffen, in der Natur spricht man eher von Aggregat.

Polymorph

Minerale mit gleicher Zusammensetzung, aber unterschiedlicher Kristallstruktur. Zum Beispiel Quarz und Coesit, Diamant und Grafit.

Präkambrium

Geologisches Zeitalter, in dem die ersten primitiven Lebewesen entstanden: Von der Entstehung der Erde (vor ca. 4,6 Milliarden Jahren) bis zum Beginn des Kambriums (vor 542 Millionen Jahren, erstes massenhaftes Auftreten von Schalentieren). Aufgeteilt in Hadaikum (keine Gesteine erhalten), Archaikum und Proterozoikum.

Proterozoikum

Geologisches Zeitalter (vor 2,5 Milliarden bis 542 Millionen Jahren), Teil des Präkambriums. Sauerstoffhaltige Athmosphäre, erste Weichtiere, erster Superkontinent (Rodinia).

Pyrop

Mineral der Granatgruppe, $Mg_3Al_2[SiO_4]_3$. Feuerrot durch Chrom. Sehr selten rein und farblos. In Hochdruckgesteinen und im Erdmantel. Auch Kaprubin, Böhmischer Granat, Karfunkel genannt.

Pyroxen

Gruppe von Silikatmineralen, in denen die Silikattetraeder in parallelen Ketten angeordnet sind. Darunter wichtige gesteinsbildende Minerale wie Diopsid, Augit, Enstatit, Jadeit, Omphacit. Jadeit und Spodumen sind Edelsteine.

Onyx

Schwarz-weiß gebänderter Chalcedon.

Quarz

Wichtiges gesteinsbildendes Mineral, SiO_2. Sehr wichtiger Schmuckstein. Häufig schöne Kristalle in Klüften. Varietäten: Bergkristall (farblos), Amethyst (violett), Rauchquarz (braun), Morion (dunkelbraun bis schwarz), Rosenquarz (rosa), Citrin (gelb), Prasiolith (grün) und Aventurin (mit grünen Einschlüssen). Mikrokristalline Varietäten: Chalcedon, Achat, Jaspis, Karneol, Chrysopras, Heliotrop, Onyx. Wandelt sich bei hohem Druck oder hoher Temperatur in SiO_2-Minerale mit anderem Kristallgitter um (Polymorphe): Hochdruckmodifikationen sind Coesit und Stishovit. Hochtemperaturmodifikationen sind Hochquarz, Tridymit und Cristobalit.

Rauchquarz

Braune Varietät von Quarz (SiO_2), Färbung durch von Strahlung verursachten Gitterdefekten. Vorkommen auf alpinen Klüften und in Pegmatit.

Rosenquarz

Rosa Varietät von Quarz (SiO_2), Färbung durch eingeschlossene Fasern eines Bor-Minerals. Vorkommen in Pegmatit.

Rubin

Rote Varietät von Korund, Al_2O_3. Wichtiger, sehr teurer Edelstein.

Rubellit

Rot oder rosa gefärbte Varietät von Lithium-Turmalin (in der Regel Elbait).

Rutil

Titanoxid, TiO_2. Häufig nadelig. In Edelsteinen eingeschlossene Rutilnadeln können Effekte wie Asterismus bewirken.

Saphir

Blaue Varietät von Korund, Al_2O_3. Wichtiger, sehr teurer Edelstein. Korund in anderen Farben außer rot (Rubin) wird als gelber, grüner usw. Saphir bezeichnet.

Sarder (Sardonyx)

Braun-weiß gebänderter Chalcedon (mikrokristalliner Quarz, SiO_2).

Scherenschliff

Variante des Treppenschliffs, bei dem die Treppen durch in unterschiedliche Richtung geneigte Facetten aufgeteilt sind.

Schmirgel

Derbes Gemenge aus Korund, Eisenerz und Quarz. Entsteht durch eine Metamorphose von Bauxit-Lagerstätten. Wird als Schleifmittel abgebaut.

Schmuckstein

Synonym für Edelstein, manchmal nur für weniger wertvolle Edelsteine.

Seifenlagerstätte (Seife)

Sekundäre Lagerstätte von verwitterungsresistenten Mineralen mit hoher Dichte, die in einem Flussbett oder an einem Strand abgelagert wurden. Fast alle Edelsteine kommen auch auf Seifen vor.

Smaragd

Grüne Varietät von Beryll, $Be_3Al_2(SiO_3)_6$. Färbung durch Chrom. Sehr teurer Edelstein.

Smaragdschliff

Achteckiger Treppenschliff. Betont die Farbe, geringe Brillanz. Beliebt bei Smaragd und anderen Farbedelsteinen.

Spaltbarkeit

Viele Kristalle lassen sich durch einen Schlag entlang von Ebenen spalten, die in systematischer Orientierung zum Kristallgitter stehen. Man unterteilt in vollkommene, gute, undeutliche und keine Spaltbarkeit. Es kann eine oder mehrere unterschiedlich orientierte Spaltflächen geben.

Spessartin

Mineral der Granatgruppe mit der Zusammensetzung $Mn_3Al_2(SiO_4)_3$. Gelb, orange, rotbraun. Vorkommen in Pegmatiten.

Spinell

Häufiges Oxidmineral, $MgAl_2O_4$. Vorkommen im Erdmantel, in magmatischen Gesteinen, Marmor, Schiefer und Seifen. Alle Farben. Hochwertige Kristalle sind teure Edelsteine.

Spodumen

Lithium-Pyroxen, $LiAlSi_2O_6$. Farblos, hellgrau, rosa, violett, grün. Wichtiges Lithium-Erz und Zuschlagstoff für Glas und Keramik. Die Varietäten Kunzit (rosa bis violett) und Hiddenit (gelbgrün bis grün) sind Edelsteine. Vorkommen in Pegmatiten.

Stufe

Schaustück mit mehreren zusammenhängenden Kristallen.

Subduktionszone

Plattengrenze, an der ozeanische Kruste unter einen Kontinent (zum Beispiel Anden) oder eine andere ozeanische Platte (zum Beispiel Marianen) abtaucht. Bei der Kollision zwischen zwei Kontinenten wird zeitweise kontinentale Kruste subduziert.

Synthetische Edelsteine

Künstlich hergestellte Edelsteine müssen als solche gekennzeichnet werden. Häufig synthetisiert werden: Diamant, Korund, Spinell, Zirkonia, Yttrium-Aluminium-Granat. Überwiegend für industrielle Anwendungen, aber auch als Schmuckstein.

Tafelschliff

Sehr flacher Treppenschliff.

Tansanit

Tiefblauer Zoisit. Sehr selten, nur ein einziger Fundort in Tansania. Sehr teurer Edelstein, relativ geringe Härte.

Tetragonal

Kristallsystem. Alle drei Achsen im rechten Winkel, zwei davon gleichlang. Typische Kristallformen sind vierseitige Prismen und Pyramiden.

Tigerauge

Mikrokristalline, goldbraun bis goldgelb gestreifte Varietät von Quarz (SiO_2). Durch Verdrängung von Asbest entstandene gestreifte Pseudomorphose (d. h. eine auf verdrängten Asbest zurückzuführende Fremdgestalt).

Topas

$Al_2[F_2 | SiO_4]$. Gelb, braun, auch farblos, blau, grün, rot. Wichtiger Edelstein. Vorkommen in Topas-Granit, Pegmatit, Greisen. Vorsicht „Goldtopas" ist die irreführende Handelsbezeichnung für billigen, durch Brennen gelb gefärbten Amethyst.

Topazolith

Gelber bis grüner Andradit, ein Granat mit der Zusammensetzung $Ca_3Fe_2[Si_3O_4]_3$. Sehr selten, kostbarer Edelstein.

Tracht

Durch die jeweils ausgebildeten Kristallflächen bestimmte Form eines Kristalls.

Transparenz

Lichtdurchlässigkeit.

Trapiche

Smaragd, Saphir oder Rubin, der durch dunkle oder helle Linien, die wie die Speichen eines Wagenrades angeordnet sind, in Sektoren geteilt ist. Im Gegensatz zu Asterismus handelt es sich nicht um nadelförmige Einschlüsse, sondern um systematisch eingewachsene, fein verteilte Minerale wie Tonminerale oder Feldspat.

Treppenschliff

Einfacher Facettenschliff mit großer flacher Tafel und darum angeordneten, zunehmend steilen Facetten. Beliebt bei Farbedelsteinen. Betont die Farbe, geringe Brillanz.

Trigonal

Kristallsystem mit dreizähliger Drehsymmetrie. Typische Kristallformen: dreiseitige Prismen und Pyramiden.

Triklin

Kristallsystem. Alle drei Achsen sind unterschiedlich lang und schneiden sich im schiefen Winkel.

Tropfenschliff

Ausgefallener Facettenschliff in Tropfenform.

Tsavorit

Grüne, sehr seltene Varietät von Grossular aus Kenia und Tansania, Granat mit der Zusammensetzung $Ca_3Al_2[SiO_4]_3$. Teurer Edelstein.

Türkis

Wasserhaltiges Kupfer-Aluminium-Phosphat. $CuAl_6(PO_4)_4(OH)_8 \cdot 4\,H_2O$. Türkisfarben, in der Regel feinkörnige Massen. Kann bei der Verwitterung von Kupferlagerstätten entstehen. Verblasst durch Austrocknen, sollte feucht gelagert werden.

Turmalin

Mineralgruppe, borhaltiges Ringsilikat. Am häufigsten ist der Eisen-Turmalin Schörl (schwarz). Seltener der Magnesium-Turmalin Dravit (grünlich-braun), der gelegentlich als Edelstein benutzt wird. Der in allen Farben vorkommende Lithium-Turmalin Elbait ist ein beliebter Edelstein.

Varietät

Unterschiedlich benannte Abart eines einzigen Minerals, insbesondere bei unterschiedlicher Farbe.

Xenomorph

Fremdgestalt bei einem Kristall, der seine Kristallflächen nicht ausbilden konnte, da seine Form durch die umgebenen Kristalle eines Gesteins bestimmt ist.

Yttrium-Aluminium-Granat (YAG)

Synthetischer Granat, $Y_3Al_5O_{12}$. Wichtig als Laser, auch als Imitation von Diamant und anderen Edelsteinen.

Zirkon

Zirkoniumsilikat, $ZrSiO_4$, ein Inselsilikat. Häufig kleine Kristalle in Graniten. Größere Kristalle in Pegmatit. Durch den Einbau von geringen Mengen an U und Th leicht radioaktiv. Wichtig für Datierung von Gesteinen. Wichtiges Zirkoniumerz. Wichtiger Edelstein, farblos, rot, gelb, braun, blau, grün. Varietäten: Hyazinth (gelbrot bis rotbraun), Matara-Zirkon (farblos, aus Sri Lanka, früher irreführend „Matara-Diamant" genannt).

Zirkonia

Kubisches Zirkoniumoxid, nur synthetisch. Kostengünstig. Sehr gute optische Eigenschaften, sehr hoher Schmelzpunkt, große Härte. Beliebte Diamantimitation.

Zonierung

Bereiche unterschiedlicher Zusammensetzung (Haupt- oder Spurenelemente) innerhalb eines Kristalls.

Zwillinge

Gesetzmäßig miteinander verwachsene Kristalle eines einzigen Minerals beziehungsweise Bereiche innerhalb eines Kristalls mit unterschiedlich orientiertem Kristallgitter. Sehr häufig bei Quarz, Kalzit, Feldspat, Gips und anderen Mineralen, oft nicht mit dem bloßen Auge auszumachen.

Literatur

Kapitel 1

All about gemstones, *http://www.allaboutgemstones.com*.

Cohen, A. J., 1985. Amethyst color in quartz, the result of radiation protection involving iron. American Mineralogist, Vol. 70, S. 1180–1185.

Goreva, J. S., C. Ma und G. R. Rossman, 2001. Fibrous nanoinclusions in massive rose quartz: The origin of rose coloration. American Mineralogist, Vol. 86, S. 466–472.

Hainschwang, T., 2008. Color change effects in gemstones – when matter plays with light. InColor, Vol. Summer 2008, S. 46–54.

International Colored Gemstone Association, *www.gemstone.org*.

Lameiras, F. S., E. H. M. Nunes und W. L. Vasconcelos, 2009. Infrared and chemical characterization of natural amethysts and prasiolites colored by irradiation. Materials Research, Vol. 12, S. 315–320.

Lehmann, G. und H. U. Bambauer, 1973. Quarzkristalle und ihre Farben. Angewandte Chemie, Vol. 85, S. 281–289.

Ma, C., J. S. Goreva und G. R. Rossman, 2002. Fibrous nanoinclusions in massive rose quartz: HRTEM and AEM investigations. American Mineralogist, Vol. 87, S. 269–276.

Markl, G., 2008. Minerale und Gesteine: Mineralogie – Petrologie – Geochemie, 2. Aufl. Spektrum Akademischer Verlag, Heidelberg.

Okrusch, M. und S. Matthes, 2009. Mineralogie, 8. Aufl. Springer Verlag, Heidelberg.

Pizzolato, T. M., E. Carissimi, E. L. Machado und I. A. H. Schneider, 2002. Colour removal with NaClO of dye wastewater from an agate-processing plant in Rio Grande do Sul, Brazil. International Journal of Mineral Processing, Vol. 65, S. 203–211.

Schumann, W., 1997. Gemstones of the world. Sterling, New York.

Smillie, I., L. Gberie und R. Hazleton, 2000. The heart of the matter: Sierra Leone, diamonds and human security. Online auf *http://action.web.ca.*

Kapitel 2

Aurisicchio, C., A. Corami, S. Ehrman, G. Graziani und S. N. Cesaro, 2006. The emerald and gold necklace from Oplontis, Vesuvian Area, Naples, Italy. Journal of Achaeological Science, Vol. 33, S. 725–734.

Bergenstock, D. J. und J. M. Maskulka, 2001. The De Beers story: Are diamonds forever? Business Horizons, Vol. 44, S. 37–44.

Cartier, L. E., 2010. Environmental stewardship in gemstone mining: Quo vadis? InColor, Vol. Fall/Winter 2010, S. 12–19.

Epstein, E. J., 1982. The diamond invention. Hutchinson.

Faryad, S. W., 2002. Metamorphic conditions and fluid compositions of scapolite-bearing rocks from the lapis lazuli deposit at Sare Sang, Afghanistan. Journal of Petrology, Vol. 43, S. 725–747.

Giuliani, G., M. Chaussidon, H. J. Schubnel, D. H. Piat, C. Rollion-Bard, C. France-Lanord, D. Giard, D. de Narvaez und B. Rondeau, 2000. Oxygen isotopes and emerald trade routes since antiquity. Science, Vol. 287, S. 631–633.

Haas, A., L. Hödl und H. Schneider, 2004. Diamant: Zauber und Geschichte eines Wunders der Natur. Springer, Berlin.

Janse, B., 2009. Diamonds search for new best friend. Mining Journal, 11. September 2009.

Kimberley Process. Statistiken auf *https://kimberleyprocessstatistics.org.*

Plinius der Ältere, ca. 79. n. Chr., Naturalis historia, Buch XXXVII.

Read, G. H. und A. J. A. Bram Janse, 2009. Diamonds. Exploration, mines and marketing. Lithos, Vol. 112S, S. 1–9.

Schumann, W., 1997. Gemstones of the world. Sterling, New York.

Weise, C. (Hrsg.), 1999. Türkis. Der Edelstein mit der Farbe des Himmels. ExtraLapis, Vol. 16.

Zwierlein-Diel, E., 2007. Gemmen und ihr Nachleben. de Gruyter, Berlin.

Kapitel 3

Araújo, D. P., W. L. Griffin, S. Y. O'Reilly, K. J. Grant, T. Ireland, P. Holden und E. van Achterberg, 2009. Microinclusions in monocrystalline octahedral diamonds and coated diamonds from Diavik, Slave Craton: Clues to Diamond genesis. Lithos, Vol. 112S, S. 724–735.

Arima, M., Y. Kozai und M. Akaishi, 2002. Diamond nucleation and growth by reduction of carbonate melts under high-pressure and high-temperature conditions. Geology, Vol. 30, S. 691–694.

Banas, A., T. Stachel, D. Phillips, N. Shimizu, K. S. Viljoen und J. W. Harris, 2009. Ancient metasomatism recorded by ultra-depleted garnet inclusions in diamonds from DeBeers Pool, South Africa. Lithos, Vol. 112S, S. 736–746.

Becker, M. und A. P. Le Roex, 2006. Geochemistry of South African on- and off-craton group I and group II kimberlites: petrogenesis and source region evolution. Journal of Petrology, Vol. 47, S. 637–703.

Crough, S. T., W. J. Mogan und R. B. Hargraves, 1980. Kimberlites: their relation to mantle hotspots. Earth and Planetary Science Letters, Vol. 50, S. 260–274.

Dill, H. G., 2010. The „chessboard" classification scheme of mineral deposits: Mineralogy and geology from aluminum to zirconium. Earth-Science Reviews, Vol. 100, S. 1–420.

Evans, D. A. D., 2010. Proposal with a ring of diamonds. Nature, Vol. 466, S. 326–327.

Field, M., J. Stiefenhofer, J. Robey und S. Kurszlaukis, 2008. Kimberlite-hosted diamond deposits of southern Africa: A review. Ore Geology Reviews, Vol. 34, S. 33–75.

Frost, D. J., C. Liebske, F. Langenhorst, C. A. McCammon, R. G. Tronnes und D. C. Rubie, 2004. Experimental evidence for the existance of iron-rich metal in the Earth's lower mantle. Nature, Vol. 428, S. 409–412.

Haggerty, S. E., 1999. A diamond trilogy: Superplumes, supercontinents, and supernovae. Science, Vol. 285, S. 851–860.

Harte, B., 2010. Diamond formation in the deep mantle: the record of mineral inclusions and their distribution in relation to mantle dehydration zones. Mineralogical Magazine, Vol. 74, S. 189–215.

Jelsma, H., W. Barnett, S. Richards und G. Lister, 2009. Tectonic setting of kimberlites. Lithos, Vol. 112S, S. 155–165.

Kjarsgaard, B. A., D. G. Pearson, S. Tappe, G. M. Nowell und D. P. Dowall, 2009. Geochemistry of hypabyssal kimberlites from Lac de Gras, Canada: Comparisons to a global database and applications to the parent magma problem. Lithos, Vol. 112S, S. 236–248.

Klein-BenDavid, O., A. M. Logvinova, M. Schrauder, Z. V. Spetius, Y. Weiss, E. H. Hauri, F. V. Kaminsky, N. V. Sobolev und O. Navon, 2009. High-Mg carbonatitic microinclusions in some Yakutian diamonds – a new type of diamond-forming fluid. Lithos, Vol. 112S, S. 648–659.

Kumar, M. D. S., M. Akaishi und S. Yamaoka, 2000. Formation of diamond from supercritical H_2O-CO_2 fluid at high pressure and high temperature. Journal of Crystal Growth, Vol. 213, S. 203–206.

Liu, Y., L. A. Taylor, A. B. Sarbadhikari, J. W. Valley, T. Ushikubo, M. J. Spicuzza, N. Kita, R. A. Ketcham, W. Carlson, V. Shatsky und N. V. Sobolev, 2009. Metasomatic origin of diamonds in the world's largest diamondiferous eclogite. Lithos, Vol. 112S, S. 1014–1024.

Luguet, A., A. L. Jaques, D. G. Pearson, C. B. Smith, G. P. Bulanova und S. L. Roffey, 2009. An integrated petrological, geochemical and Re-Os isotope study of peridotite xenoliths from the Argyle lamproite, Western Australia and implications for cratonic diamond occurrences. Lithos, Vol. 112S, S. 1096–1108.

Mitchell, R. H., 2008. Petrology of hypabyssal kimberlites: Relevance to primary magma compositions. Journal of Volcanology and Geothermal Research, Vol. 174, S. 1–8.

Mitchell, R. H. und S. Tappe, 2010. Discussion of „Kimberlites and aillikites as probes of the continental lithospheric mantle", by D. Francis and M. Patterson (Lithos v. 109, p. 72–80). Lithos, Vol. 115, S. 288–292.

Nisbet, E. G., D. P. Mattey und D. Lowry, 1994. Can diamonds be dead bacteria? Nature, Vol. 367, S. 694.

Palyanov, Y. N. und A. G. Sokol, 2009. The effect of composition of mantle fluids/melts on diamond formation processes. Lithos, Vol. 112S, S. 690–700.

Rege, S., W. L. Griffin, G. Kurat, S. E. Jackson, N. J. Pearson und S. Y. O'Reilly, 2008. Trace-element geochemistry of diamondite: Crystallisation of diamond from kimberlite-carbonatite melts. Lithos, Vol. 106, S. 39–54.

Richardson, S. H., J. J. Gurney, A. J. Erlank und J. W. Harris, 1984. Origin of diamonds in old enriched mantle. Nature, Vol. 310, S. 198–202.

Richardson, S. H., A. J. Erlank, J. W. Harris und S. R. Hart, 1990. Eclogitic diamonds of Proterozoic age from Creataceous kimberlites. Nature, Vol. 346, S. 54–56.

Richardson, S. H., Harris, J. W. und J. J. Gurney, 1993. Three generations of diamonds from old continental mantle. Nature, Vol. 366, S. 256–258.

Rohrbach, A. und M. W. Schmidt, 2011. Redox freezing and melting in the Earth's deep mantle resulting from carbon–iron redox coupling. Nature, Vol. 472, S. 209–214.

Scott Smith, B. H., 2006. Canadian kimberlites: geological characteristics relevant to emplacement. Kimberlite emplacement workshop long abstract.

Shirey, S. B., S. H. Richardson, J. W. Harris, 2004. Integrated models of diamond formation and craton evolution. Lithos, Vol. 77, S. 923–944.

Shirey, S. B. und S. H. Richardson, 2011. Start of the Wilson Cycle at 3 Ga shown by diamonds from subcontinental mantle. Science, Vol. 333, S. 434–436.

Skinner, E. M. W. und J. S. Marsh, 2004. Distinct kimberlite pipe classes with contrasting eruption processes. Lithos, Vol. 76, S. 183–200.

Smith, C. B., G. P. Bulanova, S. C. Kohn, H. J. Milledge, A. E. Hall, B. J. Griffin und D. G. Pearson, 2009. Nature and genesis of Kalimantan diamonds. Lithos, Vol. 112S, S. 822–832.

Sparks, R. S. J., L. Baker, R. J. Brown, M. Field, J. Schumacher, G. Stripp und A. Walters, 2006. Dynamical constraints on kimberlite volcanism. Journal of Volcanology and Geothermal Research, Vol. 155, S. 18–48.

Sparks, R. S. J., R. J. Brown, M. Field und M. Gilbertson, 2007. Kimberlite ascent and eruption, arising from: L. Wilson, J. W. Head III, Nature 447, 53–47 (2007). Nature, Vol. 450, S. E21.

Sparks, R. S. J., R. A. Brooker, M. Field, J. Kavanagh, J. C. Schumacher, M. J. Walter und J. White, 2009. The nature of erupting kimberlite melts. Lithos, Vol. 112S, S. 429–438.

Stachel, T., S. Aulbach, G. P. Brey, J. W. Harris, I. L. Leost, R. Tappert und K. S. F. Viljoen, 2004. The trace element composition of silicate inclusions in diamonds: a review. Lithos, Vol. 77, S. 1–19.

Stachel, T. und J. W. Harris, 2008. The origin of cratonic diamonds — Constraints from mineral inclusions. Ore Geology Reviews, Vol. 34, S. 5–32.

Stachel, T., J. W. Harris und K. Muehlenbachs, 2009. Sources of carbon in inclusion bearing diamonds. Lithos, Vol. 112S, S. 625–637.

Tappert, R., T. Stachel, J. W. Harris, K. Muehlenbachs, T. Ludwig, T. und G. P. Brey, 2005. Subducting oceanic crust: The source of deep diamonds. Geology, Vol. 33, S. 565–568.

Torsvik, T. H., K. Burke, B. Steinberger, S. J. Webb und L. D. Ashwa, 2010. Diamonds sampled by plumes from the core-mantle boundary. Nature, Vol. 466, S. 352–357.

Walter, M. J., G. P. Bulanova, L. S. Armstrong, S. Keshav, J. D. Blundy, G. Gudfinnsson, O. T. Lord, A. R. Lennie, S. M. Clark, C. B. Smith und L. Gobbo, 2008. Primary carbonatite melt from deeply subducted oceanic crust. Nature, Vol. 454, S. 622–626.

Weise, C. (Hrsg.), 2000. Diamant. Der extreme Edelstein, das geniale Werkzeug. ExtraLapis, Vol. 18.

Weiss, Y., R. Kessel, W. L. Griffin, I. Kiflawi, O. Klein-BenDavid, D. R. Bell, J. Harris, und O. Navon, 2009. A new model for the evolution of diamond-forming fluids: Evidence from microinclusion-bearing diamonds from Kankan, Guinea. Lithos, Vol. 112S, S. 660–674.

Wilson, L. und J. W. Head III, 2007. An integrated model of kimberlite ascent and eruption. Nature, Vol. 447, S. 53–57.

Wilson, L. und J. W. Head III, 2007. Reply to: R. S. J. Sparks, R. J. Brown, M. Field und M. Gilbertson, Nature 450. Nature, Vol. 450, S. E22.

Yamaoka, S., M. D. S. Kumar, H. Kanda und M. Akaishi, 2002. Crystallization of diamond from CO_2 fluid at high pressure and high temperature. Journal of Crystal Growth, Vol. 234, S. 5–8.

Kapitel 4

Bernatowicz, T. J., T. K. Croat und T. L. Daulton, 2006. Origin and evolution of carbonaceous presolar grains in stellar environments. In: Lauretta, D. S. und H. Y. McSween, Jr. (Hrsg.). Meteorites and the early solar system II. University of Arizona Press, Tucson, S. 109–126.

Daulton, T. L. und M. Ozima, 1996. Radiation-induced diamond formation in uranium-rich carbonaceous materials. Science, Vol. 271, 1260–1263.

Garai, J., E. Haggerty, S. Rekhi und M. Change, 2006. Infrared absorption investigations confirm the extraterrestrial origin of carbonado diamonds. The Astrophysical Journal, Vol. 653, S. L153–L156.

Gilmour, I., S. S. Russell, J. W. Arden, M. R. Lee, I. A. Franchi und C. T. Pillinger, 1992. Terrestrial carbon and nitrogen isotopic ratios from Cretaceous-Tertiary boundry nanodiamonds. Science, Vol. 258, S. 1624–1626.

Heaney, P. J., E. P. Vicenzi und D. Subarnarekha, 2005. Strange diamonds: The mysterious origins of carbonado and framesite. Elements, Vol. 1, S. 85–89.

Hough, R. M., I. Gilmour, C. T. Pillinger, J. W. Arden, K. W. R. Gilkes, J. Yuan und J. W. Milledge, 1995. Diamond and silicon carbide in impact melt rock from the Ries impact crater. Nature, Vol. 378, S. 41–44.

Hoppe, P., 2009. Sternenstaub in Meteoriten und Kometen. Physik unserer Zeit, Vol. 40, S. 282–289.

Huss, G. R., 2005. Meteoritic nanodiamonds: Messengers from the stars. Elements, Vol. 1, S. 97–100.

Karczemska, A. T., 2010. Diamonds in meteorites – Raman mapping and cathodoluminescence studies. Journal of Achievements in Materials and Manufacturing Engineering, Vol. 43, S. 94–107.

Koeberl, C., V. L. Masaitis, G. I. Shafranovsky, I. Gilmour, F. Langenhorst und M. Schrauder, 1997. Diamonds from the Popigai impact structure, Russia. Geology, Vol. 25, S. 967–970.

Korsakov, A. V., K. Theunissen und L. V. Smirnova, 2004. Intergranular diamonds derived from partial melting of crustal rocks at ultrahigh-pressure metamorphic conditions. Terra Nova, Vol. 16, S. 146–151.

Lewis, R. S., T. Ming, J. F. Wacker, E. Anders und E. Steel, 1987. Interstellar diamonds in meteorites. Nature, Vol. 326, S. 160–162.

Lipschutz, M. E., 1964. Origin of diamonds in the ureilites. Science, Vol. 143, S. 1431–1434.

Lipschutz, M. E. und E. Anders, 1961. On the mechanism of diamond formation. Science, Vol. 134, S. 2095–2099.

Masaitis, V. L., 1998. Popigai crater: Origin and distribution of diamond-bearing impactites. Meteoritics and Planetary Science, Vol. 33, 349–359.

Massonne, H.-J., A. Kennedy, L. Nasdala und T. Theye, 2007. Dating of zircon and monazite from diamondiferous quartzofeldspathic rocks of the Saxonian Erzgebirge – hints at burial and exhumation velocities. Mineralogical Magazine, Vol. 71, 407–425.

Massonne, H.-J. und W. Tu, 2007. $\delta^{13}C$ signature of early graphite and subsequently formed microdiamond from the Saxonian Erzgebirge, Germany. Terra Nova, Vol. 19, S. 476–480.

McGall, G. J. H., 2009. The carbonado diamond conundrum. Earth-Science Reviews, Vol. 93, S. 85–91.

Ogasawara, Y, 2005. Microdiamonds in Ultra-high Pressure Metamorphic rocks. Elements, Vol. 1, S. 91–96.

Pechnikov, V. A. und F. V. Kaminsky, 2008. Diamond potential of metamorphic rocks in the Kokchetav Massif, northern Kazakhstan. European Journal of Mineralogy, Vol. 20, S. 395–413.

Ringwood, A. E., 1960. The Novo Urei meteorite. Geochimica et Cosmochimica Acta, Vol. 20, S. 1–4.

Smith, C. B., G. P. Bulanova, S. C. Kohn, H. J. Milledge, A. E. Hall, B. J. Griffin und D. G. Pearson, 2009. Nature and genesis of Kalimantan diamonds. Lithos, Vol. 112S, S. 822–832.

Sobolev, N. V. und V. S. Shatsky, 1990. Diamond inclusions in garnets from metamorphic rocks: a new environment for diamond formation. Nature, Vol. 343, S. 742–746.

Stöckhert, B., J. Duyster, J. Trepmann und H.-J. Massonne, 2001. Microdiamond daughter crystals precipitated from supercritical COH + silicate fluids included in garnet, Erzgebirge, Germany. Geology, Vol. 29, S. 391–394.

Theunissen, K., N. Dobretsov, V. S. Shatsky, L. Smirnova und A. Korsakov, 2000. The diamond-bearing Kokchetav UHP massif in Northern Kazakhstan: exhumation structure. Terra Nova, Vol. 12, S. 181–187.

Kapitel 5

Agrosì, G., F. Bosi, S. Lucchesi, G. Melchiorre und E. Scandale, 2006. Mn-tourmaline crystals from island of Elba (Italy): Growth history and growth marks. American Mineralogist, Vol. 91, S. 944–952.

Andrianjakavah, P. R., S. Salvi, D. Béziat, M. Rakotondrazafy und G. Giuliani, 2009. Proximal and distal styles of pegmatite-related metasomatic emerald mineralization at Ianapera, southern Madagaskar. Mineralium Deposita, Vol. 44, S. 817–835.

Angeli, N., 2011. The districts of the eastern pegmatite province of Brazil. Peg2011 Conference Abstract. Asociación Geológica Argentina, Serie D, Publicatión Especial, Vol. 14, S. 17–20.

Baijot, M., F. Hatert, A.-M. Fransolet und S. Philippo, 2011. Geochemical evolution of phosphates and silicates in the sapucaia pegmatite, Minas Gerais, Brazil: Implications for the genesis of the pegmatite. Peg2011 Conference Abstract. Asociación Geológica Argentina, Serie D, Publicatión Especial, Vol. 14, S. 25–27.

Banks, D. A., G. Giuliani, B. W. D. Yardley und A. Cheilletz, 2000. Emerald mineralisiation in Columbia: fluid chemistry and the role of brine mixing. Mineralium Deposita, Vol. 35, S. 699–713.

Barton, M. D., 1986. Phase equilibria and thermodynamic properties of minerals in the BeO-Al_2O_3-SiO_2-H_2O (BASH) system, with petrologic applications. American Mineralogist, Vol. 71, S. 277–300.

Bermanec, V., R. Scholz, F. Markovic, Z. Z. Gobac und M. L. S. C. Chaves, 2011. Mineralogy of the Boa Vista pegmatite, Galiléia, Minas Gerais, Brazil. Peg2011 Conference Abstract. Asociación Geológica Argentina, Serie D, Publicatión Especial, Vol. 14, S. 33–35.

Bettencourt, J. S., W. B. Leite, C. L. Goraieb, I. Sparrenberger, R. M. S. Bello und B. L. Payolla, 2005. Sn-polymetallic greisen-type deposits associated with late-stage rapakivi granites, Brazil: fluid inclusion and stable isotope characteristics. Lithos, Vol. 80, S. 363–386.

Bilal, E., J. M. Correia Neves, K. Fuzikawa, A. H. Horn, V. R. P. da Rocha Oliveiros Marciano, M. L. Souza Fernandes, J. Moutte, F. M. de Mello und M. Nasraoui, 2000. Pegmatites in southeastern Brazil. Revista Brasileira de Geociencias, Vol. 30, S. 234–237.

Branquet, Y., Laumonier, B., Cheilletz, A., Giuliani, G., 1999. Emeralds in the Eastern Cordillera of Columbia: Two tectonic settings for one mineralization. Geology, Vol. 27, S. 597–600.

Cempírek, J. und M. Novák, 2007. Abyssal pegmatites in Moldanubicum of the Bohemian Massif. Conference Abstract, Granitic Pegmatites: The State of the Art – International Symposium, Porto, Portugal.

Černý, P., 1992. Geochemical and petrogenetic features of mineralization in rare-element granitic pegmatites in the light of current research. Applied Geochemistry, Vol. 7, S. 393–416.

Černý, P. und T. S. Ercit, 2005. The classification of granitic pegmatites revisited. The Canadian Mineralogist, Vol. 43, S. 2005–2026.

Cheilletz, A. und G. Giuliani, 1996. The genesis of Columbian emeralds: a restatement. Mineralium Deposita, Vol. 31, S. 359–364.

Christiansen, E. H., I. Haapala und G. L. Hart, 2007. Are Cenozoic topaz rhyolites the erupted equivalents of Proterozoic rapakivi granites? Examples from the western United States and Finland. Lithos, Vol. 97, S. 219–246.

Dissanayake, C. B. und R. Chandrajith, 1999. Sri Lanka – Madagaskar Gondwana linkage: evidence for a Pan-African mineral belt. Journal of Geology, Vol. 107, S. 223–235.

Evensen, J. M. und D. London, 2002. Experimental silicate mineral/melt partition coefficients for beryllium and the crustal Be cycle from migmatite to pegmatite. Geochimica et Cosmochimica Acta, Vol. 66, S. 2239–2265.

Franz, G. und G. Morteani, 1984. The formation of chrysoberyl in metamorphosed pegmatites. Journal of Petrology, Vol. 25, S. 27–52.

Groat, L. A., G. Giuliani, D. D. Marshall und D. Turner, 2008. Emerald deposits and occurrences: A review. Ore Geology Reviews, Vol. 34, 87–112.

Grundmann, G. und G. Morteani, 2008. Multi-stage emerald formation during Pan-African regional metamorphism: The Zabara, Sikait, Umm Kabo deposits, South Eastern desert of Egypt. Journal of African Earth Sciences, Vol. 50, 168–187.

Haapala, I., S. Frindt und J. Kandara, 2007. Cretaceous Gross Spitzkoppe and Klein Spitzkoppe stocks in Namibia: Topaz-bearing A-type granites related to continental rifting and mantle plume. Lithos, Vol. 97, S. 174–192.

Haapala, I. und S. Lukkari, 2005. Petrological and geochemical evolution of the Kymi stock, a topaz granite cupola within the Wiborg rapakivi batholith, Finland. Lithos, Vol. 80, S. 347–362.

Hawthorne, F. C. und D. J. Henry, 1999. Classification of the minerals of the tourmaline group. European Journal of Mineralogy, Vol. 11, S. 201–215.

Henry, D. J. und C. V. Guidotti, 1985. Tourmaline as a petrogenetic indicator mineral: an example from the staurolite-grade metapelites of NW Maine. American Mineralogist, Vol. 70, S. 1–15.

London, D., 2005. Granitic pegmatites: an assessment of current concepts and directions for the future. Lithos, Vol. 80, S. 281–303.

London, D., 2008. Pegmatites. Special Publication 10, Mineralogical Association of Canada. 368 Seiten.

London, D., 2009. The origin of primary textures in granitic pegmatites. Canadian Mineralogist, Vol. 47, S. 697–724.

Manning, P. G., 1969. An optical absorption study of the origin of colour and pleochroism in pink and brown tourmalines. Canadian Mineralogist, Vol. 9, S. 678–690.

Martin, R. F. und C. De Vito, 2005. The patterns of enrichment in felsic pegmatites ultimately depend on tectonic setting. The Canadian Mineralogist, Vol. 43, S. 2027–2048.

Martin, R. F., C. De Vito und F. Pezzotta, 2008. Why is amazonitic K-feldspar an earmark of NYF-type granitic pegmatites? Clues from hybrid pegmatites in Madagaskar. American Mineralogist, Vol. 93, S. 263–269.

Morteani, G., C. Preinfalk und A. H. Horn, 2000. Classification and mineralization potential of the pegmatites of the eastern Brazilian pegmatite province. Mineralium Deposita, Vol. 35, S. 638–655.

Novák, M., 2011. Tourmaline in granitic pegmatites. Peg2011 Conference Abstract. Asociación Geológica Argentina, Serie D, Publicatión Especial, Vol. 14, S. 9–12.

Nwe, Y. Y. und G. Grundmann, 1990. Evolution of metamorphic fluids in shear zones: The record from the emeralds of Habachtal, Tauern Window, Austria. Lithos, Vol. 25, S. 281–304.

Peretyazhko, I. S., V. Y. Zagorsky, S. Z. Smirnov und M. Y. Mikhailov, 2004. Conditions of pocket formation in the Oktyabrskaya tourmaline-rich gem pegmatite (the Malkhan field, Central Transbaikalia, Russia). Chemical Geology, Vol. 210, S. 91–111.

Proctor, K., 1984. Gem pegmatites of Minas Gerais, Brazil: Exploration, occurrence, and aquamarine deposits. Gems & Gemmology.

Rickers, K., R. Thomas und W. Heinrich, 2006. The behavior of trace elements during the chemical evolution of the H_2O-, B-, and F-rich granite-pegmatite-hydrothermal system at Ehrenfriedersdorf, Germany: a SXRF study of melt and fluid inclusions. Mineralium Deposita, Vol. 41, S. 229–245.

Rickwood, P. C., 1981. The largest crystals. American Mineralogist, Vol. 66, S. 885–907.

Rossman, G. R., E. Fritsch und J. E. Shigley, 1991. Origin of color in cuprian elbaite from São José de Batalha, Paraíba, Brazil. American Mineralogist, Vol. 76, S. 1479–1484.

Rustemeyer, P., 2003. Faszination Turmalin: Formen, Farben, Strukturen. Heidelberg, Spektrum Akademischer Verlag.

Scholz, R., M. L. S. C. Chaves und K. Krambrock, 2011. Mineralogy of the lithium bearing pegmatites from the Conselheiro Pena pegmatite district (Minas Gerais, Brazil). Peg2011 Conference Abstract. Asociación Geológica Argentina, Serie D, Publicatión Especial, Vol. 14, S. 193–195.

Simmons, S., 2007. Pegmatite genesis: Recent advances and areas of future research. Conference Abstract, Granitic Pegmatites: The State of the Art – International Symposium, Porto, Portugal.

Taylor, R. P. und A. E. Fallick, 1997. The evolution of fluorine-rich felsic magmas: source dichotomy, magmatic convergence and the origins of topaz granite. Terra Nova, Vol. 9, S. 105–108.

van Hinsberg, V. J., J. C. Schumacher, S. Kearns, P. R. D. Mason und G. Franz, 2006. Hourglass sector zoning in metamorphic tourmaline and resultant major and trace-element fractionation. American Mineralogist, Vol. 91, S. 717–728.

Webster, J., R. Thomas, H. J. Förster, R. Seltmann und C. Tappen, 2004. Geochemical evolution of halogen-enriched granite magmas and mineralizing fluids of the Zinnwald tin-tungsten mining district, Erzgebirge, Germany. Mineralium Deposita, Vol. 39, S. 452–472.

Weise, C. (Hrsg.), 1994. Turmalin: Neueste Nachrichten von der Turmalin-Gruppe. ExtraLapis, Vol. 6.

Weise, C. (Hrsg.), 1997. Topas: Ein prachtvolles Mineral, ein lebhafter Edelstein. ExtraLapis, Vol. 13.

Weise, C. (Hrsg.), 2001. Smaragde der Welt: Der Beryll mit dem legendären Grün. ExtraLapis, Vol. 21.

Weise, C. (Hrsg.), 2002. Aquamarin & Co. Farbenprächtige Berylle. ExtraLapis, Vol. 23.

Wilson, W. E., 2002. Cuprian elbaite from the Batalha Mine, Paraíba, Brazil. The Mineralogical Record, Vol. 33, S. 127–137.

Wolf, M. B. und D. London, 1997. Boron in granitic magmas: stability of tourmaline in equilibrium with biotite and cordierite. Contributions to Mineralogy and Petrology, Vol. 130, S. 12–30.

Zhaolin, Li, 2007. A study of the relationships between metamorphic anatexis and petrogenesis and mineralization. Chinese Journal of Geochemistry, Vol. 26, S. 23–27.

Kapitel 6

Cavosie, A. J., J. W. Valley, S. A. Wilde, E.I.M.F., 2005. Magmatic $\delta^{18}O$ in 4400–3900 Ma detrital zircons: A record of the alteration and recycling of crust in the Early Archean. Earth and Planetary Science Letters, Vol. 235, S. 663–681.

Cavosie, A. J., J. W. Valley, S. A. Wilde, E.I.M.F., 2006. Correlated microanalysis of zircon: Trace element, $\delta^{18}O$, and U-Th-Pb isotopic constraints on the igneous origin of complex > 3900 Ma detrital grains. Geochimica et Cosmochimica Acta, Vol. 70, S. 5601–5616.

Cavosie, A. J., S. A. Wilde, D. Liu, P. W. Weiblen und J. W. Valley, 2004. Internal zoning and U–Th–Pb chemistry of Jack Hills detrital zircons: a mineral record of early Archean to Mesoproterozoic (4348–1576 Ma) magmatism. Precambrian Research, Vol. 135, S. 251–279.

Hanchar, J. M. und P. W. O. Hoskin (Hrsg.), 2003. Zircon. Reviews in Mineralogy and Geochemistry, Vol. 53.

Harrison, T. M., E. B. Watson und A. B. Aikman, 2007. Temperature spectra of zircon crystallization in plutonic rocks. Geology, Vol. 35, S. 635–638.

Hopkins, M., T. M. Harrison und C. E. Manning, 2008. Low heat flow inferred from >4 Gyr zircons suggests Hadean plate boundary interactions. Nature, Vol. 456, S. 493–496.

Hoskin, P. W. O., 2005. Trace-element composition of hydrothermal zircon and the alteration of Hadean zircon from the Jack Hills, Australia. Geochimica et Cosmochimica Acta, Vol. 69, S. 637–648.

Kemp, A. I. S., S. A. Wilde, C. J. Hawkesworth, C. D. Coath, A. Nemchin, R. T. Pidgeon, J. D. Vervoort und S. A. DuFrane, 2010. Hadean crustal evolution revisited: New constraints from Pb–Hf isotope systematics of the Jack Hills zircons. Earth and Planetary Science Letters, Vol. 296, S. 45–56.

Menneken, M., A. A. Nemchin, T. Geisler, R. T. Pidgeon und S. A. Wilde, 2007. Hadean diamonds in zircon from Jack Hills, Western Australia. Nature, Vol. 448, S. 917–921.

Nemchin, A. A., M. J. Whitehouse, M. Menneken, T. Geisler, R. T. Pidgeon und S. Wilde, 2008. A light carbon reservoir recorded in ziron-hosted diamond from the Jack Hills. Nature, Vol. 454, S. 92–96.

Nemchin, A., N. Timms, R. Pidgeon, T. Geisler, S. Reddy und C. Mayer, 2009. Timing of crystallization of the lunar magma ocean constrained by the oldest zircon. Nature Geoscience, Vol. 2, S. 133–136.

Peck, W. H., J. W. Valley, S. A. Wilde und C. M. Graham, 2001. Oxygen isotope ratios and rare earth elements in 3.3 to 4.4 Ga zircons: Ion microprobe evidence for high $\delta^{18}O$ continental crust and oceans in the Early Archean. Geochimica et Cosmochimica Acta, Vol. 65, S. 4215–4229.

Siebel, W., A. K. Schmitt, M. Danišík, F. Chen, S. Meier, S. Weiß und S. Eroğlu, 2009. Prolonged mantle residence of zircon xenocrysts from the western Eger rift. Nature Geoscience, Vol. 2., S. 886–890.

Trail, D., S. J. Mojzsis und T. M. Harrison, 2007. Thermal events documented in Hadean zircons by ion microprobe depth profiles. Geochimica et Cosmochimica Acta, Vol. 71, S. 4044–4065.

Ushikubo, T., N. T. Kita, A. J. Cavosie, S. A. Wilde, R. L. Rudnick und J. W. Valley, 2008. Lithium in Jack Hills zircons: Evidence for extensive weathering of Earth's earliest crust. Earth and Planetary Science Letters, Vol. 272, S. 666–676.

Valley, J. W., J. S. Lackey, A. J. Cavosie, C. C. Clechenko, M. J. Spicuzza, M. A. S. Basei, I. N. Bindeman, V. P. Ferreira, A. N. Sial, E. M. King, W. H. Peck, A. K. Sinha und C. S. Wei, 2005. 4.4 billion years of crustal maturation: oxygen isotope ratios of magmatic zircon. Contributions to Mineralogy and Petrology, Vol. 150, S. 561–580.

Vernon, A. J., P. A. van der Beek, H. D. Sinclair, und M. K. Rahn, 2008. Increase in late Neogene denudation of the European Alps confirmed by analysis of a fission-track thermochronology database. Earth and Planetary Science Letters, Vol. 270, S. 316–329.

Wilde, S. A., J. W. Valley, W. H. Peck und C. M. Graham, 2001. Evidence from detrital zircons for the existence of continental crust and oceans on the Earth 4.4 Gyr ago. Nature, Vol. 409, S. 175–178.

Kapitel 7

Bryxina, N. A., N. M. Halden, O. I. Ripinen, 2002. Oscillatory zoning in agate from Kazakhstan: Autocorrelation functions and fractal statistics of trace element distributions. Mathematical Geology, Vol. 34, S. 915–927.

Clarke, J., 2003. The occurrence and significance of biogenic opal in the regolith. Earth-Science Reviews, Vol. 60, S. 175–194.

Cohen, A. J., 1985. Amethyst color in quartz, the result of radiation protection involving iron. American Mineralogist, Vol. 70, S. 1180–1185.

Commin-Fischer, A., G. Berger, M. Polvé, M. Dubois, P. Sardini, D. Beauford und M. Formoso, 2010. Petrography and chemistry of SiO_2 filling phases in the amethyst geodes from the Serra Geral Formation deposit, Rio Grande do Sul, Brazil. Journal of South American Earth Sciences, Vol. 29, S. 751–760.

Deveson, B., 2004. The origin of precious opal. The Australian Gemmologist, Vol. 22, S. 50–58.

Duarte, L. C., L. A. Hartmann, M. A. Z. Vasconcellos, J. T. N. Medeiros und T. Theye, 2009. Epigenetic formation of amethyst-bearing geodes from Los Catalanes gemological district, Artigas, Uruguay, southern Paraná Magmatic Province. Journal of Volcanology and Geothermal Research, Vol. 184, S. 427–436.

Fallick, A. E., J. Jocelyn, T. Donnelly, M. Guy und C. Behan, 1985. Origin of agates in volcanic rocks from Scotland. Nature, Vol. 313, S. 672–674.

Filin, S. V., A. I. Puzynin und V. N. Samoilov, 2002. Some aspects of precious opal synthesis. The Australian Gemmologist, Vol. 21, S. 278–282.

Fritsch, E., E. Gaillou, M. Ostroumov, B. Rondeau, B. Devouard und A. Barreau, 2004. Relationship between nanostructure and optical absorption in fibrous pink opals from Mexico and Peru. European Journal of Mineralogy, Vol. 16, S. 743–752.

Gaillou, E., A. Delaunay, B. Rondeau, M. Bouhnik-le-Coz, E. Fritsch, G. Cornen und C. Monnier, C., 2008. The geochemistry of gem opals as evidence of their origin. Ore Geology Reviews, Vol. 34, S. 113–126.

Gilg, H. A., G. Morteani, Y. Kostitsyn, C. Preinfalk, I. Gatter und A. J. Strieder, 2003. Genesis of amethyst geodes in basaltic rocks of the Serra Geral Formation (Ametista do Sul, Rio Grande do Sul, Brazil): a fluid inclusion, REE, oxygen, carbon, and Sr isotope study on basalt, quartz, and calcite. Mineralium Deposita, Vol. 38, S. 1009–1025.

Götze, J., M. Tichomirowa, H. Fuchs, J. Pilot und Z. D. Sharp, 2001. Geochemistry of agates: a trace element and stable isotope study. Chemical Geology, Vol. 175, S. 523–541.

Götze, J., M. Plötze, M. Tichomirowa, H. Fuchs und J. Pilot, 2001. Aluminium in quartz as an indicator of temperature of formation of agate. Mineralogical Magazine, Vol. 65, S. 407–413.

Hatipoglu, M., 2009. Moganite and quarz inclusions in the nano-structured Anatolian fire opals from Turkey. Journal of African Earth Sciences, Vol. 54, S. 1–21.

Hatipoglu, M., 2010. The nano-grain sizes of the opaline matrix components in Anatolian fire opals. Journal of Non-Crystalline Solids, Vol. 356, S. 1408–1415.

Heaney, P. J. und A. M. Davis, 1995. Observation and origin of self-organized textures in agates. Science, Vol. 269, S. 1562–1565.

Horton, D., 2002. Australian sedimentary opal – why is Australia unique? The Australian Gemmologist, Vol. 21, S. 287–294.

Lee, D. R., 2007. Characterisation of silica minerals in a banded agate: implications for agate genesis and growth mechanisms. Master thesis, University of Liverpool.

Merino, E., Y. Wang und E. Deloule, 1995. Genesis of agates in flood basalts; twisting of chalcedony fibers and trace element geochemistry. American Journal of Science, Vol. 295, S. 1156–1176.

Moxon, T. und M. A. Carpenter, 2009. Crystallite growth kinetics in nano-crystalline quartz (agate and chalcedony). Mineralogical Magazine, Vol. 73, S. 551–568.

Peate, D. W., 1997. The Paraná-Etendeka Province. Geophysical Monograph, Vol. 100, S. 217–245.

Pewkliang, B., A. Pring und J. Brugger, 2008. The formation of precious opal: clues from the opalization of bone. The Canadian Mineralogist, Vol. 46, S. 139–149.

Proust, D. und C. Fontaine, 2007a. Amethyst-bearing lava flows in the Paraná Basin (Rio Grande do Sul, Brazil): cooling, vesiculation and formation of the geodic cavities. Geological Magazine, Vol. 144, S. 53–65.

Proust, D. und C. Fontaine, 2007b. Amethyst geodes in the basaltic flow from Triz quarry at Ametista do Sul (Rio Grande do Sul, Brazil): magmatic source of silica for the amethyst crystallizations. Geological Magazine, Vol. 144, S. 731–739.

Rondeau, B., E. Fritsch, M. Guiraud und C. Renac, 2004. Opals from Slovakia („Hungarian" opals): a re-assessment of the conditions of formation. European Journal of Mineralogy, Vol. 16, S. 789–799.

Senior, B. R. und L. T. Chadderton, 2007. Natural gamma radioactivity and exploration for precious opal in Australia. The Australian Gemmologist, Vol. 23, S. 160–176.

Staude, S., P. D. Bons und G. Markl, 2009. Hydrothermal vein formation by extension-driven dewatering of the middle crust: An example from SW Germany. Earth and Planetary Science Letters, Vol. 286, S. 387–395.

Wang, Y. und E. Merino, 1990. Self-organizational origin of agates: Banding, fiber twisting, composition, and dynamic crystallization model. Geochimica et Cosmochimica Acta, Vol. 54, S. 1627–1638.

Wang, Y. und E. Merino, 1995. Origin of fibrosity and banding in agates from flood basalts. American Journal of Science, Vol. 95, S. 49–77.

Weise, C. (Hrsg.), 1996. Opal: Das edelste Feuer des Mineralreichs. ExtraLapis, Vol. 10.

Weise, C. (Hrsg.), 2000. Achat: Der Edelstein, aus dem Idar-Oberstein entstanden ist. ExtraLapis, Vol. 19.

Weise, C. (Hrsg.), 2009. Quarz: Formen, Farben, Varietäten. ExtraLapis, Vol. 37.

Weise, C. (Hrsg.), 2010. Achate: Geboren aus Vulkanen. ExtraLapis, Vol. 39.

Withnall, R., J. Silver, T. G. Ireland, S. Zhang und G. R. Fern, 2011. Achieving structured colour in inorganic systems: Learning from the natural world. Optics & Laser Technology, Vol. 43, S. 401–409.

Kapitel 8

Bucher, K. und M. Frey, 1994. Petrogenesis of Metamorphic Rocks. Springer Verlag, Heidelberg.

Dill, H. G., 2010. The „chessboard" classification scheme of mineral deposits: Mineralogy and geology from aluminum to zirconium. Earth-Science Reviews, Vol. 100, S. 1–420.

Feneyrol, J., G. Giuliani, D. Ohnenstetter, E. Le Goff, E. P. J. Malisa, M. Saul, E. Saul, J. Saul und V. Parieu, 2010. Lithostratigraphic and structural controls of tsavorite deposits at Lemshuku, Merelani area, Tanzania. Comptes Rendus Geoscience, Vol. 342, S. 778–785.

Li, X.-P., M. Rahn und K. Bucher, 2008. Eclogite facies metarodingites – phase relations in the system SiO_2-Al_2O_3-Fe_2O_3-FeO-MgO-CaO-CO_2-H_2O: an example from the Zermatt-Saas ophiolite. Journal of Metamorphic Geology, Vol. 26, S. 347–364.

Medaris, L. G., H. F. Wang, Z. Mísar und E. Jelínek, 1990. Thermobarometry, diffusion modelling and cooling rates of crustal garnet peridotites: Two examples from the Moldanubian zone of the Bohemian Massif. Lithos, Vol. 25, S. 189–202.

Morteani, G. und G. Grundmann, 1995. Im Glutofen der Scherzone: Die Entstehung der Granate in der Regionalmetamorphose des Tauernfensters. In: Weise, C. (Hrsg.), Granat: Die Mineralien der Granatgruppe. Extra Lapis, Vol. 9.

Seifert, A. V. und S. Vrána:, 2005. Bohemian garnet. Bulletin of Geosciences, Vol. 80, S. 113–124.

Trommsdorff, V., J. Hermann, O. Müntener, M. Pfiffner und A.-C. Risold, 2000. Geodynamic cycles of subcontinental lithosphere in the Central Alps and the Arami enigma. Journal of Geodynamics, Vol. 30, S. 77–92.

Weise, C. (Hrsg.), 1995. Granat: Die Mineralien der Granatgruppe. Extra-Lapis, Vol. 9.

Kapitel 9

Feenstra, A. und B. Wunder, 2002. Dehydration of diasporite to corundite in nature and experiment. Geology, Vol. 30, S. 119–122.

Garnier, V., G. Giuliani, D. Ohnenstetter, A. E. Fallick, J. Dubessy, D. Banks, H. Q. Vinh, T. Lhomme, H. Maluski, A. Pêcher, K. A. Bakhsh, P. V. Long, P. T. Trinh und D. Schwarz, 2008. Marble-hosted ruby deposits from Central and Southeast Asia: Towards a new genetic model. Ore Geology Reviews, Vol. 34, S. 169–191.

Graham, I., L. Sutherland, K. Zaw, V. Nechaev und A. Khanchuk, 2008. Advances in our understanding of the gem corundum deposits of the

West Pacific continental margins intraplate basaltic fields. Ore Geology Reviews, Vol. 34, S. 200–215.

Limtrakun, P., K. Zaw, C. G. Ryan und T. P. Mernagh, 2001. Formation of the Denchai gem sapphires, northern Thailand: evidence from mineral chemistry and fluid/melt inclusion characteristics. Mineralogical Magazine, Vol. 65, S. 725–735.

Pêcher, A., G. Giuliani, H. Maluski, A. B. Kausar, R. H. Malik und H. R. Muntaz, 2002. Geology, geochemistry and Ar–Ar geochronology of the Nangimali ruby deposit, Nanga Parbat Himalaya (Azad Kashmir, Pakistan). Journal of Asian Earth Sciences, Vol. 21, S. 265–282.

Rakotondrazafy, A. F. M., G. Giuliani, D. Ohnenstetter, A. E. Fallick, S. Rakotosamizanany, A. Andriamamonjy, T. Ralantoarison, M. Razanatseheno, Y. Offant, V. Garnier, H. Maluski, C. Dunaigre, D. Schwarz und V. Ratrimo, 2008. Gem corundum deposits of Madagascar: A review. Ore Geology Reviews, Vol. 34, S. 134–154.

Rupasinghe, M. S. und C. B. Dissanayake, 1985. Charnockites and the genesis of gem minerals. Chemical Geology, Vol. 53, S. 1–16.

Simonet, C., J. L. Paquette, C. Pin, B. Lasnier und E. Fritsch, 2004. The Dusi (Garba Tula) sapphire deposit, Central Kenya — a unique Pan-African corundum-bearing monzonite. Journal of African Earth Sciences, Vol. 38, S. 401–410.

Simonet, C., E. Fritsch und B. Lasnier, B., 2008. A classification of gem corundum deposits aimed towards gem exploration. Ore Geology Reviews, Vol. 34, S. 127–133.

Sutherland, F. L., P. W. O. Hoskin, C. M. Fanning und R. R. Coenraads, 1998. Models of corundum origin from alkali basaltic terrains: a reappraisal. Contributions to Mineralogy and Petrology, Vol. 133, S. 356–372.

Sutherland, F. L., R. R. Coenraads, D. Schwarz, L. R. Raynor, B. J. Barron und G. B. Webb, 2003. Al-rich diopside in alluvial ruby and corundum-bearing xenoliths, Australian and SE Asian basalt fields. Mineralogical Magazine, Vol. 67, S. 717–732.

Van Long, P., H. Quang Vinh, V. Garnier, G. Giuliani, D. Ohnenstetter, T. Lhomme, D. Schwarz, A. Fallick, J. Dubessy und P. Trong Trinh, 2004. Gem corundum deposits in Vietnam. Journal of Gemmology, Vol. 29, S. 129–147.

Weise, C. (Hrsg.), 1998. Rubin, Saphir, Korund: schön, hart, selten, kostbar. ExtraLapis, Vol. 15.

Yui, T.-F., K. Zaw, und P. Limtrakun, 2003. Oxygen isotope composition of the Denchai sapphire, Thailand: a clue to its enigmatic origin. Lithos, Vol. 67, S. 153–161.

Yui, T.-F., K. Zaw und C.-M. Wu, 2008. A preliminary stable isotope study on Mogok Ruby, Myanmar. Ore Geology Reviews, Vol. 34, S. 192–199.

Kapitel 10

Ekimov, E. A., V. A. Sidorov, E. D. Bauer, N. N. Mel'nik, N. J. Curro, J. D. Thompson und S. M. Stishov, 2004. Superconductivity in diamond. Nature, Vol. 428, S. 542–545.

Elsner, H., 2010. Heavy minerals of economic importance. BGR Assessment manual. Bundesamt für Geologie und Rohstoffe, Hannover.

Hemley, R. J., Y. Chen und C. Yan, 2005. Growing diamond crystals by chemical vapour deposition. Elements, Vol. 1, S. 105–108.

Hosaka, M., 1990. Hydrothermal growth of gem stones and their characterization. Progress in Crystal Growth and Characterization of Materials, Vol. 21, S. 71–96.

Pastewka, L., S. Moser, P. Gumbsch und M. Moseler, 2011. Anisotropic mechanical amorphization drives wear in diamond. Nature Materials, Vol. 10, S. 34–38.

Shigley, J. E., 2005. High-pressure–high-temperature treatment of gem diamonds. Elements, Vol. 1, S. 101–104.

Yarnell, A., 2004. The many facets of man-made diamonds. Chemical and engineering news, Vol. 82, S. 26–31.

Sachverzeichnis